U0229399

# ODPS权威指南
## 阿里大数据平台应用开发实践

李妹芳 著

人民邮电出版社

北　京

**图书在版编目（CIP）数据**

ODPS权威指南：阿里大数据平台应用开发实践 / 李
妹芳著. -- 北京：人民邮电出版社，2015.1
ISBN 978-7-115-37241-3

Ⅰ. ①O… Ⅱ. ①李… Ⅲ. ①数据处理系统－指南
Ⅳ. ①TP274-62

中国版本图书馆CIP数据核字 (2014) 第243226号

## 内 容 提 要

ODPS（Open Data Processing Service）是阿里巴巴自主研发的海量数据处理和分析的服务平台，主要应用于数据分析、海量数据统计、数据挖掘、机器学习和商业智能等领域。目前，ODPS 不仅在阿里内部得到广泛应用，享有很好的口碑，而且正逐步走向第三方开放市场。

本书是学习和掌握 ODPS 的权威指南，作者来自阿里 ODPS 团队。全书共 13 章，主要内容包括：ODPS 入门、整体架构、数据通道、MapReduce 编程、SQL 查询分析、安全，以及基于真实数据的各种场景分析实战。本书基于很多范例解析，通过在各种应用场景下的示例来说明如何通过 ODPS 完成各种需求，以期引导读者从零开始轻松掌握和使用 ODPS。同时，本书不局限于示例分析，还致力于提供更多关于大数据处理的编程思想和经验分享。书中所有示例代码都可以在作者提供的网站上免费下载。

本书适合想要了解和使用 ODPS 的读者阅读学习，对于从事大数据存储和应用以及分布式计算的专业人士来说，也是很好的参考资料。

◆ 著　　　　李妹芳
　　责任编辑　陈冀康
　　责任印制　张佳莹　彭志环

◆ 人民邮电出版社出版发行　北京市丰台区成寿寺路 11 号
　　邮编　100164　电子邮件　315@ptpress.com.cn
　　网址　http://www.ptpress.com.cn
　　固安县铭成印刷有限公司印刷

◆ 开本：800×1000　1/16
　　印张：22.5　　　　　　　　2015 年 1 月第 1 版
　　字数：418 千字　　　　　　2024 年 7 月河北第 12 次印刷

定价：69.00 元

读者服务热线：(010)81055410　印装质量热线：(010)81055316
反盗版热线：(010)81055315
广告经营许可证：京东市监广登字 20170147 号

# 推荐序一

阿里巴巴的李妹芳最近写了一本书,《ODPS 权威指南——阿里大数据平台应用开发实践》,我看了,觉得很好,因此欣然为这本书写个序。

这本书是关于云计算大数据领域,这也正是我在美国加州所关心和研究的领域。这个领域正蓬勃发展,潜力很大,目前的应用有很多,如亚马逊云平台,Sales Force 等,但可以说这些应用仍然只是冰山之一角,云计算大数据的开发和应用才刚刚开始。

大数据的技术还有巨大潜力,而真正给大数据不断注入生命力的是其广泛而深刻的应用。比如,基于大数据的消费者行为、精准营销、品牌预测、开放式创新等将对企业管理带来深刻变化。大数据也可以应用在更加广泛的领域,尤其是传统产业里,包括数字医疗、教育、交通、能源、智慧城市、应急联动、甚至抓逃犯等意想不到的领域。

在我看来,这本书提炼了对大数据处理的很多实践和思考,其实并不局限于 ODPS 平台。该书很有前瞻性,很前卫,同时也很接地气,介绍了大量典型应用,如金融数据、广告、影响力圈等,大多数是在阿里验证过的。书里附有大量图表和实例,有的还提供了源代码。

云计算大数据是非常宏大的主题,这本书通过示例和原理结合的方式,从读者角度,通过实践可以更容易理解。书中示例涉及网站日志分析、LBS 和推荐,这些都是非常主流的领域。我相信读者会喜欢这本书。

祝效国 (Kevin Zhu)
美国斯坦福大学博士
加利福尼亚大学(UC San Diego)终身教授/博导
http://rady.ucsd.edu/~zhu

# 推荐序二

上一次完整地看手稿是 Tom White 的《Hadoop: The Definitive Guide》，那次完全是托 Derek Gottfrid 的福，因为当时 Tom 请 Derek 写一篇纽约时报怎样在 Amazon EC2 上使用 Hadoop 的章节（只是很遗憾最后没有包含）。这次又完整地读手稿竟然就是关于 ODPS 了（一个可以媲美 Hadoop 大数据处理生态体系但是以服务形式供用户使用的平台），我有幸参与了 ODPS 从无到有的所有历程，因而很高兴看到第一本关于 ODPS 的书面世。

初识这本书的作者李妹芳还是在 2009 年，当时她正在使用 ODPS 的最前身来参与今天阿里小贷业务的雏形，那是个非常考验人的项目，妹芳是少数几个坚持下来的。后来另一位同事碰巧说起妹芳还翻译过书，还从书架上就手拿来她的译作，使得我对她的佩服之情更是长了一分。

这次妹芳执笔来完成这本书，很大程度上也是接受了曾总负责 ODPS 产品的阿里巴巴研究员张东晖的建议，内容不仅包括 ODPS 的使用指南和独到的注解，也会对涉及的数据处理相关的知识点与工具详加注释。需要指出这本权威指南与《Hadoop 权威指南》不同，Hadoop 那本对 Hadoop 内核的细节、原理阐述的非常多，而这本书是以用为导向，可以作为实用指南。如果整体跟随作者思路读完本书，也就基本有了数据开发人员的必备素质，对上手 ODPS 更是很有裨益，能实际完成非常多的数据分析、运营工作。

另外，据作者计划，这本书也会有后继版本或者姊妹篇，给有兴趣深入了解 ODPS 的朋友们提供更多渠道，但这本书对深入了解 ODPS 内核无疑也是很好的敲门砖。

徐常亮
阿里资深技术专家（ODPS 技术负责人）

# 推荐序三

IT 时代，在短短几十年间积累了多达数 ZB 的数据，这些数据散落在数千万家企业的服务器以及上百亿的个人设备上，沉睡着。今天我们开始步入 DT 时代，大数据正在被激活，将给电子商务、金融、健康等多个行业带来极大创新和变革。

2010 年至今，阿里小贷基于 ODPS 构建了一套完整的大数据应用系统，创造了 1 秒钟放贷的互联网金融奇迹。我有幸全程参与其中，并作为 ODPS 第一代用户见证了它的整个成长历程。时至今日，ODPS 在集群规模、计算性能、编程能力、安全管控等方面已经有了质的飞跃，阿里巴巴内部有几千名工程师在使用 ODPS，为阿里的多个业务板块构建大数据应用。妹芳写的这本书，立足于阿里的实践，为读者全方位地展现 ODPS 的应用场景，对于 ETL 工程师、BI 分析师、数据科学家乃至运维人员，是一本不可多得的权威指南。

全书以应用视角来编排，作者采用循序渐进、以事带理的书写方式，从创建账号到搭建数据仓库、做数据挖掘，每一步都有详尽的指导，对于初学者而言可谓是最佳入门指引。而对于已经接触过 ODPS 或者有一定大数据处理经验的读着，书中在 SQL、MR 编程框架方面有深入的技术探讨，同时作者还提供了大量真实的应用场景说明和示例代码，从日志分析到机器学习，将阿里巴巴在大数据领域沉淀下来的实践经验和盘托出，对于读者构建大数据应用极有参考意义。

古语说得好，有容乃大！当"大"数据遇到 ODPS 这种体量的"容"器，数据变得触手可得。愿这本书为你和 ODPS、大数据之间建立起一座桥梁。

陈鹏宇（不老）

阿里高级数据仓库专家（ODPS 骨灰级用户）

# 作 者 简 介

　　李妹芳，东北大学硕士，阿里数据平台事业部工程师，曾译有《Linux 系统编程》、《数据可视化之美》、《数据之美》等技术图书，她喜欢儿童文学，微博是 http://weibo.com/duckrun。

# 前言

谈起 ODPS，还得从阿里金融的故事说起。一直以来，阿里金融始终是 ODPS 的第一客户，见证了 ODPS 一路的成长历程。几年的坚持和信任，我们一起走了过来，而且越走越好。

2010 年初，集群规模只有几十台，为了完成阿里金融的信贷产品的模型计算，每天增量同步 1TB 左右的数据，执行几十个模型计算，运行时间在 18 小时左右。当时问题较多，实际上是 24 小时人肉运维，大家都习惯了凌晨下班，一起解决各种问题。期间的痛自不必说，但一点点的进步，都让人充满喜悦。

2011 年初，集群规模达到 100 多台，数据规模达到数百 TB，模型计算任务量是原来的 10 倍左右，而运行时间却不到原来的 1/3。集群能力完成计算任务游刃有余，大家第一次体会到一种说不清的舒畅。

2012 年，ODPS 集群规模达到 1500 台，阿里金融数据仓库的所有数据计算都运行在上面，数据规模达到数 PB，运行任务数千个。用户体验也得到不断改善。

2013 年，ODPS 单集群规模达到 5000 台，阿里金融的数据仓库专家们，不再需要考虑集群方面的问题（如升级、扩容、运维等），可以专注于自己的业务，包括数据采集、ETL 和数据仓库构建、BI 分析和报表，通过分布式编程模型生成特征、衍生指标，通过统计和机器学习构建风险控制模型，把分析建模后的结果数据导出到线上系统服务，其中涉及数据安全性、正确性、平台稳定性和易用性等诸多方面。阿里小贷推出了"3-1-0"服务条款：3 分钟申请、1 秒钟获贷和 0 人工审批，其背后实质上是"准入资质评估、个性化授信和风险监控"，而这一切离不开海量数据计算的支撑！基于 ODPS，阿里金融可以充分挖掘大数据的价值，实现数据化运营，在大促期间创下了 30 分钟贷款 5 亿元的纪录！有了强大的存储和计算支持，各种创新业务不断开花结果。BI 团队也逐渐把业务迁移到 ODPS 上，和使用 SAS 相比，性能上有了很大提升。

阿里金融不但锤炼了 ODPS，其成功也为 ODPS 赢得了口碑。在阿里巴巴集团内，淘宝、支付宝、阿里妈妈的业务都开始运行在 ODPS 集群。此外，外部的一些独立软件开发商也在使用 ODPS。

回首走过的路，我们充满感恩，尤其感谢阿里金融的一路陪伴。这些年的辛苦耕耘，这些年的积累和沉淀，我们也更有信心！

作为一个海量数据处理平台，ODPS 涉及很多前沿技术领域，包括分布式、云计算和大数据等。本书的定位是帮助 ODPS 用户快速了解如何使用 ODPS 解决其实际问题，在内容介绍上是以用户应用场景为中心，对功能和技术的介绍都是围绕并服务于这一中心。作者假设用户是带着如何使用 ODPS 解决自身的大数据问题来阅读本书，期望这本书能够帮助用户解决实际问题。

由于 ODPS 更新发展非常快，鉴于"出版"很难赶上"开放"的节奏，本书中也涉及一些尚未开放的功能。本书是依据目前的最新版来写的，可能后续会有变更，请以最新用户手册为准。尽管如此，我相信本书依然是了解和学习 ODPS 必备的"敲门砖"。

本书重点通过示例来说明如何通过 ODPS 完成各种需求，写得尽量简单、明白。本书不是手册，因而不会罗列出详细的语法说明，也不会全面覆盖 ODPS 的所有功能。实际上，由于是基于示例引导，它展示的仅仅是 ODPS 功能的冰山一角。你可以通过实践和使用手册了解更多。本书的在线地址是 https://github.com/duckrun/odps_book，如果你愿意参与一起改进，将不甚感激。

关于本书的任何建议，欢迎联系我：meifang.li@aliyun.com 或 http://weibo.com/duckrun。

## 本书使用的体例（Conventions）说明

虚线框 command; 表示该命令是在 ODPS CLT 中运行。实线框 代码/背景知识等 表示示例代码列表、背景知识、小贴士等。

## 如何获取本书的示例代码

本书的所有示例代码都放在 https://github.com/duckrun/odps_book 下，你可以免费下载使用这些代码。本书的示例代码仅供参考，作者免责。

## 致谢

感谢所有为本书付出努力的同事们！要感谢的人太多，在此不一一列出。但我却不能不特别提到阿里巴巴研究员张东晖先生，如果没有他的指导、帮助和鼓励，就不会有这本书。

最后，衷心希望这本书能带给你美好的 ODPS 编程之旅！

李妹芳

于阿里（北京），2014 年 9 月

# 目录

# 第 1 章

# ODPS 概述

## 1.1 引言

这是个云计算时代，这是个大数据时代。

随着 PC 和移动互联网影响人们的生活方式，数据呈爆发式增长，其间错综复杂的关联交互，使得现今的传统技术，已经承载不了高效处理的重任。经过几年的探索和发展，云计算已经不再是几年前的 "概念股"，它已经落地开花，大型分布式技术变得更加成熟。很多大公司（包括 Amazon、阿里云等）已经在规模、可用性和安全领域实现了技术突破，实现了公有云基础设施，并探索出按需租用的商业模式，为中小企业提供灵活的云存储和云计算服务。

和云计算相比，大数据的浪潮到底有多猛？在过去三年里产生的数据量比以往四万年的数据量还要大。大数据可以来自方方面面，从日常生活购物到社交网络，从地理位置定位到在线视频都会有大量的数据。云计算的蓬勃发展，进一步提升了大数据的价值。廉价的存储和计算，高效的海量数据处理，使我们已经进入了 "大数据时代"。搜索、推荐、广告、游戏和社交网络正在迅速融合，新的商业模式层出不穷。

## 1.2 初识 ODPS

开放数据处理服务（Open Data Processing Service，ODPS）是一个海量数据处理平台，基于阿里巴巴自主研发的分布式操作系统开发，以云计算服务的形式支撑集团数据分享和海量数据处理业务的发展，其官方访问地址是 http://www.aliyun.com/product/odps/。

ODPS 提供 PB 级别的数据处理能力，适用于海量数据存储、数据仓库构建、数据统计和挖掘、机器学习和商业智能等领域。

## 1.2.1　背景和挑战

今天，移动、交易、广告、社会化游戏、在线传感器以及工业传感器数量在迅猛增长，数据规模给传统技术带来了很大的挑战。随着规模的不断增长，传统软件无法承载大数据处理的重任。从大型互联网企业的数据仓库和 BI 分析、中型网站的 LOG 分析、电子商务网站的交易分析到手机采集的数据分析、用户特征和兴趣挖掘，以及 GIS、图像、语音、视频、基因组分析，从底层的存储计算到数据分析语言，从应用开发编程模型到机器学习算法，这一切的一切，都需要大数据处理平台来支撑。

麦肯锡评估报告认为大数据在政府公共服务、医疗服务、零售业、制造业以及个人位置服务等领域都将带来可观的价值。迈尔.舍恩伯格的《大数据时代》[1]一书更是探讨了大数据时代给我们的生活、工作和思维带来的大变革。奥巴马政府在 2012 年 3 月宣布启动"大数据研究与开发计划"，致力于提高政府从庞大复杂的数据资料中抽取和挖掘信息的能力。IBM 定义了当前大数据的 4V 特征：海量数据规模（Volume）、快速数据流转和动态数据体系（Velocity）、多样的数据类型（Variety）以及真实性（Veracity）。阿里研究中心也洞见了大数据的方向：分析和挖掘是手段，发现和预测是最终目标。大数据已然成为企业掘金的新蓝海，要开采大数据这个金矿，更是离不开海量数据平台的支持！

在大数据背景下，不可避免地面临着大规模的挑战。大规模的数据计算处理，需要把数据分布到多台机器并行处理。在单机环境下，往往不需要考虑失败问题，因为机器崩溃了，程序无法恢复。但是在分布式环境下，机器数量很大，多台机器需要协作，局部失败的几率变得很高：比如硬件上某台机器"挂了"，其上运行的任务都"挂了"；网络上交换机或路由器崩溃；计算节点磁盘空间不足或内存溢出；数据在传输中出错或网络中断，等等。在分布式环境下，这些问题变成"家常便饭"，系统应该有能力从这种局部失败中恢复，用户可以不关心这些错误，继续正常工作。提供这种"弹性"是软件工程面临的巨大挑战。

安全和正确性是面临的另一大课题。把数据放在"云"（分布式存储）上，安全性是重中之重，而对于数据处理，保证计算正确性是一切的基础。

## 1.2.2　为什么做 ODPS

阿里巴巴是最早预见到云计算和大数据的互联网公司之一。早在六七年前，阿里就把

---

[1] 维克托·迈尔·舍恩伯格著，《大数据时代》，浙江人民出版社，2013。

自己看成一家未来的数据公司，并且把"数据分享第一平台"作为公司的愿景。面对大数据规模挑战，阿里自主研发了云计算平台"飞天"以及海量数据处理平台 ODPS。阿里巴巴多年来坚持投资开发飞天和 ODPS 平台的初心就是希望有一天能够以安全和市场的模式，让中小互联网企业能够使用阿里巴巴最宝贵的数据。飞天和 ODPS 一直承载着实现这一梦想的使命。

大数据处理平台是一个非常复杂的系统。像 ODPS 这样的系统，其涉及的设备数量和软件规模相当于一个地市级电网或者早期人造卫星系统，需要非常专业的运维和运营团队支撑；系统改进升级涉及数据安全和对业务的影响。从人类工程技术发展历史来看，这样的平台系统最终只能以基础设施和公共服务的形式存在。

通过这种方式，可以实现大规模和服务化。它给用户带来的直接好处是低成本，因为同一个用户在不同时间对存储计算资源的需求有很大差异，平台规模足够大之后，价格市场化和削峰添谷会带来明显的成本优势，为每个用户节约成本。此外，平台运维和运营的专业化可以极大节省用户的运营成本，更重要的是显著降低互联网创业公司的创新门槛和试错成本。

数据是世界上最沉重的东西，在互联网上搬动 TB 级甚至 PB 级的数据是一件极为困难的事情，尤其对于不断更新的数据集。在计算领域，很早就有"计算靠近数据"的设计原则，充分利用局部性原理（data locality），而对于海量动态数据集而言，只有在同一个平台上进行存储和处理才能最终实现数据的交易和共享。

云计算和大数据前景光明，但其面临的挑战也是前所未有的。构建海量数据处理平台，需要多年不断的投入和积累，ODPS 的对外开放很大程度上是为了帮助很多企业和用户，希望给中小互联网企业提供过去只有跨国公司、银行、Google 和阿里这样的大型企业才能享有的分析和处理海量数据的先进技术能力，而且以按使用付费和免维护的低成本模式提供服务。用户不用自己费时费力去搭建平台，借助 ODPS 的存储和计算能力，他们可以更专注于自己的业务，实现事半功倍的佳绩。

## 1.2.3　ODPS 是什么

ODPS 是面向大数据处理的云计算服务，主要提供结构化和半结构化数据的存储和计算服务，是阿里巴巴云计算整体解决方案中最核心的主力产品之一。

和阿里云的其他云计算服务一样，ODPS 也是采用 HTTP 的 RESTful Service，客户端提供 Java SDK 和命令行工具（Command Line Tool，CLT），阿里云官网为用户提供统一的管理控制台界面。用户也可以使用一些集成开发环境如 Eclipse 和 RStudio 作为应用开发环境。在阿里内部，有多个团队基于 ODPS 构建交互界面的 Web 集成开发环境，提供数据采集、加工、处理分析、运营和维护的一条龙服务，线上很多作业就是运行在这些环境上的。

ODPS 系统从第一天开始就以公有云服务为最基本的设计目标，其中多租户、数据安全、服务化、水平扩展等特性都是 ODPS 的核心设计目标，这也是 ODPS 和 Hadoop/Hive 等开源系统最根本的差别。

在阿里内部，ODPS 作为海量数据平台，支撑着上层众多业务的大数据处理。ODPS 已经达到金融行业的安全标准，支持支付宝和阿里金融的主体数据业务运行在这个平台上。

基于底层分布式系统"飞天"的技术优势，ODPS 甚至可以把弹性做到比 Amazon Elastic MapReduce 更出色。对于每天都要运行 ETL 任务的用户，他们不需要长时间租用大规模虚拟集群，只需按任务付费，从而更节约成本。

## 1.2.4    ODPS 做什么

从产品设计角度，ODPS 主要面向三类大数据处理场景。

基于 SQL 构建大规模数据仓库和企业 BI 系统。

基于 DAG（类似 MapReduce 编程模型）和 Graph 等分布式编程模型开发大数据应用。

基于统计和机器学习算法开发大数据统计模型和数据挖掘。

"1.5 一些典型场景"节将会给出这些场景的真实应用。

从服务角度，ODPS 采用抽象的作业处理框架将不同场景的各种计算任务统一在同一个平台之上，共享安全、存储、数据管理和资源调度，为来自不同用户需求的各种数据处理任务提供统一的编程接口和界面。ODPS 这种集成多种不同大数据处理应用场景的设计思想领先于业界同类云计算产品，为大数据应用开发提供了一个强大的平台。

从数据通道角度，ODPS 提供了高效的数据传输服务（Tunnel），致力于实现大吞吐，支持海量数据的上传和下载。如果用户的网站和前端应用部署在阿里云的弹性计算服务（ECS）上，数据能够以非常高的带宽上传到 ODPS。

从功能角度，ODPS 的特性包括：提供简单易用的数据上传下载工具 dship；支持高度兼容标准语法的 SQL 处理、丰富的内建函数、自定义函数等高级功能，便于数据分析人员及其代码从传统数据库向分布式数据平台平滑迁移；支持扩展的 MapReduce 编程框架，让大数据编程变得简单高效；内置了丰富的机器学习算法如 SVD、排序分位、逻辑回归和随机森林模型等，是大数据挖掘预测的利器；支持图编程模型、流式计算模型等。

从安全角度，采用多租户协同机制，实现数据授权和共享。

从运维角度，提供控制台 Web 界面管理和操作，实时监控报警。

ODPS 一直把安全性、正确性和稳定性（包括高可用性）作为平台的第一优先级。目前，ODPS 大生态圈正在不断完善。

## 1.3 基本概念

下面将介绍 ODPS 的一些重要术语，了解这些术语的含义是理解并使用 ODPS 服务的基础。

通俗地说，用户要访问 ODPS 服务，首先需要有账号（Account），账号唯一能"标识你是谁"。当发送请求使用服务时，需要执行认证（Authentication），它相当于服务端"识别你是谁"。为了实现数据存储和计算的独立性，引入了项目空间（Project）的概念，项目空间就相当于"你自己的家"，不同项目空间相互独立。

在项目空间下，按数据存储单元的粒度划分，包括表（Table）和分区（Partition）；按用户权限划分，包括所有者（Owner）、管理员（Admin）和普通用户（User）。如果你创建了一个 Project，你就是这个 Project 的 Owner，所有东西都是你的。你可以在自己的项目空间下添加其他成员，并给他们授权（Authorization）。

用户的任何操作，都需要在项目空间下执行。也就是说，必须先进入项目空间，才能执行操作。为了执行某些计算，提交查询请求，会生成作业（Job）。当作业开始运行时，就有了一个作业实例（Instance）。当用户实现 MapReduce 程序，希望提交到服务端运行时，需要把程序上传到 ODPS 上，相当于创建一个 ODPS 资源（Resource）。

### 1.3.1 账号（Account）

账号（也称云账号）是使用阿里云服务的统一账号。用户可以在阿里云官网（http://www.aliyun.com）上申请注册云账号，购买开通 ODPS 服务后，系统会分配密钥（即安全加密对）：AccessID 和 AccessKey，加密对可以确保用户的数据和计算安全。当用户通过账号访问 ODPS 服务时，系统会对密钥进行认证。假设用户 Alice 要访问 ODPS 服务，这个过程如图 1-1 所示。

图 1-1  账号服务

Alice 发送请求时，会先计算 AccessKey 的签名，在请求中包含 AccessID 和签名，ODPS 服务端接收到请求后，会从云账号服务获取 AccessID，并对 AccessKey 计算签名，如果计算的签名和用户请求发送的签名一致，则认证成功。对于用户来说，如果希望其他人（比如一起开发的同事）也可以访问其应用，则可以授权给他。

除了云账号外，ODPS 也支持淘宝账号，通过淘宝账号支持的 OAuth 协议实现第三方认证功能。这里，我们建议用户使用云账号来访问 ODPS 服务，有两个原因：一是创建云账号非常简单，零成本；二是通过云账号方式访问，不涉及账号密码，可以在配置中设置 AccessID 和 AccessKey，便于程序自动化运行；而通过淘宝账号方式，为了保护用户密码安全，不支持直接配置用户密码，需要在交互模式下输入密码，这在一定程度上给程序自动化运行带来麻烦。

### 什么是 OAuth？

OAuth 协议为用户资源授权提供了一种安全、开放而又简易的标准，允许用户让第三方应用访问该用户在某一服务上存储的资源（如照片、联系人列表、视频等），而无需将用户名和密码提供给第三方应用。

举个简单的例子，假设 Alice 和 Bob 都是阿里云用户，那么 Alice 可以将自己存储的照片授权给 Bob 访问。需要注意的是，这种授权是封闭授权，它只支持在同一个系统内部的用户之间的授权，而不支持和其他外部系统或用户的授权。比如说，Alice 想把阿里云服务上存储的照片通过网易印像服务打印出来，她如何能做到呢？

也许有人会说，Alice 可以将自己的阿里云账号的用户名和密码告诉网易印像服务，事情不就解决了吗？是的，但只有毫不关注安全和隐私的同学才会出此"绝招"。那么一起来想一想，这一"绝招"存在哪些问题？一是网易印像服务可能会缓存 Alice 的用户名和密码，可能没有加密保护。它一旦遭到攻击，Alice 就会躺着中枪。二是网易印像服务可以访问 Alice 在阿里云上的所有资源，Alice 无法对他们进行最小的权限控制，比如只允许访问某一张照片，1 小时内访问有效。三是 Alice 无法撤消她的授权，除非 Alice 更新密码。

在以 Web 服务为核心的云计算时代，像用户 Alice 的这种授权需求变得日益普遍和迫切，"开放授权（Open Authorization）"也正由此应运而生，其目标是帮助类似 Alice 这样的用户将她的资源授权给第三方应用，支持细粒度的权限控制，并且不会泄漏 Alice 的密码或其他认证凭据。OAuth 是一个开放标准，允许用户让第三方应用访问该用户在某一网站上存储的私密资源（如照片、文件、视频和联系人列表），并且无需将用户名和密码提供给第三方应用。IETF 给出了 OAuth 2.0 协议规范（http://tools.ietf.org/html/rfc6749）以及详细的授权认证说明。关于 OAuth 协议，可以从官网中了解更多：http://oauth.net/。

## 1.3.2　项目空间（Project）

项目空间（Project，有时也称项目）是 ODPS 的逻辑组织单元，类似于传统数据库的 Database，是进行多租户隔离和访问控制的主要边界。对于用户而言，项目空间就像一个独立的数据库系统。不同用户在独立的项目空间工作，对其中所有对象（包括表等）进行管理。不同项目空间内的存储和计算都是互相隔离的。用户在自己创建的空间中默认有全部权限，只有跨项目空间的访问才需要显式授权。

此外，项目空间还可以避免命名冲突，不同项目空间下的对象可以有相同的名字，这可以使开发、发布变得更简单、便捷。举两个例子，阿里金融的工程师在自己的项目空间下开发测试 SQL 查询语句，验证成功后可以直接发布到生产系统的项目空间，无需对 SQL 查询语句进行任何修改；CNZZ 发布的数据分析逻辑（一组 SQL 查询）可以不经任何修改在不同客户的项目空间下运行。

## 1.3.3　表（Table）

表（Table）是 ODPS 的数据存储单元，类似于关系数据库中的表。它在逻辑上也是由行和列组成的二维结构，每行代表一条记录，每列表示一种属性，拥有相同数据类型和名称的一个字段；一条记录可以包含一个或多个列，各个列的名称和类型构成这张表的表模式（Schema），比如一条记录包含以下字段：

- user_id BIGINT[①]，标识唯一用户 ID；
- view_time BIGINT，页面访问时间，时间戳格式；
- page_URL STRING，页面 URL；
- referrer_ URL STRING，来源 URL；
- IP STRING，请求访问的机器 IP。

在 ODPS 中，随着项目的发展演化，一个 Project 下有几千张表是很正常的。ODPS 对

---

① user_id 表示列名称，BIGINT 表示类型，后面类似。

表名没有严格的限制，但是如果从一开始对表名命名就特别规范，对于后期的查看和管理会方便很多。比如，对于典型的数据仓库场景，往往是先把源数据导入到数据存储层（ODS，Operational Data Store），其次在数据仓库（DW，Data Warehouse）完成建模、聚合分析，再到应用数据集市（ADM，Application Data Mart）提供给不同的业务。这样，就可以通过不同的前缀来标识表属于哪个层次，比如 ods_、dw_、adm_。当然，也可以根据其他维度来标识，比如事实表和维度表，经常看到这样分别标识：fact_ 和 dim_。一言以蔽之，通过前缀标识同一类型的表是一种良好的风格，而具体如何标识则可以依据自己的习惯。

## 1.3.4  分区（Partition）

分区（Partition）是指在一张表下，根据分区字段（一个或多个组合）对数据存储进行划分。也就是说，如果表没有分区，数据是直接放在表所在的目录下；而如果表有分区，每个分区对应表下的一个目录，数据是分别存储在不同的分区目录下。

举个例子，假设为前面给出的各个字段创建一张表，表名为 page_view，指定其分区字段为 dt（日期）和 country，则分区 dt=20130101,country=US 下的数据，就会存放在目录 page_view/dt=20130101/country=US/下。这里，dt 是一级分区键，country 是二级分区键。显然，二级分区是一级分区的更细粒度的划分。

分区的最大好处在于可以加快查询，比如要查找满足 dt=20130101 且 country=US 的数据，只需要扫描相应的分区即 dt=20130101/country=US/目录下的数据即可[①]。反之，如果没有分区，则需要扫描表 page_view/下的所有数据。

一般来说，当数据量比较大时，应该考虑创建分区。分区键的选择则需要综合考虑数据来源和业务查询。比如数据是每天增量导入，则可以把日期作为一级分区键。此外，在业务查询时，经常需要按地域条件查询，则可以把地域作为二级分区键。

## 1.3.5  任务（Task）、作业（Job）和作业实例（Instance）

单个 SQL Query、命令和 MapReduce 程序统称为一个任务（Task）。一个作业可以包含一个或多个 Task，以及表示其执行次序关系的工作流（Workflow）。工作流是个 DAG 图（有向无环图），描述了 Job 中各个 Task 之间的依赖关系和运行约束，如图 1-2 所示。

---

① 这个表述不太严谨，实际上，ODPS 并没有严格限定 dt=20130101 且 country=US 的数据一定写到分区 dt=20130101/country=US/下，这是由用户保证的。试想一下，如果把 dt=20130101 且 country=US 的数据导入到 dt=20130101/country=CHN/分区下，除了造成混乱给自己添麻烦外，能有什么好处呢？

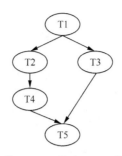

图 1-2　工作流 DAG 图

每个作业对应一个 DAG 图,其每个 Task 对应 DAG 图的一个节点。实质上,作业是一个静态概念,一个作业对象即一个 XML 格式的文本文件。

当作业被提交到系统开始执行时,该作业就拥有一个作业实例(Instance)。和 Job 相反,Instance 是个动态概念,每个 Instance 只能运行一次。一个 Job 多次运行就对应多个不同的 Instance。Instance 保存了 Job 在执行时的快照(snapshot)、返回状态等信息。

### 1.3.6　资源(Resource)

资源(Resource)是 ODPS 特有的概念,用户可以上传本地自定义的 JAR 包或文件作为资源,也可以将 Project 下的某张表作为资源。比如,要在集群上运行 MapReduce 程序,需要把 MapReduce 生成的 JAR 包上传到 ODPS 服务器;通过 Java 实现了自定义函数(UDF),要在 SQL 查询中调用它,也需要把 Java 代码打包上传到 ODPS 服务器。此外,还可以把某个文件或 ODPS 表(比如字典)作为资源,在 MapReduce 计算时把资源拷贝到各个 worker(即运行程序的机器,在分布式环境下,往往会有很多机器并行执行)上,提高执行效率。

资源的最大好处在于给用户使用带来便捷。资源上传一次就可以一直使用,而不用每次使用前都必须执行上传。ODPS 服务端不但保存了资源本身的数据内容,还包含其描述信息(Meta),后续可以对它执行更新、删除操作。

## 1.4　应用开发模式

要使用 ODPS 服务,用户的应用开发模式如图 1-3 所示。

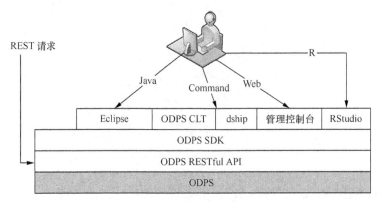

图 1-3　ODPS 应用开发模式

如图 1-3 所示，ODPS 以 RESTful API 方式对外提供服务，用户可以通过不同的方式来使用 ODPS 的服务：直接通过 RESTful API 请求访问、ODPS SDK、ODPS CLT（Command Line Tool）和 Java 集成开发环境（如 Eclipse）、管理控制台、R 语言集成开发环境（如 RStudio）。

## 1.4.1　RESTful API

ODPS 服务是以 RESTful API 的形式对外提供，所有的客户端组件（SDK、CLT 等）都是构建在该 API 的语义之上。理解 ODPS RESTful API，能帮助你理解 ODPS 服务，并更好地掌握如何使用它。关于 RESTful Web 服务的内容，可以写一本书。下面的扩展阅读简单描述了 RESTful 的核心思想。

---

### 什么是 REST？什么又是 RESTful？

REST (REpresentation State Transfer，表述性状态转移)，是 Roy Fielding 博士在其 2000 年的博士论文中提出来的一种软件架构风格（或称设计原则）。REST 定义了一组体系架构原则，满足这些原则的应用或设计就是 RESTful。

### REST 原则

REST 从资源的角度来观察整个网络。资源可以理解成是一个 HTTP 对象（即网络上的一个实体），比如某个图片、网页，这些资源是由 URI 唯一确定，客户端应用通过 URI 获取资源的表现形式。REST 定义了一组体系架构原则，可以根据这些原则设计以资源为中心的 Web 服务，以及使用各种客户端如何通过 HTTP 处理和传输资源状态。近年来，REST 已经成为最重要的 Web 服务设计模型，对 Web 影响非常大。

简单而言，REST 原则主要包含以下几点：

- 通过 URI 标识一个资源

对资源进行抽象，通过 URI 唯一标识一个资源，且符合用户直觉，比如以下 URI：

http://www.example.com/products/odps

http://www.example.com/wiki/odps

http://www.example.com/weblog/2011/12/17/1

从上面的 URI，可以很容易理解其含义。如果/wiki/odps 表示产品 odps 的 wiki 说明，那么产品 ecs 的 wiki 说明就应该是 /wiki/ecs，而不应该是/how-to-do/ecs/。这一点也符合前面提到的 API 原则：易于学习。

- 资源必须是可寻址的

资源的可寻址性，也就是说，资源必须是可访问的。从用户角度看，可寻址性是前提。试想一下，如果资源不具有可寻址性，该资源就不可用，对用户就没有任何意义。实际上，它就谈不上是"资源"，而只不过是表示事物的数据而已。可寻址性是 Web 应用的最大优点。

- 使用标准方法（GET、HEAD、PUT、DELETE、POST）

使用 HTTP 标准方法的语义。HTTP 提供了 9 种请求方法（http://en.wikipedia.org/wiki/HTTP），其中下面 4 种基本方法用于表示 4 种最常见的操作：

- GET：获取资源；
- PUT：向一个新的 URI 发送 HTTP PUT，则是创建一个新资源；向一个已有 URI 发送 HTTP PUT，则是更新资源；
- POST：向一个已有 URI 发送 HTTP POST，则是创建一个新资源；
- DELETE：删除资源。

HEAD 方法和 GET 方法类似，但不返回响应体。REST 遵循 CRUD 原则，即创建（Create）、获取（Read）、更新（Update）和删除（Delete），所有的需求都可以通过 4 个基本操作组合来满足。

GET 操作满足安全性。所谓安全是指不管执行多少次操作，资源的状态不会发生改变。比如使用 GET 操作浏览文章，不管浏览多少次，都不会对文章有任何改变。或许你会想，每浏览一次文章，文章的浏览数就递增，这是改变资源状态吗？这一点需要透过现象看本质。这个变化不是由 GET 操作引起的，而是由服务端自身的逻辑，比如定义 Counter 计数来实现的。

GET、PUT 和 DELETE 操作满足幂等性。所谓幂等是指不管执行多少次操作，结果都是一样的。比如通过 DELETE 操作删除一个资源，它就不存在了，不管再执行多少次 DELETE 操作，结果还是不存在。通过 PUT 操作创建一个新的资源，不管再执行多少次，结果都是只存在一个新的资源。通过 PUT 操作修改资源的状态后，如果再发一次同样的请求，资源的状态还是 PUT 请求中所指定的状态。

安全性和幂等性的意义在于支持客户端在非可靠网络（比如 Internet）上实现可靠的 HTTP 请求。比如，当你发出一个 GET 请求后，如果没有收到响应，可以重试，再发一次请求，重复请求对服务器不会产生任何副作用。

POST 操作不满足幂等性。很多人对 PUT 操作和 POST 操作的区别感到困惑，是否满足幂等性是其中一个非常重要的区别。在设计 REST API 时，如果纠结于到底应该用 POST 还是 PUT，只要意识到这点区别，就会豁然开朗。举个例子，假如要发表一篇生活感悟的日志，假设要发送请求如 http://www.example.com/log/life，应该用 POST 方法还是 PUT 方法？这取决于服务器端定义的行为：当发送两次请求时，是生成两篇日志，还是后一个覆盖前一个？如果是前一种情况，则应该使用 POST 方法，否则用 PUT 方法。

- 无状态通信

无状态通信是指客户端和服务器之间的交互是无状态的，当客户端向服务器发起一个 HTTP 请求时，该请求必须包含服务器完成该请求所需要的全部信息。服务器不维护任何单次请求以外的客户端通信状态（但这并不代表资源没有状态）。无状态通信这一特性使得客户端的请求可以由任意一个可用的服务器来响应，这一点非常适合云计算场景。试想一下，如果是有状态通信，下一个请求必须依赖前一个请求，这就意味着该请求需要由特定的服务器才能处理，这会带来很大的局限性。

ODPS RESTful API 设计主要遵循以下三个原则：
- 合理抽象产品中的各个对象，API 设计以资源为中心展开。

从"资源"出发设计 API，把产品中各个对象抽象为资源，对象的操作就是对资源的增、删、查、改操作，以资源为中心来设计 API 及组织 API 文档，更容易让用户理解产品。

- 考虑 API 用户场景，从用户场景出发设计 API 功能。

API 本身也是产品，和任何产品一样，其设计的初衷都是为解决用户的问题。设计 API 就要考虑用户调用 API 要解决哪些问题，场景是什么。专注于最主要的用户场景，把 80% 的场景做到 100% 的优秀，要比把 100% 的场景只做到 80% 好得多。

- 可以针对用户场景编写示例代码，验证 API 设计的可行性和易用性。

好的 API 是要能让用户写出"优雅"的代码。

在 ODPS RESTful API 中，对象被抽象成以下几种"资源"（这里的"资源"表示 REST

协议的资源概念，而不是 1.3.6 节提到的 ODPS 资源的概念）：

- 产品信息（Version），也称版本号；
- 用户空间（Project）；
- 表（Table）；
- 作业（Job）；
- 作业实例（Instance）；
- 资源（Resource）；
- 注册信息（Registration）；
- 权限管理（Privilege）。

下面以获取 Table 的 Meta 信息（如 Schema 等）为例，给出其具体的 RESTful API 请求（Request）和响应（Response）的示例及其说明[①]。

**Request**

```
GET /projects/projectname/tables/tablename HTTP/1.1
Host: OdpsServer
Date: Date
Authorization: SignatureValue
```

**Response**

```
HTTP/1.1 200 OK
Content-Length: ContentLength
Content-Type: application/xml
Last-Modified: TimeStamp
x-odps-creation-time:TimeStamp
x-odps-owner:Owner
<?xml version="1.0" encoding="UTF-8"?>
<Table>
  <Name> tableName </Name>
  <Comment>tblComment</Comment>
  <Schema Format="JSON">
    <![CDATA[schema data in JSON format]]>
  </Schema>
</Table>
```

——————————

① 目前 ODPS RESTful API 尚未开放，这里只是给出一个示例，具体格式以开放后的用户手册为准。

在 Request 中，"Authorization:"标签表示认证信息。在"1.3.1 账号（Account）"一节，我们已经提到访问 ODPS 服务需要先通过账号认证。ODPS 服务是通过消息认证来实现账号认证的。关于 ODPS 消息认证机制的说明，请参看附录一。

## 1.4.2 ODPS SDK

ODPS SDK 是 ODPS 提供的访问 ODPS 服务的一种客户端，目前提供 Java 版本的实现，这主要是出于跨平台考虑，因为 Java 是跨平台语言，基于 Java SDK 实现的 IDE 或工具可以实现跨平台。比如，ODPS 官方提供的 CLT 工具，就可以运行在不同的平台上，如 Windows、Linux 和 iOS 等。此外，Java 也是一门最大众的语言，很多用户都很熟悉，这可以降低学习成本。

ODPS SDK 是对 ODPS RESTful API 的封装，但并非一一映射关系，而是提供了更高层次的抽象，以便于用户理解并更好地使用 ODPS 服务。从功能角度，ODPS SDK 对产品对象进行抽象，包含 projects、tables、resources 等模块。第 10 章"使用 SDK 访问 ODPS 服务"将介绍如何使用 ODPS SDK 编程访问 ODPS 服务。

一般而言，使用 ODPS CLT 更简单方便，学习成本很低。然而，在某些场景下，比如当需要和 Java 代码集成时，则可以通过 ODPS SDK 来访问 ODPS 服务。

## 1.4.3 ODPS CLT

ODPS CLT（Command Line Tool）叫做 Console，（最新版本改名为 ODPS CLI，Command Line Interface，本书将沿用 CLT 这个称呼），是 ODPS 官方提供的命令行模式的客户端工具，通过 CLT 可以很方便地执行各种命令，比如执行 Project 管理、DDL、DML 等操作。由于其易用性，CLT 是目前使用最广泛的。ODPS CLT 是基于 ODPS SDK 开发的 Wrapper（封装），我们鼓励用户根据自己的应用场景实现开发自己的工具，从长远来看，开发自己的工具往往可以收到"磨刀不误砍柴工"的成效。

在下一章中，我们将会基于具体的案例，说明如何在 ODPS CLT 执行各种命令来完成。

## 1.4.4 管理控制台

阿里云官网（http://www.aliyun.com/）上提供了管理控制台，开通 ODPS 服务后，就可以通过管理控制台实现 Project 管理、用户管理、上传下载数据以及执行作业等功能。通过管理控制台，可以以 Web 交互方式执行，这种方式尤其适用于非开发人员，比较方便。

### 1.4.5　IDE

用户可以基于自己熟悉的 IDE 来开发。比如 Java 程序员可以在 Eclipse 上编程调用 ODPS SDK；统计分析人员可以在 RStudio（R 语言集成开发环境）中，通过 R 语言实现在 ODPS 上的数据分析和计算。

在阿里内部，也开发了一些 IDE 产品来使用 ODPS 服务，提供数据获取、加工、分析处理、维护管理、运营等一站式服务，它们已经成为数据工程师们的福音。

我们也非常期待开发者和独立软件开发商基于 ODPS 来搭建自己的应用开发环境和商用服务。ODPS 鼓励用户根据自己的需求定制，开发实现自己的 IDE、Web 或客户端工具。随着项目进展，这些工具往往会收到事半功倍的效果。

值得一提的是，ODPS 不提供独立的调度服务，用户可以自己实现简单的数据处理流（Pipeline），比如通过组织多条 SQL 语句来实现，或者在一个 Job 中包含多个 Task 等。

## 1.5　一些典型场景

目前，ODPS 平台支撑着阿里巴巴的很多业务系统，包括数据仓库、BI 分析和决策支持、信用评估和无担保贷款风险控制、广告业务、每天几十亿流量的搜索和推荐相关性分析等。本节将根据 1.2.4 节提到的三类大数据处理场景，介绍几个真实的典型应用场景。

### 1.5.1　阿里金融数据仓库

阿里金融数据仓库团队基于 ODPS 构建了一个完善复杂、功能强大的数据仓库体系，包含六个层次：源数据层、ODS 层、企业数据仓库层、通用维度模型层、应用集市层和展现层。源数据层处理各个来源数据，包括淘宝、支付宝、B2B、外部数据等。ODS 作为数据导入的临时存储层。企业数据仓库层采用 3NF 建模方式，按主题（如商品、店铺）进行划分，包括完整的历史数据。通用维度模型以维度建模方式构建面向通用业务应用的模型层，不以满足特定的应用为目的，而是屏蔽业务需求变化，以一致性维度和事实的方式为上层提供数据。应用集市层是面向需求，构建满足某一应用需求的数据集市。展现层提供一些数据门户（Portal）和服务等，供应用访问。

在这个体系架构中，不可避免地，还会涉及元数据管理等一些其他方面。

阿里金融的数据仓库主要是基于 ODPS SQL 完成离线计算，并通过一系列指标规则和算法完成离线决策，输出结果给在线决策使用。

## 1.5.2　CNZZ 数据仓库

CNZZ 是互联网数据统计分析提供商，为中文网站及中小企业提供专业、权威、独立的数据统计和分析服务。它基于 ODPS 构建了功能强大的数据仓库，实现数据统计和挖掘。其数据仓库主要包括三层：ODS 层存储采集的数据，按源头业务系统的数据进行划分的原始数据存储；数据仓库层（DW 层）面向主题需求，根据数据和需求双向驱动，通过 ETL 从 ODS 层抽取转换，分离为事实表和维度表；集市层（Mart 层）是基于 DW 层，面向特定产品需求，比如计算关于"人"这一主题按地域分布、按行业分布的网民统计分析，从各种不同角度（如网站，客户端的操作系统、分辨率、移动设备还是 PC 等）进行统计分析等。

## 1.5.3　支付宝账号影响力圈

支付宝的数据分析师想通过付款关系等信息，绘制账号影响力圈，确定账号的关键程度。付款关系图可以表示为有向图，账号即节点。很自然地，这个问题可以抽象为图计算，采用 ODPS 图编程模型，确定节点和边，可以很容易实现，最后可以计算出各个节点的权重，即关键程度。实际上，这个问题和使用经典的 PageRank 算法计算网页权重如出一辙。

## 1.5.4　阿里金融水文衍生算法

阿里金融 BI 团队的数据分析师需要对淘宝、天猫的卖家进行分类，确定其贷款上限。其输入数据是卖家信息，包括如销售额等上百项基础数据，标识卖家的各种特征。为了更好地实现预测，分析师们需要通过建模和算法，获取更多的水文衍生指标，如过去一个月销售额，衍生的指标可以达到数万项。然后，依据这些指标执行训练完成特征抽取并降维，实现预测。

在使用 ODPS 之前，衍生计算是在几十台的 SAS 服务器上完成的，在不出错的情况下也需要历时 30 多天；通过 ODPS MapReduce 编程及 ODPS 机器学习算法（如排名分位算法等）执行衍生计算，以<Key，Value>的形式输出结果，只花了 4 个小时，极大缩短了衍生计算周期。

### 1.5.5　阿里妈妈广告 CTR 预估

CTR 预估（Click-Through Rate Prediction），通俗来讲，就是点击率预估。在网站的搜索结果页（比如在 taobao.com 上搜索 iPhone），在右侧和下侧会展示一些广告，广告 CTR 预估即指估计搜索展示的广告被用户点击的可能性。广告收入是很多互联网企业的主要收入来源。CTR 预估越精确，越有助于业务的推广活动更有针对性。用户点击广告的可能性就越大，收益就越高。

因此，阿里妈妈希望提高广告 CTR 预估的准确性，但面临两大挑战：一是数据规模很庞大，涉及百亿级别的记录；二是数据每天都在更新，对模型性能要求更高。目前，它是基于 ODPS 机器学习框架，通过逻辑回归算法实现模型训练，然后把训练结果输出给线上服务的广告投放引擎。

# 1.6　现状和前景

互联网时代是海量数据的时代，是数据驱动的时代。阿里提出了"数据分享第一平台"的愿景，积极构建数据化运营的大生态系统，目标是构建新一代安全、统一、可管理、能开放的大数据平台。在阿里内部，提出了所有数据"存、通和用"，把不同业务数据关联起来，发挥整体作用。

ODPS 在发展过程中，在规模上，支持淘宝核心数据仓库，每天有 PB 级的数据流入和加工；在正确性上，支持阿里金融的小额无担保贷款业务，其对数据计算的准确性要求非常苛刻；在安全上，支付宝数据全部运行在 ODPS 这一平台上，由于支付宝要符合银行监管需要，对安全性要求非常高，除了支持各种授权和鉴权审查，ODPS 平台还支持"最小访问权限"原则：作业不但要检查是否有权限访问数据，而且在整个执行过程中，只允许访问自己的数据，不能访问其他数据。

截止 2013 年，在阿里内部已经有多个投入使用中的 ODPS 集群，最大的单集群是 5000台，其负载情况如下：

- 亿级别文件；

- 作业量：5 万/天；
- 作业 I/O：PB 级别/天。

由于 ODPS 支持多计算集群，具有很好的可扩展性，它实际上可以支持数万台规模的多计算集群。目前，阿里集团很多事业部已经在 ODPS 平台上构建新的业务，或者正在把数据、业务迁移到 ODPS 平台上运行。ODPS 目前也已经为部分第三方 ISV 和科研机构开放数据存储和分析能力。

随着 ODPS 对外开放的不断推进，其发展空间更是不可想象，随着第三方数据的流入，可能推动各种创新在上面生根发芽、开花结果。

尽管如此，云计算和大数据是两个新兴的领域，技术和产品发展日新月异。作为一个平台，虽然 ODPS 已经在阿里内部被广泛使用，但在产品和技术上还有很多方面需要进一步完善和加强，希望 ODPS 能够和云计算和大数据应用共同成长，成为业界最安全、最可靠和最方便易用的平台。

# 1.7  小结

这一章简单介绍了 ODPS，以及一些基本概念、应用开发模式和典型场景。在后面的章节中，我们将说明如何通过 ODPS 实现一些典型大数据处理场景：收集数据、处理海量数据、迁移数据、使用机器学习算法生成模型等。通过应用实践熟悉 ODPS 之后，我们会一起探讨 ODPS 处理大数据的工作原理，最后会讲述 ODPS 一些前沿探索。

# 第2章
## ODPS 入门

这一章将通过真实的场景，一起动手体验 ODPS。本章会详细介绍使用 ODPS 的前期准备工作和客户端配置，并通过网站日志分析这一典型场景，分析如何实现典型的数据处理。

## 2.1 准备工作

在使用 ODPS 服务之前，首先要创建云账号。然后，要购买并开通 ODPS 服务。

### 2.1.1 创建云账号

为了使用 ODPS 服务，用户首先需要到阿里云官网 http://www.aliyun.com 申请注册账号并获取密钥。一个密钥实际上是个安全加密对，包括用户名（AccessID）和密码（AccessKey），一个账户可以有多个密钥。对密钥授权后，可以执行相应权限的操作，比如创建表、SQL 查询等。创建账户并获取密钥的步骤如下（由于网站界面更新较快，下面的屏幕截图可能和你见到的不同，请遵从网站的实际步骤）：

1. 登录 http://www.aliyun.com 网站，单击"注册"，如图 2-1 所示。

图 2-1　登录网站

2. 填写注册信息，输入手机号和短信校验码，单击"同意协议并注册"，如图 2-2 所示。

图 2-2　填写注册信息

　　注册成功后，会发送邮件到填写的电子邮箱内，需要在 48 小时内单击邮件中的链接才能完成注册。

3. 登录邮箱，激活账户。激活后如图 2-3 所示。

图 2-3　激活账户

4. 登录 aliyun.com 后，访问 http://i.aliyun.com/access_key，单击"创建 Access Key"，

则会生成如图 2-4 所示的 AccessID 和 AccessKey（单击界面中的"显示"查看）。创建 Project 的用户即 Project 的 Owner，拥有该 Project 的所有权限，通过 AccessID 和 AccessKey 可以执行所有操作；对于普通用户，授权后可以执行相应权限的操作。请妥善保存 AccessID 和 AccessKey。

图 2-4　创建密钥

## 2.1.2　开通 ODPS 服务

注册后，可以付费购买并开通 ODPS 服务，如图 2-5 所示。

图 2-5　开通 ODPS 服务

开通后，我们就可以开始使用 ODPS 服务了。

## 2.2　使用管理控制台

登录阿里云管理控制台（http://console.aliyun.com/），在已开通的服务下单击"开放数据处理服务 ODPS"就可以进入 ODPS 的管理控制台。

点击右上角的"创建项目"，就可以创建 ODPS Project 了。单击"创建项目"，输入相应信息，如图 2-6 所示。

图 2-6　创建 Project

注意，成为 Project 的 Owner 意味着该 Project 内的"所有东西"都是你的，在你给别人授权之前，任何人都无权访问你的空间。

点击管理，可以在管理控制台完成创建表、上传下载数据、执行作业、授权管理等功能，如图 2-7 所示（操作比较简单，这里就不逐项具体说明了）。

图 2-7　创建表等操作

如果使用 ODPS SDK 或者 CLT 进行开发，单击右上角的"ACCESSKEY 管理"（http://i.aliyun.com/access_key），可以获取账号信息。

如果项目或数据表不再使用了，可以删除掉，因为存储也是收费的。

## 2.3　配置 ODPS 客户端

ODPS CLT 是 ODPS 官方提供的访问 ODPS 的客户端工具。通过 CLT，可以执行很多命令，如提交 SQL，查看表和资源等。

此外，ODPS 还提供了数据上传下载工具 dship。dship 是本地文件和 ODPS 之间的同步工具，可以方便用户把数据从本地文件上传到 ODPS 以及从 ODPS 下载到本地文件。

### 2.3.1　下载和配置 CLT

首先，客户端需要下载安装 JDK，JDK 需要是 1.6 以上的版本。下面，我们将分别介绍如何在 Windows 和 Linux 系统上使用 ODPS CLT。除非特别说明，本书依赖的 ODPS SDK 版本是 0.12.0。

### 1.　在 Windows 上

（1）下载。首先，下载 ODPS CLT 的安装包并解压[①]，解压后生成目录 bin/、conf/和

---

① 注：请从 aliyun.com 官网上下载最新版本的 ODPS 客户端和 dship。

lib/。lib/目录下包含依赖的 JAR 包。conf/目录下包含配置文件 odps_config.ini。bin/目录主要包含两个命令：odps 和 odps.bat，前者是在 Linux 下运行，后者在 Windows 下运行。

（2）配置和运行。现在，我们把 Project 名称、账号 AccessId 和 AccessKey 的值配置到 ODPS CLT 的 odps_config.ini 中，如下所示：

```
access.id=******
access.key=******
endpoint=http://service.odps.aliyun.com/api
default.project=odps_book
```

配置完成后，双击 bin/目录下的 odps.bat，即可运行，执行 help 查看帮助信息，如图 2-8 所示。

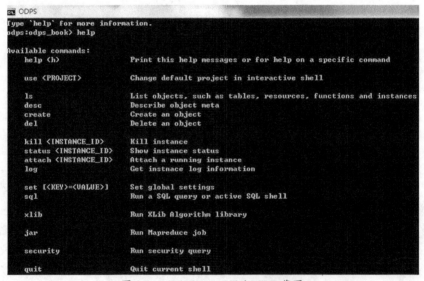

图 2-8　Windows 下运行 CLT 截图

在 odps_config.ini 中文件中，default.project 可以不设置。这样运行时，要使用某个 Project，需要先执行命令 use <PROJECT> 。当一直使用某个 Project 时，在 odps_config.ini 直接配置 default.project，使用起来会更方便。

## 2. 在 Linux 上

（1）下载。同上，下载 ODPS CLT 的安装包，并解压，执行命令如下（假设包名称是 odps-console.tar.gz）：

```
wget http://<path>/odps-console.tar.gz
mkdir clt
tar zxvf odps-console.tar.gz -C clt
```

（2）配置和运行。Linux 下的配置文件和 Windows 下完全相同，不再赘述。

配置后，运行 odps，并运行测试命令 "ls tables;"，结果如图 2-9 所示。

```
[admin@localhost bin]$ ./odps
Type 'help' for more information.
odps:odps_book> ls tables;
Name                                    Owner
```

图 2-9　Linux 下测试 CLT 截图

出于个人习惯，后面在使用 ODPS CLT，给出的都是在 Linux 上运行的说明，在 Windows 下运行与之类似。

## 2.3.2　准备 dual 表

在 Oracle 中，默认有个 dual 表，它包含一列和一行，主要用来查询一些伪列值（pseudo column），熟悉 Oracle 的开发人员可能经常使用它。现在，我们就来创建一张这样的 dual 表，在后面的开发中会经常使用它，比如测试自己写的正则匹配的模式（Pattern）是否正确等。

下面通过 CLT 来执行一些简单的命令，先熟悉一下。执行 "h"（或 help）命令可以查看其帮助信息，如图 2-10 所示。

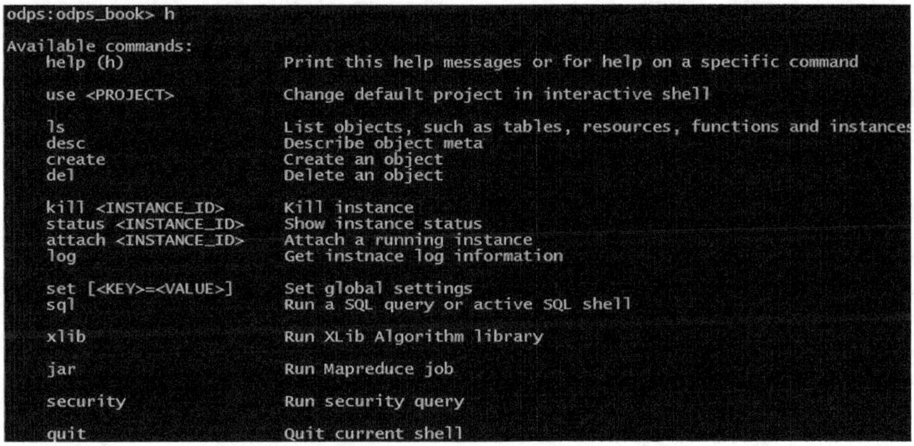

```
odps:odps_book> h
Available commands:
  help (h)                     Print this help messages or for help on a specific command
  use <PROJECT>                Change default project in interactive shell

  ls                           List objects, such as tables, resources, functions and instances
  desc                         Describe object meta
  create                       Create an object
  del                          Delete an object

  kill <INSTANCE_ID>           Kill instance
  status <INSTANCE_ID>         Show instance status
  attach <INSTANCE_ID>         Attach a running instance
  log                          Get instnace log information

  set [<KEY>=<VALUE>]          Set global settings
  sql                          Run a SQL query or active SQL shell

  xlib                         Run XLib Algorithm library

  jar                          Run Mapreduce job

  security                     Run security query

  quit                         Quit current shell
```

图 2-10　Help 显示截图

CLT 包含三个子窗口，分别是 sql、xlib 和 security 子窗口，其中 sql、xlib 和 security 这三条命令表示进入子窗口模式。子窗口可以理解成"命令空间"，这种独立子窗口的设计方式有助于不同空间的命令相互隔离，同时不会相互影响，在设计上也可以更自由。因此，SQL、XLIB 和 SECURITY 相关的命令必须在自己的子窗口下运行。比如下面的建表语句，必须在 sql 子窗口下运行，如图 2-11 所示。

图 2-11　子窗口说明

即先执行 sql 命令，进入 sql 子窗口（注意图中框线标注），然后执行 SQL 建表语句。sql 子窗口还可以切换到 xlib 子窗口或 security 子窗口，比如在图 2-11 中输入 security，则切换到 security 子窗口。执行 quit 命令可以跳出子窗口。非子窗口下的命令，比如 desc 命令，可以在任意窗口（父窗口或任意子窗口）下运行。

## 1. 创建表

```
CREATE TABLE IF NOT EXISTS dual(id BIGINT);
```

一般而言，在创建表时，添加上 "IF NOT EXISTS" 是个好习惯（但并不适用于所有专景），表不存在时创建表，存在时则不做任何事情，这对于程序自动化运行尤其必要。否则，当表已存在时，建表语句会报错。但是，这并不表示它适合所有情况。比如已存在一张 dual 表，但是其字段是（dummy STRING），和期望创建的表的 Schema 不一致，如果建表时使用 "IF NOT EXISTS" 不会报错，但可能会存在 bug 隐患。如果希望表已存在则删掉它，重新创建，则可以采用如下的语句：

```
DROP TABLE IF EXISTS dual;
CREATE TABLE dual(id BIGINT);
```

同理，在 DROP TABLE 时添加上 "IF EXISTS" 也是可以避免删表操作重复执行时，由于表不存在而报错，保证操作的可重入性。当然，采取哪种方式可以根据自己的实际情况确定。

## 2. 通过 SQL 写一条数据

```
INSERT OVERWRITE TABLE dual
SELECT count(*) FROM dual;
```

### 3. 查看结果

从结果可以看出已经写入一条数据，如图 2-12 所示。通过 SELECT * FROM <table>; 命令查询时，不会生成分布式作业，而是直接读取底层文件。否则，图 2-13 所示的这个查询，

```
odps:sql:odps_book> select * from dual;
InstanceId: 20140714094724212g9remot4
SQL: .
+------------+
| id         |
+------------+
| 0          |
+------------+
```

图 2-12　SELECT * 查询

从输出 M1_Stg1_...可以看出，它生成了分布式作业。一般来说，在 SQL 查询中不推荐写成 SELECT *，因为查询时很可能只需要某些字段。然而，由于生成分布式作业需要一定的初始化时间，如果表很小，在交互模式下想查看全部数据时，不妨采用 SELECT *，执行会更快些。在后续优化中，如图 2-13 这种简单的 SELECT <columns> 查询也很可能会进一步优化，不用生成分布式作业。

```
odps:sql:odps_book> select id from dual;
InstanceId: 20140714094734711gxc6djz2
SQL: M1_Stg1_job0:0/1/1
Summary of SQL:
Inputs:
        odps_book.dual: 1 (172 bytes)
Outputs:
M1_Stg1_odps_book_20140714094734711gxc6djz2_SQL_0_0_0_job0:
        Worker Count:1
        Input Records:
                input: 1 (min: 1, max: 1, avg: 1)
        Output Records:
                M1_Stg1FS_5226886: 1 (min: 1, max: 1, avg: 1)


+------------+
| id         |
+------------+
| 0          |
+------------+
```

图 2-13　SELECT 字段查询

注意，CLT 的返回结果显示，在不同版本中不保证兼容，在用户应用程序中不应该依赖 CLT 的输出。

## 2.3.3　CLT 运行模式

CLT 支持两种运行模式，一是交互模式，如上面运行的 list tables;命令，二是命令行模式，把要执行的命令写到文件中，然后调用-f 来执行，例如 sql.txt 文件内容如下：

```
list tables
sql
CREATE TABLE IF NOT EXISTS dual(id BIGINT);
```

可以通过 clt/bin/odps -f /tmp/sql.txt 的方式来执行这些命令。

命令行模式除了通过-f方式运行外，还可以直接在命令行执行命令，如下所示：

$   clt/bin/odps sql "SELECT count(*) as cnt from dual;"

一般来说，以脚本形式调用时，通过命令行模式会比较方便，它可以串行执行多个命令。ODPS CLT 执行所有的 SQL 命令都应该以分号 ";" 结束，一条 SQL 命令可以有多行，ODPS CLT 会一直等到读入分号才认为该命令结束。而其他非 SQL 命令则是通过换行结束。

在后面的各个章节中，我们会基于 CLT 详细介绍相应功能，这里暂不过多叙述。

### 2.3.4　下载和配置 dship

首先，在使用 dship 工具之前，同样需要正确安装 Java 运行环境（JDK1.6 及以上）。然后，下载 dship 安装文件 odps-dship.zip，解压缩后，包含图 2-14 所示的文件和目录。

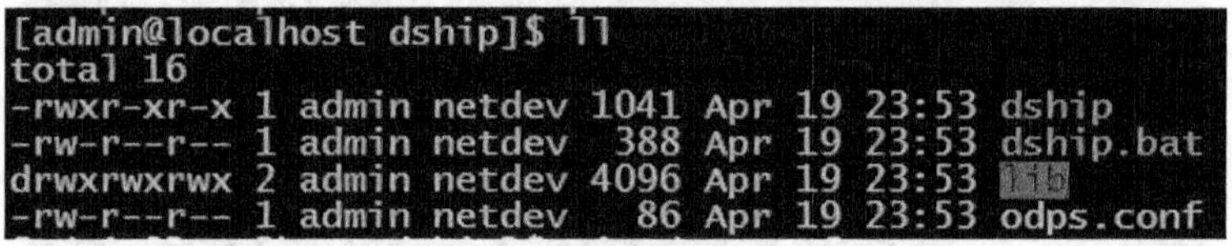

图 2-14　dship 工具解压

其中 dship 和 dship.bat 分别是 Linux 和 Windows 下的可执行文件，lib 目录下包含依赖的 jar 包。odps.conf 是配置文件，这里设置如下：

```
#odps dship config
tunnel-endpoint=http://dt.odps.aliyun.com/
id=****
key=****
project=odps_book
```

其中 tunnel-endpoint 表示 ODPS 上传下载服务 TUNNEL 的 endpoint。

### 2.3.5　通过 dship 上传下载数据

可以通过./dship help 查看命令的帮助信息，如图 2-15 所示。

```
[admin@localhost odps-dship]$ ./dship help
Usage: dship <command> [options] [args]
Type 'dship help <command>' for help on a specific subcommand.

Available commands:
    upload (u)
    download (d)
    resume (r)
    show (s)
    config (c)
    purge (p)
    help (h)

dship is tool for odps data transfer.
```

图 2-15　dship 命令帮助

执行 ./dship help upload 可以查看 upload 命令的具体帮助信息（其他命令类似），结果如图 2-16 所示。

```
[admin@localhost odps-dship]$ ./dship help upload
upload : upload data from local file.
Usage: upload [options] <path> <[project.]table[/partition]>

Valid options:
    -fd  [--field-delimiter] ARG      : field delimiter string
                                            default delimiter: ","
    -rd  [--record-delimiter] ARG     : record delimiter string
                                            default delimiter: "\n" or "\r\n" on windows
    -dfp [--date-format-pattern] ARG  : date format pattern
                                            default pattern: "yyyyMMddHHmmss"
    -ni  [--null-indicator] ARG       : null indicator string
                                            default indicator: ""
    -c   [--charset] ARG              : file charset
                                            default charset: "UTF-8"
    -dbr [--discard-bad-records] ARG  : discard bad records
                                            default: "false"
                                            limit operation ("true" or "false").
    -s   [--scan] ARG                 : scan file or not
                                            default: "true"
                                            limit operation ("true", "false" or "only").

For example:
    dship upload  log.txt  test_project.test_table/p1="b1",p2="b2"
```

图 2-16　dship upload 命令帮助

现在，我们先准备一份小数据，上传到 dual 表，数据如图 2-17 所示。

```
[admin@localhost odps-dship]$ cat /tmp/data.txt
1
2
3
4
5
```

图 2-17　测试小数据

执行 ./dship upload　/tmp/data.txt dual 命令上传，结果如图 2-18 所示。

```
[admin@localhost odps-dship]$ ./dship upload /tmp/data.txt dual;
Upload session: 20140715133216378287a001548f0
2014-07-15 13:27:20      scanning file: 'data.txt'
2014-07-15 13:27:20      uploading file: 'data.txt'
2014-07-15 13:27:20      'data.txt' uploaded
OK
```

图 2-18　dsihp 上传

dship 上传数据是 Append（追加）模式。

同样，执行 ./dship help download 可以查看 download 命令的具体帮助信息。执行./dship download dual /tmp/data_download.txt 命令下载，如图 2-19 所示。

```
[admin@localhost odps-dship]$ ./dship download dual /tmp/data_download.txt
Download session: 20140715135624558387a00154bc7
Total records: 5
2014-07-15 13:51:29      download records: 5
2014-07-15 13:51:29      file size: 10 bytes
OK
```

图 2-19　dsihp 下载

这里只是先简单体验一下 dship，为下一节的网站日志分析打下基础，第 3 章 "收集海量数据" 会介绍更多。

# 2.4　网站日志分析实例

这里，我们将基于一份真实的日志数据，了解如何通过 ODPS 来构建数据仓库，完成各种数据分析需求。

## 2.4.1　场景和数据说明

本节的示例说明是基于一份真实的数据集，数据来源于酷壳（CoolShell.cn）网站上的 HTTP 访问日志数据（access.log）。酷壳是专注于 IT 技术领域的热门博客，博主陈浩先生（@左耳朵耗子）有深厚的技术背景，经常分享很多思考和见解，粉丝很多，我是其一。这份数据是 2014/2/12 一天的访问日志，解压后大小接近 150GB，约 57 万条数据，可以通过本书前言给出的在线链接下载。其数据格式如下：

```
$remote_addr-$remote_user [$time_local] "$request" $status $body_ bytes_ sent$http_
referer" "$http_user_ agent" [unknown_content];
```

主要字段说明如表 2-1 所示。

**表 2-1 主要字段**

| 字段名称 | 字段说明 |
| --- | --- |
| $remote_addr | 发送请求的客户端 IP 地址 |
| $remote_user | 客户端登陆名 |
| $time_local | 服务端本地时间 |
| $request | 请求，包括 HTTP 请求类型 + 请求 URL + HTTP 协议版本号 |
| $status | 服务端返回状态码 |
| $body_bytes_sent | 返回给客户端的字节数（不含 header） |
| $http_referer | 该请求的来源 URL |
| $http_user_agent | 发送请求的客户端信息，如使用的浏览器等 |

一条真实的源数据如下：

```
18.111.79.172 - - [12/Feb/2014:03:15:52 +0800] "GET /articles/4914.html HTTP/1.1"
200 37666 "http://coolshell.cn/articles/6043.html" "Mozilla/5.0 (Windows NT 6.2; WOW64)
AppleWebKit/537.36 (KHTML, like Gecko) Chrome/32.0.1700.107 Safari/537.36" -
```

大部分开发人员对 HTTP 访问日志都很熟悉，这是我们选取这份数据集作为入门示例的主要原因。

## 2.4.2 需求分析

基于这份网站日志，可以分析很多内容，下面列举几个常见的分析需求：

1. 统计网站的 PV、UV，按用户的终端类型（如 Android、iPad、iPhone、PC 等）分别统计，并给出一周的统计报表；

2. 网站的访问来源，了解网站的流量从哪里来。

其实还有很多需求，例如用户在哪里流失（即用户的最后一次访问页面）。哪些 IP 是恶意攻击，识别哪些请求是爬虫，通过建模及时预测某个请求是否为爬虫等。在本节中，我们先一起来实现前两个需求，在第 4 章 "使用 SQL 处理海量数据" 中，我们将进一步深入分析。

---

**网站统计指标**

浏览次数（PV）和独立访客（UV）是衡量网站流量的两项最基本指标。用户每打开一个网站页面，记录一个 PV，多次打开同一页面 PV 累计多次。独立访客是指一天内，访问网站的不重复用户数，一天内同一访客多次访问网站只计算一次。

Referer 表示该请求日志从哪里来，它可以分析网站的访问来源，还可以用于分析用户偏好等，是网站广告投放评估的重要指标。

### 2.4.3　数据准备

由于全部数据量较大，考虑到有些用户可能会因为自身带宽问题而受限，为了便于用户实践，在这个入门示例中，我们从原始数据中抽样部分数据作为数据源。此外，对于网站日志分析而言，往往是每天都推送数据到数据仓库进行分析。为了更好地模拟真实场景，我们从原始数据中抽取出 7 份记录不重复的数据文件，并把时间相应改成 2014/03/01 到 2014/03/07（同时修改数据文件中的$time_local 字段），模拟一周的数据。

这里，通过选取几个不同的质数，对它们进行取模的方式来抽样数据，通过 awk 执行如下命令：

```
$   /bin/awk 'NR%1217==1' $path/coolshell.log  > $path/coolshell_20140301.log
$   /bin/awk 'NR%2011==1' $path/coolshell.log  > $path/coolshell_20140302.log
```

注意，开头的 "$" 表示该命令在 Linux 命令行下执行，$path 表示变量，根据实际数据所在的目录取值，后面类似。

由于原始数据都是 20140212 这一天的，因而为了模拟更逼真，需要把数据中的日期（$local_time 字段）替换成相应日期，通过 sed 进行如下处理：

```
$   sed -e "s#12/Feb/2014#01/Mar/2014#g;" $path/coolshell_20140301.log > $path/
coolshell_20140301.log.tmp
$   mv $path/coolshell_20140301.log.tmp $path/coolshell_20140301.log
```

其他日期的处理类似。

### 2.4.4　创建表并添加分区

在导入数据之前，需要先创建一张 ODPS 表，从数据仓库的角度，它属于 ODS 层，因此我们把表名命名为 ods_log_tracker，建表语句如下：

```
CREATE TABLE IF NOT EXISTS ods_log_tracker
    ip STRING COMMENT 'client ip address',
```

```
    user STRING,
    time DATETIME,
    request STRING COMMENT 'HTTP request type + requested path without args +
HTTP protocol version',
    status BIGINT COMMENT 'HTTP reponse code from server',
    size BIGINT,
    referer STRING,
    agent STRING)
COMMENT 'Log from coolshell.cn'
PARTITIONED BY(dt STRING);
```

这里创建了一张分区表，其分区键是 dt（表示日期），目前，ODPS 支持的分区键类型是 STRING 类型。采用日期作为分区键是一种常用做法，后续可以每天添加一个新的分区，把日志数据写入到相应分区中。由于 ODPS 项目空间下没有目录，如果表名不规范，表多了会显得非常杂乱，给后期管理带来很多困难。因此，从一开始，表名就应该有良好的命名规范，比如采用前缀模式。

---

### ODPS 支持的数据类型

ODPS 目前支持如下 5 种原始的数据类型：

- BIGINT，8 字节有符号整型；
- BOOLEAN，布尔型，包括 TRUE/FALSE；
- DOUBLE，8 字节双精度浮点数；
- STRING，字符串，目前长度上限是 2MB（后续很可能会变更），如果单个字段超长，可以考虑拆成多个字段；
- DATETIME 日期类型，格式如 YYYY-MM-DD HH:mm:SS，如 2012-01-02 10:09:25。

注意，ODPS 不支持如 Array 这样复杂的数据类型。

---

在建表时，可以给字段添加注释（Comment），添加注释可以便于其他人查看以及后期维护，比如这里给 request 字段添加注释 COMMENT 'HTTP request type + requested path without args + HTTP protocol version'，表示该字段包含三部分信息：HTTP 方法、请求路径和 HTTP 协议版本。

表创建后，可以通过 desc <table>; 命令可以查看表 Meta 信息，如图 2-20 所示。

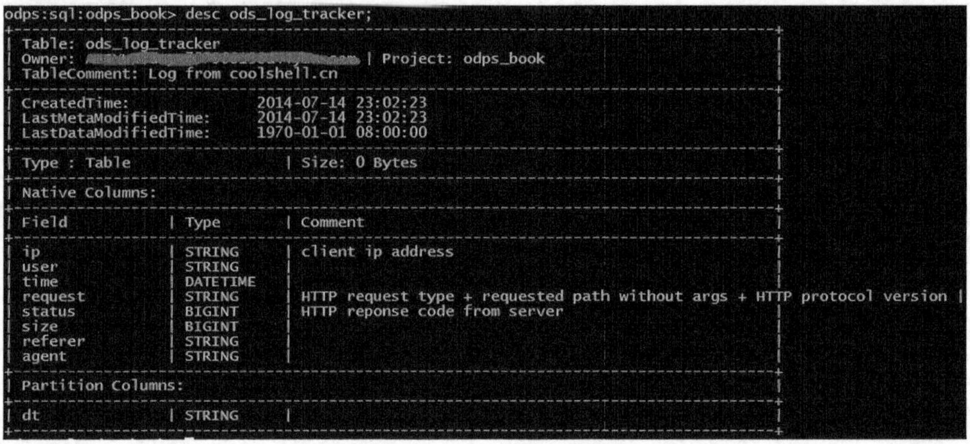

图 2-20　查看表 Meta 信息

该命令显示的主要信息是：表 Owner、Project 名称、描述信息、创建时间（CreatedTime）、最后一次更新表 Meta 的时间（LastMetaModifiedTime）、最后一次更新表数据的时间（LastDataModifiedTime，在写入数据之前，初始值为 1970-01-01 08:00:00）、表大小、Schema（列名称、类型和描述信息）、分区列名称和类型。

从图 2-20 中可以看出，创建表时，添加 Comment 是一个良好的习惯，在执行 desc 命令时，可以很清楚地看到各个字段的具体含义，这有助于其他人理解表的含义以及后期维护，减少不必要的沟通。

下面，添加分区 20140301，如下所示：

```
ALTER TABLE ods_log_tracker ADD IF NOT EXISTS PARTITION (dt='20140301');
```

可以通过 list partitions <table>; 命令列出表的所有分区，如下所示：

```
list partitions ods_log_tracker;
```

## 2.4.5　数据解析和导入

为了后续分析，首先需要把数据导入到 ODPS。这里通过 dship 命令实现。如图 2-15 所示，在上传过程中，可以指定很多选项。其中 field-delimiter 和 record-delimiter 分别标识列分隔符和行分隔符，默认是逗号和换行符。null-indicator 标识空的表示形式，这里默认值为空串（""），如果把它设置成 NULL，则上传时，读到数据为 "NULL" 时，写入 ODPS 时，该列值会为空；当下载时，读到 ODPS 某个列的值为空时，则会写个 "NULL" 字符串到本地文件。date-format-pattern 表示时间格式,当 ODPS 表有 DateTime 类型时,则会按指定格式导入。当前的默认时间格式为 yyyyMMddHHmmss(后续可能会有变更),这一点需要特别注意,比如假设数据的时间格式为 yyyyMMdd HH:mm:ss,则需要指定选项-dfp=yyyyMMdd HH:mm:ss。

dship 是通过行列分隔符(row.delimiter 和 col.delimiter)的方式来识别各个字段和记录的,这就需要保证一条记录中不会包含行分隔符,一个列中不会包含列分隔符。确定行列分隔符需要根据数据本身来把握。这有时非常难,因为当数据量很大时,往往无法确定是否包含。对于很多原始数据,比如这里给出的网站日志数据,行分隔符即默认值\n( ASCII 码值为 10),列分隔符通常可以取一个不可见字符,比如\u0001( ASCII 码值为 1)。由于 dship 支持分隔符为字符串,也可以把分隔符设置为一些不常见的字符串,如$$##@@。当然,对于从如 MySQL 数据库导出的结构化数据,分隔符则应该根据导出时的设置。

这里,我们就采用\u0001 作为列分隔符,由于在命令行模式下无法指定不可见字符,可以在 dship 的配置文件 odps.conf 中设置,增加一行选项设置如下:

```
field-delimiter=\u0001
```

真实的网站日志数据不可避免地会存在很多脏数据情况,所以这里先通过脚本,对源数据做简单的处理解析,并去掉无意义的信息,比如第二个字段“-”,把解析后的数据的列分割符设置为\u0001。处理原始数据的脚本 parse.py 的完整代码如下:

```python
#!/usr/bin/python
"""
 A script to parse sample log.
 [log_format]   $remote_addr - $remote_user [$time_local]
             "$request" $status $body_bytes_sent
             "$http_referer" "$http_user_agent" [unknown_content];
 [output_format] ip,user,time,request,status,size,referer,agent
"""
import sys
import re
import time


COL_DELIMITER = '\x01';


def convertTime(str):
    # convert: 12/Feb/2014:03:17:50 +0800
    #     to: 2014-02-12 03:17:50
    # [note] : timezone is not considered
    if str:
```

```python
        return time.strftime('%Y-%m-%d %H:%M:%S',
                time.strptime(str[:-6], '%d/%b/%Y:%H:%M:%S'))


def parseLog(inFile, outFile, dirtyFile):
    file   = open(inFile)
    output = open(outFile, "w")
    dirty  = open(dirtyFile, "w")
    items  = [
        r' (?P<ip>\S+)',                  # ip
        r'\S+',                           # indent -, not used
        r' (?P<user>\S+)',                # user
        r'\[(?P<time>.+)\]',              # time
        r'"(?P<request>.*)"',             # request
        r' (?P<status>[0-9]+) ',          # status
        r' (?P<size>[0-9-]+)',            # size
        r'"(?P<referer>.*)"',             # referer
        r'"(?P<agent>.*)"',               # user agent
        r' (.*)',                         # unknown info
    ]
    pattern = re.compile(r'\s+'.join(items)+r'\s*\Z')
    for line in file:
        m = pattern.match(line)
        if not m:
            dirty.write(line)
        else:
            dict = m.groupdict()
            dict["time"] = convertTime(dict["time"])
            if dict["size"] == "-":
                dict["size"] = "0"
            for key in dict:
                if dict[key]=="-":
                    dict[key] = ""
            #ip,user,time,request,status,size, referer
            output.write("%s\n" % (COL_DELIMITER.join(
                    (dict["ip"],
                     dict["user"],
                     dict["time"],
                     dict["request"],
```

```
                            dict["status"],
                            dict["size"],
                            dict["referer"],
                            dict["agent"] ))))
        output.close()
        dirty.close()
        file.close()

if __name__ == "__main__":
    if len(sys.argv) != 4:
        print "Usage: %s <input_file> <output_file> <dirty_file>" % sys.argv[0]
        sys.exit(1)
    parseLog(sys.argv[1], sys.argv[2], sys.argv[3])
```

这里，通过 python 正则表达式来匹配获取相应字段内容。其中(?P<ip>\S+)表示把匹配的字符串保存到别名为 ip 的分组（group）中，调用 Pattern 的 groupdict()函数会把 ip 作为 dict 的 key，匹配的字符串作为值。由于后面还会频繁用到正则表达式，下面简单介绍一下。

## 正则表达式

正则表达式通常用于在文本中查找匹配的字符串，是数据分析处理的利器。它拥有自己的语法和处理引擎，并不属于某种特定的编程语言。对于所有的编程语言，正则表达式的语法都是一样的，只是不同语言支持的语法数量不同，但常用的语法基本都支持。正则表达式的匹配流程如图 2-21 所示。

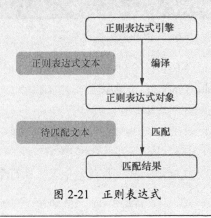

图 2-21　正则表达式

> 首先，正则表达式引擎会对正则表达式文本进行编译，生成包含匹配信息的对象，然后对待匹配的文本进行匹配计算，匹配结果包含匹配到的字符串，分组（group）和索引。简单而言，其匹配过程就是把表达式和文本进行比较，如果符合则匹配成功。在大部分语言中，其匹配算法是贪婪匹配，会尽可能匹配更多的字符。对于正则表达式，每门语言在实现上会有一些细微差别。关于这部分内容，如果想了解更多，可以查看这里：http://en.wikipedia.org/wiki/Regular_expression: iflypig.com/ ?p=203。

在导入源数据时，我们期望尽量全部导入，不要丢弃任何数据，因为即使是脏数据，往往也是非常有价值的，可能某些业务分析正依赖这些数据，比如反作弊等。也就是说，尽量保证源表（源数据导入的表）是全的，包含所有的数据。实际上，要做到这一点并不简单。这里，我们不但把解析后符合格式的数据写入到目标文件中，同时把脏数据写到另一个文件中，而不是直接丢弃。当程序无法处理时，可以人为介入判断。一般来说，在一个较完备的数据仓库系统中，会通过监控程序监测脏数据的情况。比如，将可以容忍的脏数据记录数上限设置为 100，当超出上限时，就触发报警。

下面，执行如下命令，就可以解析数据了：

```
$   python parse.py $path/coolshell_$date.log $path/$date/output.log $path/$date/dirty.log
```

然后，通过 dship 把这一天的数据导入到相应分区，执行命令如下：

```
$   ./dship upload /home/admin/book2/data/20140301/output.log  ods_log_tracker/dt='20140301' -dfp "yyyy-MM-dd HH:mm:ss"
```

输出结果如图 2-22 所示。

图 2-22  输出结果

由于日期数据格式如 2014-03-01 03:08:03，因而设置时间格式选项-dfp "yyyy-MM-dd HH:mm:ss"，这些设置也可以在 odps.conf 中设置，这样在命令行中就不用给出，比如

```
date-format-pattern="yyyy-MM-dd HH:mm:ss"
```

在输出信息中，Upload session: 201407151556055080870a001557ac 表示上传的 Session ID，它唯一标识本次上传 Session，这里可以暂时忽略它，下一章会深入说明。

导入数据后，可以通过 SELECT 方式查看几条记录，执行命令如下：

```
SELECT * FROM ods_log_tracker WHERE dt='20140301' LIMIT 2;
```

值得注意的是，对于传统数据仓库，往往是先执行数据清洗，然后再导入，即 ETL（抽取、转换和加载）；而使用 ODPS 处理海量数据时，在思维模式上可能需要有一定转变，因为即使是"数据废气"可能也有它的价值（比如一些脏数据，可能可以用于识别网站的黑客攻击信息等）。大数据场景下的处理模式往往是在 ODS 层尽可能导入所有的源数据，后续在数据仓库中再做 ETL 处理。

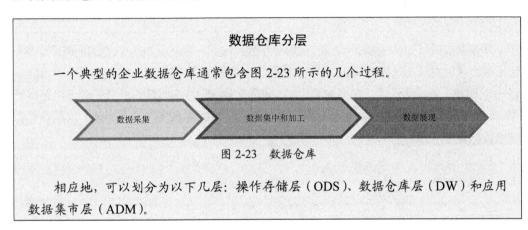

图 2-23　数据仓库

## 2.4.6　数据加工

导入源数据后，一般会对它执行 ETL 清洗、转换和建模，并执行一些聚合汇总操作，然后对数据按维度建模，提供给应用数据集市。各方业务需求直接从应用数据集市中获取数据。

在前面导入的 ods_log_tracker 表中，request 字段包含三部分信息：HTTP 方法、请求路径和 HTTP 协议版本，比如前面给出的示例数据中，request 字段为 "GET /articles/4914.html HTTP/1.1"，在后续分析中，经常会分别查询统计，如统计方法为 GET 的请求总数、对 URL 进行分析等，所以先把原始表的 request 字段拆解成 method、URL 和 protocol 三个字段，生成表 dw_log_parser，创建表语句如下：

```
CREATE TABLE IF NOT EXISTS dw_log_parser(
    ip STRING COMMENT 'client ip address',
    user STRING,
    time DATETIME,
    method STRING COMMENT 'HTTP request type, such as GET POST... ',
```

```
      url STRING,
      protocol STRING,
      status BIGINT COMMENT 'HTTP reponse code from server',
      size BIGINT,
      referer STRING,
      agent STRING)
  PARTITIONED BY(dt STRING);
```

从数据格式可知，request 字段的三部分是通过空格分隔的。ODPS SQL 提供了很多内置函数，这里可以通过函数 split_part 来抽取。如果 SQL 没有内置该函数，用户也可以实现一个 UDF（自定义函数，在第 5 章 "SQL 进阶" 会探讨）来处理。此外，对于字符串处理，ODPS 还支持正则匹配。下面来看看如何通过正则匹配来实现这个功能（当然首先需要给目标表添加分区）：

```
ALTER TABLE dw_log_parser ADD IF NOT EXISTS PARTITION (dt='20140301');

INSERT OVERWRITE TABLE dw_log_parser PARTITION(dt='20140301')
SELECT ip, user, time,
    regexp_substr(request, "(^[^ ]+ )") as method,
    regexp_extract(request, "^[^ ]+ (.*) [^ ]+$") as url,
    regexp_substr(request, "([^ ]+$)") as protocol,
    status, size, referer, agent
FROM ods_log_tracker
WHERE dt='20140301';
```

这个 SQL 语句实际上包含两部分，一是 SELECT 查询源表；二是 INSERT OVERWRITE 写目标表，其结合相当于把 SELECT 查询源表的结果写到目标表中。

这里需要注意几点。

一是由于目标表 dw_log_parser 是个分区表，所以在写表时，必须指定是哪个分区，否则如果去掉 PARTITION(dt='20140301')，则执行后，会报出如下异常信息：

ERROR: ODPS-0130071:Semantic analysis exception - line 1:23 Need to specify partition columns because the destination table is partitioned. Error encountered near token 'dw_log_parser'

二是该语句会把 SELECT 查询的字段一一对应写入目标表 dw_log_parser 中，是按照查询字段的索引顺序，而不是字段名称。比如如果写成 SELECT user, ip, time…则会把查询结果的 user 字段写到目标表的 ip 列中，查询结果的 ip 字段写到目标表的 user 列中。顺序很重要，人为写错而没有发现（比如都是 STRING 类型，执行不会报错）会带来难以察觉的 bug 隐患。 此外，由于目标表分区已经指定，SELECT 字段不能包含分区键。

在开发测试时，我们常常是先只执行 SELECT 语句查看结果，验证正确后再写到表中。比如，可能先执行如下 SQL：

```
SELECT ip, user, time,
    regexp_substr(request, "(^[^ ]+ )") as method,
    regexp_extract(request, "^[^ ]+ (.*) [^ ]+$") as url,
    regexp_substr(request, "([^ ]+$)") as protocol,
    status, size, referer, agent
FROM ods_log_tracker
WHERE dt='20140301';
```

当表很大时，SELECT 屏幕显示默认是 1000 条，最大上限是 5000 条（不同版本的具体值可能会有所不同）。实际上，在开发时往往不需要显示太多记录，在这个情况下可以在 SQL 语句最后添加 LIMIT 来限制，比如只想查看 10 条记录，可以添加 LIMIT 10，这样也可以加快查询。

对于该 SQL 命令的执行，ODPS 是分布式完成数据处理，当数据量比较大（TB 级以上）时，用户也无需担心一台机器放不下的问题。实际上，正如前面一直提到的，ODPS 就是面向海量数据处理的平台，其优势正在于处理大规模的数据。

为了帮助用户很快上手，这里的示例数据集很小，实际上对于 ODPS 而言有点"过小"了，所以在这个实践过程中，你可能感受不到大规模数据在 ODPS 上快速执行所带来的快感。尽管如此，值得注意的是，SQL 是以处理的数据量和查询复杂度计费的，创建分区表以避免全表扫描是很重要的，它不但查询效率更高，而且节省费用。

对于大数据处理，查询结果往往很大，一般是采取生成新表的方式来处理。在生成的新表中，再查询部分数据进一步查看。生成新表有两种方式，一种即前面给出的先创建表，然后再执行 INSERT OVERWRITE TABLE …SELECT …写到结果表。

另一种方式是 CREATE TABLE <TableName> AS SELECT…，例如这里可以执行如下语句：

```
CREATE TABLE dw_log_parser AS
SELECT ip, user, time,
    regexp_substr(request, "(^[^ ]+ )") as method,
    regexp_extract(request, "^[^ ]+ (.*) [^ ]+$") as url,
```

```
    regexp_substr(request, "([^ ]+$)") as protocol,
    status, size, referer, agent
FROM ods_log_tracker
WHERE dt='20140301';
```

细心的读者可能已经发现，第二种方式生成的结果表不能是分区表，这是很大的局限。对于线上生产的程序，我们建议采取第一种方式，可以利用分区，把建表和写表分开，逻辑也更清晰。而在开发调试时，第二种方式不需要先执行建表语句，简单很多，因而备受开发人员的青睐。

ODPS 不是 OLTP 系统，没有事务，不支持随机读写，它面向大数据 OLAP 应用，因此不建议用户并发读写同一张表（没有锁机制），而是应该以类似管道（Pipeline）的方式顺序处理数据。在写结果表时，尽量采用 INSERT OVERWRITE 到某个分区来保证数据一致性（如果用户写错数据，只需要重写该分区，不会污染整张表）。如果采用 INSERT INTO 某张表的方式，一旦数据写入，则无法回滚。

前面的 SQL 语句运行结果显示如下：

```
InstanceId: 20140715085318597g1yuj7h
SQL: ...
Summary of SQL:
Inputs:
        odps_book.ods_log_tracker/dt=20140301: 469 (22591 bytes)
Outputs:
        odps_book.dw_log_parser/dt=20140301: 469 (22655 bytes)
M1_Stg1_odps_book_20140715085318597g1yuj7h_SQL_0_0_0_job0:
    Worker Count:1
    Input Records:
            input: 469 (min: 469, max: 469, avg: 469)
    Output Records:
            M1_Stg1FS_5529574: 469 (min: 469, max: 469, avg: 469)

OK
```

虽然从结果输出来看，看似"同步"执行，输入 SQL，运行成功后给出统计信息。实际上，由于 CLT 提交用户输入的 SQL，生成作业后，会定时轮询，直到作业运行结束，输出执行结果。在服务端，ODPS 是通过启动作业实例，异步来执行 SQL 作业的。所有的作业都是由 ODPS 统一调度，在资源紧张时需要排队等待资源（比如集群很忙，计算资源不足时，则需要等待其他某些作业结束释放资源）。资源组的配额是按照项目组（ProjectGroup，在官网的管理控制台创建 Project 时指定属于哪个项目组）来分配的。

下面，我们来详细解读一下 CLT 输出的含义。

1. InstanceId: 20140715085318597g1yuj7h:

表示 Instance ID，它唯一标识本次执行的作业，当作业运行时间很长时，可以通过 status 命令查看状态，如执行 status 20140715085318597g1yuj7h; 输出结果如图 2-24 所示。

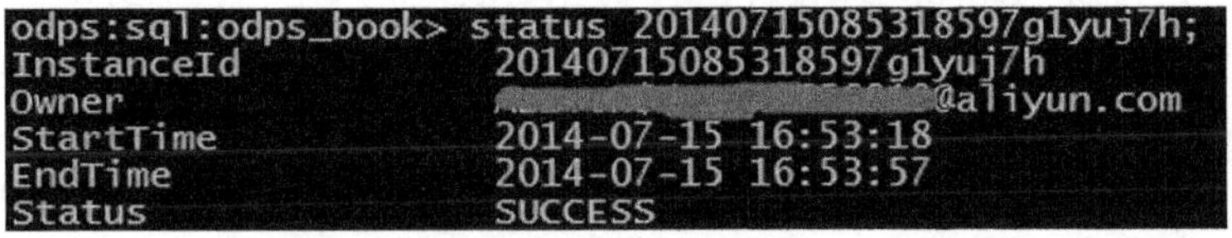

图 2-24    CLT 输出结果

Status 命令会输出作业的 Owner、起始时间和结束时间，以及作业的执行状态。在作业运行过程中（比如发现 SQL 语句不对，漏了查询条件等），可以通过 kill < InstanceId > 命令杀掉该作业，该命令是异步执行的。

此外，还可以通过 log 命令查看该 instance 的执行情况，如下所示。

```
odps:sql:odps_book> log list 20140715085318597g1yuj7h;
WorkerID
StartTime           Duration  Status
Odps/odps_book_20140715085318597g1yuj7h_SQL_0_0_0_job0/M1_Stg1#0_0
2014-07-15 16:53:36    2s        Terminated
```

2. Summary of SQL:

```
Inputs:
      odps_book.ods_log_tracker/dt=20140301: 469 (22591 bytes)
Outputs:
      odps_book.dw_log_parser/dt=20140301: 469 (22655 bytes)
```

表示这次 SQL 作业的统计信息。其中 Inputs 和 Outputs 分别给出输入表/分区的记录数和字节数，比如这里输入表是 odps_book.ods_log_tracker，分区 dt=20140301，记录数 469，字节数 22591。ODPS 的底层文件存储采用了压缩方式，这里的字节数是压缩后的存储大小。

3.  M1_Stg1_odps_book_20140715085318597g1yuj7h_SQL_0_0_0_job0:

```
Worker Count:1
Input Records:
      input: 469 (min: 469, max: 469, avg: 469)
```

```
Output Records:
        M1_Stg1FS_5529574: 469 (min: 469, max: 469, avg: 469)
```

表示 M1_Stg1 阶段的运行情况，odps_book_20140715085318597g1yuj7h_SQL_0_0_0_job0 是通过 project 名称和时间戳等信息唯一标识一个运行阶段 ID。

Worker Count:1 表示作业在一个 worker 上运行（即 instance 数）。

Input Records 表示读取的记录数 469，其中 min、max 和 avg 分别表示各个 worker 上处理的最小、最大和平均记录数。因为这里数据量很小，只在一个 Worker 上运行，所以这些值都一致。值得一提的是，当 instance 数很多时，这里的 min、max 和 avg 值是判断是否存在数据倾斜的重要指标，当 min << max（表示远小于），或者 avg << max 值时，很可能发生了数据倾斜。数据倾斜会导致作业运行缓慢（因为某个 Worker 上处理的数据远远超出了其他 worker，成为"瓶颈"），第 5 章 "SQL 进阶"将会进一步探讨这个问题。

已经执行了创建 dw_log_parser 表后，如果执行前面给出的 CREATE TABLE dw_log_parser AS…语句，则会报以下错误信息：

ERROR: ODPS-0130211:Table or view already exists - dw_log_parser

它表示表已存在，其中 ODPS-0130211 是 ODPS 异常信息编码，这个编码类似于 Oracle 或 MySQL 的异常信息编码，可以帮助开发人员定位问题。

在这个 SQL 查询中，使用了较复杂的正则表达式，下面分享一下一些 SQL 开发小技巧。

### SQL 开发调试小技巧

对于正则表达式，一次写对 Pattern 不容易，尤其对于比较复杂的正则匹配。如果直接在实际数据表上测试，有两个缺陷：其一，数据量可能较大，运行慢；其二，数据不确定，比如数据中该字段可能为空，看不出测试效果。

这里分享一个很实用的调试方法。由于查询时必须基于已有的表，所以之前创建的 dual 表可以大显神威啦。

比如测试抽取 request 的第一个字段，可以执行如下 SQL：

```
SELECT regexp_substr(
    "GET /articles/1592.html HTTP/1.1",
    "(^[^ ]+ )") as method
FROM dual;
```

需要注意的是，dual 表有几条记录，该查询就会返回几条结果。如果觉得这个问题比较困扰，解决方式有两种：一是在 SQL 最后添加 LIMIT 1；二是维持 dual 表只有一条记录。

> 比如，要从 agent 字段"Mozilla/5.0（compatible; Googlebot/2.1; +http://www.google.com/bot.html）"中抽取爬虫信息 Googlebot/2.1，可以执行如下正则匹配：
>
> ```
> SELECT regexp_substr(
>     "Mozilla/5.0 (compatible; Googlebot/2.1; +http://www.google.com/bot.html)",
>     "([^\s;]+)(bot|spider|crawler|slurp)([^\s;]+)") as agent
> FROM dual;
> ```
>
> 当前，这种调试方式不仅适用于正则匹配，也适用于 SQL 函数等。可以说，它是一种调试利器。

## 2.4.7  数据分析

网站日志数据按用户身份可以划分为两大类，一是真实用户的访问请求，二是程序发送的请求（比如订阅程序、爬虫等）。在统计网站流量（PV、UV）等指标时，往往是基于真实用户访问日志分析。对于网站来源，一般会按域名进行聚合，所以可以抽取 referer 的域名。此外，可以通过 agent 信息识别用户的终端信息，比如判断请求主要是来源于 PC，还是手机，等等。在用户访问页面时，往往会发送多个请求，除了页面本身的请求外，还包含很多如 js、图片之类的请求，我们希望过滤掉这些请求。

期望把以上分析的处理结果写到新表 dw_log_detail 中，添加 identity、device 字段，建表语句如下：

```
CREATE TABLE IF NOT EXISTS dw_log_detail(
    ip STRING COMMENT 'client ip address',
    time DATETIME,
    method STRING COMMENT 'HTTP request type, such as GET POST... ',
    url STRING,
    protocol STRING,
    status BIGINT COMMENT 'HTTP reponse code from server',
    size BIGINT,
    referer STRING COMMENT 'referer domain',
    agent STRING,
    device STRING COMMENT 'android|iphone|ipad... ',
    identity STRING  COMMENT 'identify: user, crawler, feed')
PARTITIONED BY(dt STRING);
```

下面来分析一下如何执行 SQL 查询，生成目标表的 identity、device 指标。

通过数据分析，可以认为识别是否为真实用户（identity）基于以下几个特征：

（1）agent 字段不包含以下这些字段："bot|spider|crawler|slurp"；

（2）agent 字段不包含 "feed"；

（3）agent 字段必须以 "Mozilla" 或 "Opera" 开头；

（4）URL 不包含字符串 "feed"；

（5）URL 不包含字符串 "^[/]+wp-"。

对于终端信息，简单通过模式匹配来判断，比如如果 agent 中包含 iphone，则认为终端是 iphone。对于图片、js 的请求，通过分析数据，我们发现由于网站采用模板构建，这类请求都带 wp-，可以通过这个特征过滤。

在实际应用中，在特征识别上，为了保证精确性，列出上万个指标也比较正常。由于这是个入门示例，我们舍精确求易懂，简化了识别指标。

生成结果表 dw_log_detail 的 SQL 语句如下：

```
ALTER TABLE dw_log_detail ADD IF NOT EXISTS PARTITION (dt='20140301');


INSERT OVERWRITE TABLE dw_log_detail PARTITION (dt='20140301')
SELECT
    ip,
    time,
    method,
    url,
    protocol,
    status,
    size,
    regexp_extract(referer,"^[^/]+://([^/]+){1}") as referer,
    agent,
    CASE WHEN tolower(agent) RLIKE "android" then "android"
        WHEN tolower(agent) RLIKE "iphone" then "iphone"
        WHEN tolower(agent) RLIKE "ipad" then "ipad"
        WHEN tolower(agent) RLIKE "macintosh" then "macintosh"
        WHEN tolower(agent) RLIKE "windows phone" then "windows_phone"
        WHEN tolower(agent) RLIKE "windows" then "windows_pc"
        ELSE "unknown"
    END as device,
```

```
    CASE WHEN tolower(agent) RLIKE ."(bot|spider|crawler|slurp)" then "crawler"
        WHEN tolower(agent) RLIKE "feed" or url RLIKE "feed" then "feed"
        WHEN tolower(agent)  not Rlike "(bot|spider|crawler|feed|slurp)"
            AND agent RLIKE "^[Mozilla|Opera]"
            AND url not RLIKE "feed"  then "user"
        ELSE "unknown"
    END as identity
FROM dw_log_parser
WHERE url not RLIKE "^[/]+wp-"
AND dt='20140301';
```

这里，除了前面提到的正则匹配 regexp_extract、RLIKE 外，还调用了 SQL 的内置函数 tolower()，把字符串转换成小写，以及 CASE WHEN 判断逻辑。CASE WHEN 判断如果满足某个条件，则（then）怎么样，最后 END as device 即把前面的分支判断结果作为 device 字段。

在数据仓库中，随着数据分析的深入，往往会构建维度表（dim 表）和事实表（fact 表）。

### 维度表和事实表

维度表是维度属性的集合，比如常见的维度有用户维、时间维、产品维等。

事实表是把数据按维度的聚合，它包含的是业务的具体数据。通俗而言，如果把业务逻辑比作一个立方体，不同维度即相当于不同的坐标轴，坐标轴的交点就是一个具体的事实。在传统数据库中，维度表的主键（PK，Primary Key）往往作为事实表的外键（FK，Foreign Key）。举个例子，在一个电子商务网站，商品销售事实表和维度表的关联如图 2-25 所示（即数据库中的星型结构）。

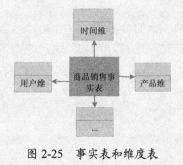

图 2-25　事实表和维度表

在这个网站日志分析示例中，可以构建用户维度表 dim_user_info 和网站访问事实表 dw_log_fact。两张表通过 uid 来关联。由于这里没有 cookie 数据，如果简单地通过 IP 来确定，由于很多用户（如企业用户）公网上 IP 地址都一样，会导致结果极不准确。对于 uid 的确定（识别是唯一用户），假设基于这样的简单规则：ip、device、protocol、identity 和 agent 字段信息完全一致的，认为是同一个用户。当然，实际应用中，可以深度挖掘访问行为来确定。此外，在用户维度表中，可以通过 IP 计算地理位置，添加一个地理位置信息属性（city），这里我们取城市这个粒度。

维度表和事实表的建表语句如下：

```
CREATE TABLE IF NOT EXISTS dim_user_info(
    uid STRING COMMENT 'unique user id',
    ip STRING COMMENT 'client ip address',
    city STRING,
    device STRING,
    protocol STRING,
    identity STRING  COMMENT 'user, crawler, feed',
agent STRING)
PARTITIONED BY(dt STRING);
CREATE TABLE IF NOT EXISTS dw_log_fact(
    uid STRING COMMENT 'unique user id',
    time DATETIME,
    method STRING COMMENT 'HTTP request type, such as GET POST... ',
    url STRING,
    status BIGINT COMMENT 'HTTP reponse code from server',
    size BIGINT,
    referer STRING)
PARTITIONED BY(dt STRING);
```

可以通过以下 SQL 语句从一天的日志数据中抽取生成维度表记录：

```
SELECT
    md5(concat(t1.ip, t1.device, t1.protocol, t1.identity, t1.agent)) as uid,
    t1.ip,
    ip2region(t1.ip, "city") as city,
    t1.device,
    t1.protocol,
    t1.identity,
    t1.agent
FROM(
```

```
    SELECT ip, protocol, agent, device, identity
    FROM dw_log_detail
    WHERE dt='20140301'
    GROUP BY ip, protocol, agent, device, identity
)t1;
```

值得一提的是，该 SQL 中 ip2reion 这个函数依赖于阿里内部的 ip 映射库，目前没有对外开放（通过第 5 章 "SQL 进阶" 中关于 UDF 的介绍，用户可以基于自己的 ip 库实现该函数。这个 SQL 查询主要有两层，在内层，由于要保证 ip、device、protocol、identity 和 agent 都相同（表示一个用户）的记录只生成一个 uid，在查询中需要对这些字段进行 GROUP BY。在外层，相同 ip、device、protocol、identity 和 agent 字段必须保证生成的 uid 唯一，所以这里先通过内置函数 concat 对这些字段进行连接，再求 md5 签名生成；否则如果采用 unique_id() 这样的内置函数，相同信息在不同日期会生成不同的 uid。

这里采用子查询的方式，第一层 SELECT FROM 的源表是一个 SELECT 子查询语句。对于子查询，必须给出别名（如这里的 t1）。

实际上，由于 md5 函数计算依赖的列已经在 GROUP BY 中，同样 ip2region 函数也是，所以这个子查询也可以改写如下：

```
SELECT
    md5(concat(ip, device, protocol, identity, agent)) as uid,
    ip,
    ip2region(ip, "city") as city,
    protocol,
    agent,
    device,
    identity
FROM dw_log_detail
WHERE dt='20140301'
GROUP BY ip, protocol, agent, device, identity;
```

相对而言，子查询代码更长，但在逻辑上相对清晰些。在效率上，由于 ODPS 的 SQL 处理做了很多优化，二者没有区别。

最后，写入维度表 dim_user_info 的 SQL 语句只需要在前面添加 INSERT OVERWRITE 即可，如下：

```
INSERT OVERWRITE TABLE dim_user_info PARTITION (dt='20140301')
```

```
SELECT
    md5(concat(t1.ip, t1.device, t1.protocol, t1.identity, t1.agent)) as uid,
    t1.ip,
    ip2region(t1.ip, "city") as city,
    t1.device,
    t1.protocol,
    t1.identity,
    t1.agent
FROM(
    SELECT ip, protocol, agent, device, identity
    FROM dw_log_detail
    WHERE dt='20140301'
    GROUP BY ip, protocol, agent, device, identity
)t1;
```

这里，把维度表 dim_user_info 设计成分区表，每天从日志数据中抽取分析，写入相应分区中，每个分区是当天数据的全量表。在实际的业务应用中，用户维度表常常包含更多的信息，比如对于淘宝会员信息，可能包含状态、星级等信息，采用分区表可以保存历史信息，比如了解某个用户的星级什么时候从钻石变成皇冠。如果维度表只想保存最新状态，则可以采用非分区表。

采用（日期）分区表的另一个优点在于每天的事实表可以只和维度表当天的分区进行连接（JOIN），否则需要和整张维度表执行 JOIN 操作；其缺点在于额外的存储开销，比如在这个示例中，用户 A 在 20140301 和 20140302 这两天都访问了该网站，则在分区 20140301 和 20140302 会分别存储一条同一个用户的数据。在 11.3 "数据管理" 一节，我们将会探讨如何实现分区表数据归并（Merge）。对于这个例子，由于并没有实际的用户信息（比如登录账号），其实更适合作为非分区表。对于非分区维度表，每天如何更新数据？第 4 章将会详细探讨。

对于事实表 dw_log_fact，需要添加一个字段 uid，和维度表 dim_user_info 的 uid 字段对应，后续查询可以通过该字段和维度表 dim_user_info 进行关联。dw_log_fact 的其他字段信息需要从表 dw_log_detail 中获取，写表 SQL 语句如下：

```
ALTER TABLE dw_log_fact ADD IF NOT EXISTS PARTITION (dt='20140301');

INSERT OVERWRITE TABLE dw_log_fact PARTITION (dt='20140301')
SELECT u.uid, d.time, d.method, d. url, d.status, d.size, d.referer
```

```
FROM dw_log_detail d
JOIN dim_user_info u
ON (d.ip = u.ip and d.protocol=u.protocol and d.agent=u.agent)
AND d.dt='20140301'
AND u.dt='20140301';
```

这是个简单的 JOIN 查询，由于根据 ip、protocol 和 agent 字段可以唯一确定 uid（device 和 identity 字段依赖 agent 字段，可以不考虑），因而表 dw_log_detail 也根据这些字段获取表 dim_user_info 中的 uid 字段值。

## 2.4.8 自动化运行

网站日志数据每天都要执行分析处理，因而需要诉诸于程序自动化运行。为了避免过于冗繁，这里只给出部分代码，完整的代码可以在本书提供的网站下载。

在这个例子中，建表操作只需要运行一次，添加分区和向分区中写数据需要每天运行。因此，我们把建表语句独立出来，为了便于维护，每张表一个文件，且文件名包含表名，比如创建 ods_log_tracker 的建表文件名为 create_ods_log_tracker.sql，其内容如下：

```sql
sql
DROP TABLE IF EXISTS ods_log_tracker;
CREATE TABLE ods_log_tracker(
    ip STRING COMMENT 'client ip address',
    user STRING,
    time DATETIME,
    request STRING COMMENT 'HTTP request type + requested path without args +
HTTP protocol version',
    status BIGINT COMMENT 'HTTP reponse code from server',
    size BIGINT,
    referer STRING,
    agent STRING,
    unknown STRING)
COMMENT 'Log from coolshell.cn'
PARTITIONED BY(dt STRING);
```

其中第一行 sql 表示进入 sql 窗口。其他建表语句类似。

对于添加分区和写数据，其实每天执行的区别在于日期不同，可以写一套运行命令的模板，采用模式替换的方式来实现。对于表 ods_log_tracker，添加分区是通过 CLT 来执行，而上传数据是通过 dship 完成，因而分别写两个文件 load_01_ods_log_tracker.sql 和 load_02_ods_log_tracker.dship.sql，内容分别如下，把具体日期用字符串$bizdate$表示（也可以用其他，在 SQL 中不存在的字符串即可），然后通过脚本替换并执行：

```sql
ALTER TABLE ods_log_tracker DROP IF EXISTS PARTITION (dt='$bizdate$');
ALTER TABLE ods_log_tracker ADD PARTITION (dt='$bizdate$');
```

和

```
upload /home/admin/book2/data/$bizdate$/output.log ods_log_tracker/ dt= $bizdate$
```

这里数据路径实际上也可以通过外层调用传递。为了简单，在 dship 的配置文件 odps.conf 中设置了日期格式：

date-format-pattern=yyyy-MM-dd HH:mm:ss

而对于表 dw_log_parser，其添加分区和导入都是在 CLT 中运行，可以都写在模板文件 load_10_dw_log_parser.sql 中，内容如下：

```sql
ALTER TABLE dw_log_parser ADD IF NOT EXISTS PARTITION (dt='$bizdate$');

INSERT OVERWRITE TABLE dw_log_parser PARTITION(dt='$bizdate$')
SELECT ip, user, time,
    regexp_substr(request, "(^[^ ]+ )") as method,
    regexp_extract(request, "^[^ ]+ (.*) [^ ]+$") as url,
    regexp_substr(request, "([^ ]+$)") as protocol,
    status, size, referer, agent
FROM ods_log_tracker;
```

其他表的模板文件和表 dw_log_parser 类似。

细心的读者可能会发现两个问题：

（1）为什么文件名中包含 01、02、10 这样标识？

（2）为什么 ods_log_tracker 是先删除分区再添加，而 dw_log_parser 则是直接添加分区？

对于第一个问题，你可能已经发现，不同文件的执行顺序存在依赖关系，这里必须先给表 ods_log_tracker 添加分区，再通过 dship 导入，然后才能导入 dw_log_parser，这里添加 01、10 这样的标识是为了后面自动化脚本执行时，可以直接根据文件名来确定顺序。

对于通过 dship 执行的命令，在文件名中添加 ".dship"，是为了便于直接通过文件名判断应用通过 CLT 还是 dship 执行。当然，这只是一种非常简单的实现方式，你可以采取其他更好更优雅的方式。

对于第二个问题，ods_log_tracker 是通过 dship 导入的，它是追加模式（Append），为了避免分区已存在导致数据重复，所以先删除分区。而 dw_log_parser 表则是通过 SQL 的 INSERT OVERWRITE 导入，即使分区存在，也会覆盖已有数据，所以不用提前删除分区。这些细节看似简单，其实需要特别注意。

其他的导入文件类似。最后可以写个自动化脚本 load.sh 来运行这些代码，如下：

```bash
#!/bin/bash

date=$1
dir=/home/admin/odps_book/introduction/src/sql/load/
clt=/home/admin/odps_book/console/clt/bin/odps
dship=/home/admin/odps_book/console/dship/dship

cd $dir

for f in '/bin/ls load_*.sql'; do
    echo $f
    tmp=$f.$date.tmp
    sed -e "s/\$bizdate\\$/$date/g;" $f > $tmp
    echo "$tmp"

    #clt command or dship command?
    echo "$f" | grep "dship" >&/dev/null
    if [ $? -ne 0 ]; then
        $clt -f $tmp
    else
        $dship `/bin/cat $tmp`
    fi
    if [ $? -ne 0 ]; then
      echo "run $tmp failed."
      exit -1;
    fi
    rm -f $tmp
```

```
done
exit 0
```

这里为了简单起见，是按文件顺序串行执行。实际上，对于没有依赖的 SQL 文件，是可以并行执行的。此外，这里没有考虑到断点问题，在运行过程中很可能出现某个 SQL 作业运行失败，如果期望在重新执行时可以从失败的作业开始执行，可以按作业粒度添加 CheckPoint（检查点），比如每个作业运行完更新一下 log，在启动脚本初始阶段先判断是否有 log，如果有则读取 log，从 CheckPoint 处继续执行。在真实应用开发中，这些问题都是非常实际的，有兴趣的读者可以自己试试。

对于后续的 SQL 分析处理，可以把执行命令模板类似地保存到脚本中指定的 $dir 目录，即会自动运行。

这样，要处理 20140301 这一天的数据，只需执行如下命令：

```
$   sh load.sh 20140301
```

类似地，我们可以处理之前准备的 20140301~20140307 这 7 天的数据。

### 2.4.9 应用数据集市

应用数据集市（Application Data Mart，ADM），顾名思义是按数据应用来组织数据。数据仓库的上游数据应用一般是从应用数据集市中获取数据。因此，应用数据集市往往是面向业务需求的。这里，我们基于 2.4.2 节提出的几个需求来构建表，SQL 语句如下：

```
CREATE TABLE IF NOT EXISTS adm_user_measures(
    device STRING COMMENT 'such as android, iphone, ipad... ',
    pv BIGINT,
    uv BIGINT)
PARTITIONED BY(dt STRING);


CREATE TABLE IF NOT EXISTS adm_refer_info(
    referer STRING,
    count BIGINT)
PARTITIONED BY(dt STRING);
```

其中 adm_user_measures 表示基于终端设备信息的 PV 和 UV，查询写表的 SQL 语句如下：

```
ALTER TABLE adm_user_measures ADD IF NOT EXISTS PARTITION (dt='20140301');

INSERT OVERWRITE TABLE adm_user_measures PARTITION (dt='20140301')
```

```
SELECT u.device, count(*) as pv, count(distinct u.uid) as uv
FROM dw_log_fact f
JOIN dim_user_info u
ON f.uid = u.uid
AND u.identity='user'
AND f.dt='20140301'
AND u.dt='20140301'
GROUP BY u.device;
```

这里要查询事实表 dw_log_fact，统计 PV、UV，由于这些统计需要基于真实的用户请求，所以关联 dim_user_info 表，只查询满足 u.identity='user' 的访问请求。由于同一个用户在一天内的多次访问只计算一次 UV，所以这里使用 count(distinct u.uid) as uv，而 PV 计算则不然。需要计算每种终端的 PV、UV，所以对终端进行 GROUP BY。

表 adm_refer_info 表示请求的来源 URL。对于来源 URL，由于 dw_log_fact 中 referer 字段保存的已经是来源 URL 的 domain，可以直接对它执行 GROUP BY 聚合操作。length(referer) > 1 是为了过滤 referer 为空字段或者如 "-" 这样无意义的单字符请求。执行 SQL 如下：

```
ALTER TABLE adm_refer_info ADD IF NOT EXISTS PARTITION (dt='20140301');

INSERT OVERWRITE TABLE adm_refer_info PARTITION (dt='20140301')
SELECT referer, count(*) as cnt
FROM dw_log_fact
WHERE length(referer) > 1
  AND dt='20140301'
GROUP BY referer;
```

除了日数据分析外，由于我们准备了一周的数据，还可以分析一周的数据情况。比如要分析一周 PV、UV 随时间的变化情况，生成周报表 adm_user_measures_weekly，每周写入一次数据，执行 SQL 如下：

```
CREATE TABLE IF NOT EXISTS adm_user_measures_weekly(
    day STRING,
    pv BIGINT,
    uv BIGINT)
PARTITIONED BY(dt STRING);

INSERT OVERWRITE TABLE adm_user_measures_weekly PARTITION (dt='20140301')
```

```
SELECT dt, sum(pv), sum(uv)
FROM adm_user_measures
WHERE dt >= '20140301'
AND dt < '20140308'
GROUP BY dt;
```

## 2.4.10 结果导出

数据分析完成后，可以通过 dship 导出结果表数据（用于后续的可视化展现），执行命令如下：

$   ./dship download adm_user_measures_weekly/dt=20140301  /home/admin/book2/output/20140301/adm_user_measures_weekly.csv

同样，可以写一个简单的脚本 export.sh 实现结果表导出，代码如下：

```
#!/bin/bash

date=$1
dir=/home/admin/book2/output/
dship=/home/admin/odps_book/console/dship/dship

function download_table() {
    table=$1
    path=$2
    $dship download $table/dt=$date $path/$date/$table.csv
    if [ $? -ne 0 ]; then
        echo "[ERROR] download $table/dt=$date $path/$date/$table.csv"
    fi
}

mkdir -p $dir
download_table adm_user_measures  $dir
download_table adm_refer_info  $dir
```

在 Linux 下执行如下命令就可以导出 20140301 一天的数据：

$   sh export.sh 20140301

类似地，可以导出一周（20140301~20140307）的结果数据。

### 2.4.11 结果展现

导出结果数据后，可以作为其他业务的数据源，也可以生成报表展示。

R 是一款开源的、功能强大的数据分析工具，这里通过 R 来绘图，展示结果报表。

---

**什么是 R 和 RStudio？**

R 是一个提供了数据处理、统计分析计算和制图的开发环境，其功能非常强大，如数组运算、统计分析和制图。此外，由于其开源免费，备受 BI 分析和统计学家的青睐。其官方网址是：http://www.r-project.org/。

RStudio 是一款优秀的 R 集成开发环境。个人认为 RStudio 之于 R，好比 Eclipse 之于 Java。其官方网址是：https://www.rstudio.com/。

---

比如，查看 20140302 这一天的网站来源情况，可以在 RStudio 中执行以下代码：

```
referrer <- read.csv('d:/referer_refer_info.csv', header=FALSE, sep="\001")
colnames(referer)=c("site","cnt")
count <- referer$cnt
sites <- referer$site
percentage <- round(count/sum(count)*100)
label <- paste(sites, " ", percentage, "%", sep="")
pie(count, labels=label, col=rainbow(length(label)),main="网站来源")
```

会生成如图 2-26 所示的饼图：

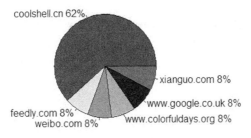

图 2-26　网站来源饼图

导出一周的 PV、UV 统计信息后，也可以通过 R 米绘图展现。在 RStudio 中执行以下代码：

```
measures<-read.csv('d:/book/data/coolshell_output/adm_user_measures_weekly.
csv', header=FALSE, sep="\001")
colnames(measures)=c("day","pv","uv")
sort(measures, 'day')
days <- measures$day
pvs <- measures$pv
uvs <- measures$uv
plot(x=days,y=pvs, xlab="date", ylab="pv/uv", type="l", main="PV/UV
统计", col= "red", ylim=c(0,100))
lines(x=days,y=uvs, col="green")
legend("topright",legend=c("PV","UV"), col=c("red", "green"), lty=c(1:2))
box()
```

则会生成这一周的 PV、UV 统计图，如图 2-27 所示。

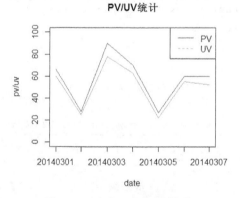

图 2-27　网站 PV/UV 统计图

也可以在 RStudio 中直接通过 R Markdown（https://www.rstudio.com/ide/docs/ r_ markdown）生成很专业的 HTML 格式的报表等。这些内容超出了本书探讨的范畴，有兴趣的读者可以自行学习。

## 2.4.12　删除数据

在数据仓库中，往往会定期删除一些过期数据，即使保存在 ODPS 上，为了减少存储费用，也应该清除长期不用的"中间"数据。比如，ODS 层只是作为临时数据存储，可能只保存一周。数据仓库层的全量表（比如这里的 dw_log_parser）往往会长期保存，后面分析的中间结果表（比如表 dw_log_detail）可能只需要保存一周。同样，应用数据集市层的数据可能只保存一个月等等。具体的策略根据实际情况具体分析。

对于分区表，实际上是删除老的分区，比如要删除表 dw_log_fact 的 20140301 这一天的数据，可以执行如下 SQL：

ALTER TABLE dw_log_fact DROP IF EXISTS PARTITION (dt='20140301');

同样，数据删除也可以实现一个自动化脚本，在 crontab 中定期执行。在 11.3 "数据管理"一节，我们将介绍如何通过表生命周期实现数据管理，ODPS 自动回收过期数据，不需要用户显式删除。

### 2.4.13　解决方案：采云间

在这个网站日志分析示例中，我们介绍了如何基于 ODPS 构建数据仓库实现日志分析和结果展现。实际上，构建一个功能强大的数据仓库工程浩大，需要考虑代码开发、调试、发布、运维、监控和管理等方方面面的问题。因此，阿里云提供了一套基于 ODPS 的 DW/BI 解决方案——采云间（Data Process Center，DPC），它是一个全链路大数据工具解决方案，提供数据集成、处理、分析和展现一条龙服务，可以在这里了解更多：http://www.aliyun.com/product/dpc。

## 2.5　获取帮助

在 ODPS 的阿里云官网（http://www.aliyun.com/product/odps/）提供了 ODPS 的产品帮助文档，包括用户手册、客户端工具、计量计费规则以及一些常见问题等。你可以通过这些资料和本书了解并使用 ODPS 服务。在使用过程中有任何困惑和问题，还可以提交阿里云工单。登录阿里云官网，点击"用户中心" → "售后支持"，可以提交工单，如图 2-28 所示：

图 2-28　通过工单获取帮助

## 2.6　小结

　　本章通过对 coolshell.cn 的网站访问日志分析，初步展示了如何通过 ODPS 处理真实的数据。由于这是个入门示例，为了使读者在体验上会比较顺畅（避免用户自身网络带宽很低，上传下载很慢），所以抽样的数据量非常小，实际上这么小的数据量并不适合采用 ODPS 处理（用 MySQL 更快），因为 ODPS 会启动作业来执行 SQL 查询，这个启动过程可能需要数秒。当你真正在 ODPS 上处理自己的大数据时，相信会体会到那种痛快淋漓的欢畅。

　　这个示例尽量从数据仓库的角度构造场景分析，实际上，基于 ODPS 的大数据处理和传统数仓的一个显著不同在于，大数据处理经常会采取宽表（允许冗余）的方式，把数据整合到一张宽表中，后续业务查询时不用关联太多表，在应用上更方便。在功能上，本示例只涵盖 ODPS CLT、dship 和 ODPS SQL，本书后面会探讨更多高级功能。

# 第3章
## 收集海量数据

这一章，我们将一起来探讨海量数据进出 ODPS 的问题。数据同步是一切分析的开始，它看似简单，实际上需要考虑的问题非常多，比如：

- 数据在哪里？什么格式？
- 多长时间同步一次？
- 数据量有多大？是否要切分？如何实现并行上传？

一般而言，最常见的数据源是 Web 服务器生成的日志文件。日志记录了用户在网站上的访问情况，几乎所有的企业都会对日志进行分析，来挖掘出有价值的信息。常见的日志文件如 http 服务器生成的 access.log，它们是半结构化的。结构化的数据源包括如 Web 服务器的后台数据库，如 MySQL、Oracle，而非结构化的数据如用户上传的图片、视频等。

由于日志处理是最常见的场景，在本章中，我们将重点探讨如何收集 Web 日志并上传到 ODPS。此外，还会给出把 MySQL 数据导出并上传到 ODPS 的示例。

## 3.1 dship 工具

在第 2 章中，我们已经接触过 dship 工具，介绍了如何配置 config 文件，以及通过 dship help 命令查看 dship 的各种功能，下面再一起来进一步熟悉它。

首先创建表 tmp_test_dship，在 CLT 中执行 SQL 如下：

```
CREATE TABLE tmp_test_dship(id bigint, name string);
```

然后，生成测试文件，如下：

```
$ echo -e "123\tlinda" >/tmp/dship_test.txt
```

上传测试文件中的数据到表 tmp_test_dship 中，执行命令及结果如下：

```
[admin@localhost dship]$ ./dship upload /tmp/dship_test.txt tmp_test_dship
-fd '\t'
```

```
Upload session: 2014071605305252544f20a00511bba
2014-07-16 05:25:57     scanning file: 'dship_test.txt'
2014-07-16 05:25:57     uploading file: 'dship_test.txt'
2014-07-16 05:25:57     'dship_test.txt' uploaded
OK
```

在测试文件中，字段分隔符是\t，而 dship 的字段分隔符默认是逗号（,），所以通过-fd 指定分隔符。dship 的选项信息如-fd（--field-delimiter）可以像本示例中一样在命令行中直接指定，也可以在配置文件 odps.conf 中设置，如果一个选项既在 odps.conf 中设置，也在命令行指定，则命令行优先。

如果不指定字段分隔符，会输出如下错误信息：

```
[admin@localhost dship]$ ./dship upload /tmp/dship_test.txt tmp_test_dship
Upload session: 201407160549312c55f20a004efd7e
2014-07-16 05:44:36     scanning file: 'dship_test.txt'
ERROR: column mismatch - line 1, expected 2 columns, 1 columns found, please
check data or delimiter
ERROR: format error - line 1:1, BIGINT: '123      linda'
```

因为默认分隔符是逗号，数据被当做一列，列数不匹配，导致报错。

Upload session: 201405151420311083870a0000f3f0 是本次上传的操作的唯一标识，执行完成后，会在执行目录下多出一个目录 sessions/，其中保存了每次上传的日志信息，如图 3-1 所示。

```
[admin@localhost dship]$ ll sessions/2014071605305252544f20a00511bba/
total 8
-rw-r--r-- 1 admin netdev 699 Jul 16 05:25 context.properties
-rw-r--r-- 1 admin netdev 430 Jul 16 05:25 log.txt
```

图 3-1   日志信息

"scanning file" 表示在上传之前对文件进行预扫描，这样可以在真正上传数据之前，提前判断是否有脏数据，上面的错误信息就是在预扫描阶段抛出的错误。如果没有打开预扫描功能，在将数据上传到服务端后，服务端也会对数据格式进行校验，并抛出类似的错误信息。

dship 默认打开预扫描选项，如果想关闭，可以在命令行指定 –s false 选项，如下所示。

```
[admin@localhost dship]$  ./dship upload /tmp/dship_test.txt tmp_test_dship
-fd '\t' -s false
Upload session: 201407160556352144f20a00512205
```

```
2014-07-16 05:51:40    uploading file: 'dship_test.txt'
2014-07-16 05:51:47    'dship_test.txt' uploaded
OK
```

当不确定源数据是否包含脏数据时，建议打开预扫描选项，这样在本地就能发现错误，避免传输过程中才发现脏数据而导致带宽浪费。如果确定源数据不包含脏数据，关闭该选项可以省去预扫描操作，会快一些。由于数据传输的"瓶颈"通常在于网络带宽，预扫描的时间开销通常远小于传输时间，基本可以忽略，因此推荐打开预扫描选项。

此外，dship 的预扫描实现还提供了一个非常贴心的功能，可以只判断是否包含脏数据，不做导入，把预扫描选项-s 设置为 only。这在很多场景下非常有用。比如想人工查看一下是否有脏数据，或者要导入的多个文件之间存在关联，希望在导入之前确保所有文件都正常，如果任何一个有问题则马上报警，则可以分解成两个步骤：首先使用预扫描功能确认所有文件中没有脏数据，如果有则报警退出；然后再上传文件（不再执行预扫描）。

dship 支持读取不同的编码格式的文件，默认是 UTF8。假设文件 hello_odps.txt 为 gb2312 编码，内容如下：

12345    欢迎使用 ODPS

要把这份数据上传到 odps 表中，可以使用-c 选项指定编码，运行如下所示：

```
[admin@localhost dship]$  ./dship upload hello_odps.txt tmp_test_dship -fd '\t'
-c "gb2312"
   Upload session: 201407160630061e56f20a004f09a5
   2014-07-16 06:25:11    scanning file: 'hello_odps.txt'
   2014-07-16 06:25:11    uploading file: 'hello_odps.txt'
   2014-07-16 06:25:11    'hello_odps.txt' uploaded
   OK
```

通过./dship show log 命令可以查看某次执行的详细信息，如下所示。

```
[admin@localhost dship]$ ./dship show log 201407160556352144f20a00512205
2014-07-16 05:51:40  -  start upload:/tmp/dship_test.txt
2014-07-16 05:51:40  -  start upload , blockid=1
2014-07-16 05:51:47  -  upload complete, blockid=1
2014-07-16 05:51:47  -  upload complete:/tmp/dship_test.txt
```

该命令实际上是读取本地文件 sessions/201407160556352144f20a00512205/log.txt 的内容。

下载则相对简单，执行命令如下，结果如图 3-2 所示。

```
[admin@localhost dship]$./dship download tmp_test_dship/tmp/tmp_test_dship.txt
Download session: 201407160634415258f20a004f11c4
Total records: 6
2014-07-16 06:29:51    download records: 6
2014-07-16 06:29:51    file size: 103 bytes
 OK
```

前面已经提到，dship 命令在运行时会把 Session 信息写到到本地 sessions/目录，当上传下载频繁时，时间长了会带来不小的磁盘开销。可以通过./dship purge 清除过期的 Session 信息，如图 3-2 所示。

```
[admin@localhost dship]$ ./dship help purge
purge : delete session history.
Usage: purge [n]
    force session history to be purged.([n] days before, default 3 days)

For example:
    dship purge 5
```

图 3-2　purge 命令的帮助信息

例如只保留最近一周的 Session 历史数据，可以执行如下命令：

./dship purge 7

可以在 crontab 中定期执行该命令来清除历史数据。

## 3.2　收集 Web 日志

### 3.2.1　场景和需求说明

假设网站 Web 服务器是多台 Nginx 服务器（比如多台阿里云的 ECS 虚拟机），其日志文件在/var/log/nginx 目录下，当天的日志文件是 access.log（如第 2 章的网站日志数据），每天会把前一天的日志文件 rotate，生成如 access.log.20140212.gz 这样的压缩文件。这里，我们考虑一个简单的需求场景：

（1）历史数据

假设每台服务器上已保存了一个月的历史日志文件，如下：

access.log.20140101.gz, …, access.log.20140131.gz

要求导入所有服务器上的全部历史数据文件，导入成功后，删除历史数据。

（2）增量数据

每天凌晨把所有服务器上的日志（即前一天数据的压缩文件）推送到 ODPS，推送成功后要删除过期的日志文件（如 7 天前的文件）。

## 3.2.2　问题分析和设计

这里，对于历史数据和增量数据，可以独立考虑。对于历史数据，只需一次执行，判断所有数据导入成功即可；对于增量数据，则每天都必须执行。

### 1. 表设计

由于数据是每天生成一个文件，因此建立一个日期分区表，每天的数据导入到相应的分区。对于表结构设计，需要考虑以下问题：网站日志数据一般是半结构化格式，是前端服务器本地先解析处理成结构化形式，再导入到 ODPS？还是直接把每条记录导入成一个大 String 字段，后续再在 ODPS 中解析处理？

采取哪种方案主要取决于前端日志格式变化频率和 CPU 的负载情况。如果日志格式变化频繁或者 CPU 负载很高，则推迟到 ODPS 中做结构化会比较灵活，但是其缺点是在 ODPS 上的开销会大一些。

这里，我们采用在本地解析后，再导入到 ODPS 中。因此，表结构设计同 2.4.4 节的 ods_log_tracker。

### 2. 单机上传

从一台服务器上传日志到 ODPS，可以分解成以下几个步骤：

（1）解压缩，解析数据，转成结构化格式；

（2）上传文件到 ODPS；

（3）把执行结果写到临时文件。

### 3. 全局协同和监控

在上传数据之前，需要先创建表和分区。假设有三台前端服务器 S1、S2 和 S3，可以选取一台服务器（如 S1）充当 "Master" 角色，先完成这些准备工作，然后启动各服务器的上传操作。最后，它还需要监控各台服务器的执行结果，如果有失败的，则报警退出；否则要验证结果并启动各服务器的删除过期日志和临时文件操作。

整个流程设计如图 3-3 所示。

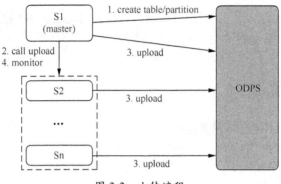

图 3-3　上传流程

## 3.2.3　实现说明

### 1.　单机上传脚本 upload.sh

在 2.4.5 节中，我们已经实现了数据解析 parse.py。因此，这里只需要解压缩后，调用 parse.py 实现解析，然后上传数据到 ODPS，最后输出结果到临时文件。主要代码如下：

```
function parse() {
    if [ ! -f "$file.gz" ]; then
        echo "file not exist"
        return 1
    fi
    gunzip $file.gz
    python parse.py $file $file.clean $file.dirty
    return $?
}


function upload() {
    $dship upload $file.clean $table >> $output/log.txt 2>&1
    if [ $? == 0 ]; then
        echo 0 >$output/result.txt
        return 0
```

```
    else
        echo 1 >$output/result.txt
        return 1
    fi
}
```

然后，把代码部署到所有的机器上，可以通过工具 pscp 来执行。

---

**PSSH：批量运维管理的利器**

PSSH 是批量操作管理服务器的利器，可以批量 ssh 操作大批量服务器，方便运维管理。它是一款 python 实现的开源软件，项目地址是：https://code.google.com/ p/parallel-ssh/。

PSSH 主要提供以下 4 个命令：

（1）pssh：在主服务器上执行所有机器列表上的某个命令或某个可执行文件；

如：pssh -h host.txt -i "uptime"，查看各台机器的启动时间；

其中 host.txt 是所有服务器列表，如下：

10.32.161.100

10.32.161.101

10.32.161.102

（2）pscp 从主服务器上分发文件到列表上的所有机器；

如：pscp -h host.txt /etc/hosts /home/admin/hosts，把主服务器上的配置文件 /etc/hosts 拷贝到所有机器的/home/admin/hosts；

（3）pslurp：从列表上的所有机器拷贝文件到主服务器；

如 pslurp -h host.txt -L /home/admin/conf/ /ect/hosts conf，把所有机器的/ect/hosts 文件拷贝的主服务器上的/home/admin/conf/目录下，在/home/admin/conf/目录下会生成各台机器的子目录，结果文件名重新命名成 conf；

（4）pnuke：批量远程结束进程；

如：pnuke - h host.txt httpd 表示结束 host.txt 文件中指定的服务器列表的 httpd 进程。

---

## 2. 主服务器准备和监控 master.sh

主服务器主要包含三个步骤，一是如创建表和 partition 的准备工作，二是启动各台服务器的上传执行命令，三是查看各台服务器执行情况。主要代码如下：

```
function prepare() {
    $console sql "ALTER TABLE $table DROP IF EXISTS PARTITION(dt='$date');"
    $console sql "ALTER TABLE $table ADD PARTITION (dt='$date');"
    return $?
}

function upload() {
    pssh -h host.txt -i "sh $bin/upload.sh $date $table/dt='$date'"
    return $?
}

function check() {
    t1='date +%s'
    limit = 43200
    while true; do
        t2 = 'date +%s'
        if [ $((t2-t1)) -gt $limit ]; then
            echo "time out"
            return 1;
        fi
        pslurp -h host.txt -L $output $output result.txt >> $log/master.log 2>&1
        if [ $? -ne 0 ]; then
            sleep 60;
        else
            ret = 0
            for dir in '/bin/ls $output'; do
                grep 0 $output/$dir/result.txt >&/dev/null
                if [ $? -ne 0 ]; then
                    echo "$dir failed."
                    ret = 1
                fi
            done
            return ret;
        fi
```

```
    done
}
function delete() {
    # delete older data files and tmp files
}
```

这里通过 pssh 工具来启动各台机器的上传操作，各台服务器会把结果写到临时文件。在监控检查步骤 check 中，通过 pslurp 命令查看各台机器的输出结果，当文件不存在时（即 upload 尚未执行完成），会等待重试，但设置了等待时间上限。

最后一步 delete 函数是要删除一周前的数据和临时输出文件（假设保存一周），读者有兴趣可以自己实现一下。

### 3.2.4 进一步探讨

在上面的分析中，为了描述简单，尽量简化了问题。这里继续针对数据上传场景会遇到的各种问题进一步展开探讨。

#### 1. 数据解析

在数据解析时，涉及文件格式和数据类型的转换，这是个非常复杂的问题，比如中文字符编码格式、分隔符、不同系统（如 Windows 和 Linux）下换行符不同、DOUBLE 类型转换时的精度损失等种种问题。

---

**文件编码**

文件编码让很多开发人员头疼。如何识别文件编码，又如何转换呢？

在 Linux 下，可以通过 vim 打开文件，通过命令:set fileencoding 即可显示编码格式。至于编码转换，常见的做法是通过工具 iconv 来完成。

在 Windows 下，最简单的方式是通过记事本另存为的方式来识别。

关于编码，还经常会提及 BOM( Byte Order Mark )。一般而言，UTF-8 不需要 BOM，BOM 是在 UTF-16 和 UTF-32 中，为了标记字节序而存在的。但在 Windows 下，UTF-8 也常常带 BOM， Windows 通过它标记文本文件的编码方式，和 ANSI 区分开。

在 UTF-16 和 UTF-32 中，存在大端序（big endian）和小端序（little endian），不同系统默认不同，通过 BOM 来确定。比如 UTF-16 大端序，其 BOM 是 FE FF，而小端序则为 FF FE。

---

对于浮点数，从字符串类型转换成 DOUBLE 类型时，不可避免地会存在精度损失，比如只判断到小数点后 15 位。在判断时，应该尽量避免等值判断，可以采取如差值小于 0.001 这种方式。

### 2．脏数据

对于真实数据，脏数据几乎是不可避免的。在解析（如之前给出的 parse.py 程序）过程中，往往会把脏数据写到另一个文件中，而不是直接丢弃。尤其是在系统初期，可能考虑的问题不太全面，常常会人工介入查看脏数据，不断完善系统功能，比如字段少了是否补全之类。

dship 的预扫描功能就是为了能够尽早识别出脏数据，避免在数据上传过程中，才发现脏数据导致时间而造成带宽浪费。

### 3．传输过程的可靠性

对于数据上传问题，由于网络原因，有时会存在数据上传已经成功，而返回超时失败的情况。因此，要确保整个上传过程是幂等的，即可以无限次重试。dship 本身遵循 "INSERT INTO" 的语义，即以 APPEND 模式把数据写到 odps 表中。对于同一份数据，如果多次调用，则相当于多次写入到 ODPS 中，会存在数据重复。那应该如何实现幂等性呢？我们知道，"INSERT OVERWRITE" 语义是幂等的，多次写一份数据，结果都只有一份数据写入。所以在表设计时，可以给表添加分区，每次调用 dship 上传的数据前，先删除相应分区（如果存在），再把数据写入到分区中，这就从外围上实现了 "INSERT OVERWRITE" 的语义。

### 4．验证结果的正确性

数据传输看似简单，实际上是非常有技巧、非常有挑战的一个环节。为了保证数据正确性，需要 End2End（表示整个数据处理流程的起始和结束）来验证结果，也就是说，虽然 dship 保证每次上传数据的正确性，但由于用户系统中可能存在失败重传等实现机制，应该从整体上再验证结果正确性。从粗粒度上，可以验证数据记录数一致，抽样验证记录一致等。从用户系统角度，应该是有一份较小的样本测试数据，数据类型不一，保证数据全量是一致的。

### 5．数据质量和监控

在数据处理（上传—加工—处理分析）整个过程中，应该有适当的监控措施，比如某天发生数据抖动，要找出原因，及时发现潜在问题。

### 6. 安全问题

数据上传支持 HTTPS 加密方式传输，如果想加密传输，在其 conf 文件的 tunnel-endpoint 中设置 https 即可，如 tunnel-endpoint=https://dt.odps.aliyun.com/。需要注意的是，通过加密传输方式会变慢，上传下载速度可能只有非加密传输的一半左右。

### 7. 带宽问题

默认情况下，dship 是以压缩方式传输的，这样可以节省带宽。因此，用户不需要考虑在本地做压缩。

### 8. 后续处理

前面给出了一个非常简单的处理场景，每天上传一次数据。试想一下，如果数据量很大，比如期望 15 分钟上传一次数据，怎么办？实际上，这种场景并不少见。这里给出一种常见的做法。

首先，创建一张多级分区的表，如 table_name/dt=date/hh=hour/mm=minute，分区包含三级：日期 dt、小时 hh、分钟 mm，hh 的值范围为[00,24]，mm 的值为 00、15、30、45 这四个值。这样每天就会产生 24×60/15=96 个分区。

在 ODPS 中，一张表的分区数上限是 4 万个。这样可能会带来一个问题：运行一年多的时间，分区数就会超出上限。因此，可以考虑把每天 96 个分区的数据定期合并，如每天凌晨合并前一天的数据。

比如每 15 分钟导入时，可以执行如下 SQL：

```
CREATE TABLE IF NOT EXISTS tmp_test_log(
id STRING
)
PARTITIONED BY(dt STRING, hh STRING, mm STRING);


ALTER TABLE tmp_test_log ADD IF NOT EXISTS PARTITION (dt='20140301', hh='00',
mm='00');

...

ALTER TABLE tmp_test_log ADD IF NOT EXISTS PARTITION (dt='20140301', hh='23',
mm='45');
```

则最后可以如下实现文件合并：

```
CREATE TABLE IF NOT EXISTS test_log(
    id STRING
)
PARTITIONED BY(dt STRING);


ALTER TABLE test_log ADD IF NOT EXISTS PARTITION (dt='20140301');


INSERT OVERWRITE TABLE test_log PARTITION(dt='20140301')
SELECT id FROM tmp_test_log
WHERE dt='20140301';
```

### 3.2.5　为什么这么难

也许，你早已憋不住要问"就是文件上传，为什么要考虑这么多，搞得这么复杂？"实际上，这些问题都是切实存在的。在云计算模式下的大数据处理，所遇到的网络或其他问题都比单机或数据库要复杂得多。在分布式环境下，数据传输需要涉及不同机器的通信协作，可以说它是使用 ODPS 整个过程中最不稳定的环节，因为它是一个开放性问题，由于数据源的不确定，存在各种未知的情况。收集数据是一切数据处理的开始，所以必须非常严谨可靠，保证数据的正确性，否则在该环节引入的正确性问题会导致后续处理全部出错，且很难发现。

### 3.2.6　解决方案：SLS

在收集 Web 日志这个示例中，我们探讨了如何通过 dship 收集多台机器日志。实际上，这种实现方式在一定程度上违背了产品的初衷：我们希望用户不用受分布式协同、Failover 这些复杂问题的困扰，可以像在单机上操作那么简单。通过阿里云的简单日志服务（Simple Log Service，SLS），这一切可以变得很简单。SLS 是针对日志的收集、存储、查询和分析的服务，并提供了把日志归档到 ODPS 的功能，用户只需要在管理控制台配置即可。关于如何使用 SLS 收集日志并归档到 ODPS，可以通过这里查看更多：http://www.aliyun.com/product/sls。

# 3.3 MySQL 数据同步到 ODPS

## 3.3.1 场景和需求说明

假设网站后台数据库使用 MySQL，前端会实时写或更新数据到 MySQL 表 page_view 中，page_view 保存了用户的访问日志，Schema 如图 3-4 所示。

```
+-----------+--------------+------+-----+-------------------+-----------------------------+
| Field     | Type         | Null | Key | Default           | Extra                       |
+-----------+--------------+------+-----+-------------------+-----------------------------+
| user_id   | bigint(20)   | NO   | PRI | 0                 |                             |
| view_time | timestamp    | NO   | PRI | CURRENT_TIMESTAMP | on update CURRENT_TIMESTAMP |
| page_url  | varchar(255) | YES  |     | NULL              |                             |
| referer   | varchar(255) | YES  |     | NULL              |                             |
| ip        | char(15)     | YES  |     | NULL              |                             |
+-----------+--------------+------+-----+-------------------+-----------------------------+
```

图 3-4  page_view 表

包含用户 id、访问时间、访问 URL、来源 URL 和客户端 ip，数据如图 3-5 所示。

```
+---------+---------------------+-------------------------+-------------------+---------------+
| user_id | view_time           | page_url                | referer           | ip            |
+---------+---------------------+-------------------------+-------------------+---------------+
|     789 | 2011-12-17 23:55:00 | http://iflypig.com/?p=142 | http://iflypig.com/ | 192.165.12.12 |
+---------+---------------------+-------------------------+-------------------+---------------+
```

图 3-5  表数据

希望每天执行一次数据同步到 ODPS。

## 3.3.2 问题分析和实现

在 MySQL 中，当数据量很大时，也可以采取分区的方式来解决，比如 Range（范围）或 Hash（哈希）进行分区。然而，从使用角度，MySQL 分区和 ODPS 分区表的一个本质区别在于 MySQL 分区个数在创建表时就确定了，比如 MySQL 参考手册（http://dev.mysql.com/ doc/ refman/5.1/zh/partitioning.html）给出的 Hash 分区方式。

```
CREATE TABLE employees (
    id INT NOT NULL,
```

```
    fname VARCHAR(30),

    lname VARCHAR(30),

    hired DATE NOT NULL DEFAULT '1970-01-01',

    separated DATE NOT NULL DEFAULT '9999-12-31',

    job_code INT,

    store_id INT

)

PARTITION BY HASH(store_id)

PARTITIONS 4;
```

因为日期是不断增长的，因而 MySQL 不支持类似 ODPS 分区表那样，以日期为分区，把每天的增量数据保存到当天的分区中。在 MySQL 中，如何获取一张表的增量数据呢？有两种方式，一是从业务上保证，比如在示例表 page_view 中，可以通过 view_time 字段确定；即使业务数据本身并不涉及时间信息，也可以在创建表时增加一个日期字段，写入当天的时间。另一种方式是读取 MySQL 的 binlog（http://dev.mysql.com/doc/refman/5.0/en/binary-log.html）。binlog 是用于记录对数据库执行的所有更改操作，可以用于实时备份（数据恢复）以及 master/slave 复制。通过工具 mysqlbinlog 解析获取新增数据，对于那些在写入数据时没有考虑到后期会使用增量的情况，这也许是唯一的方式，实现上较复杂。此外，一些希望实时读取 MySQL 增量数据的应用往往也采用解析 binlog 的方式，因为直接查询表会给数据库带来很大压力。

从 MySQL 每天同步数据到 ODPS 有两种方式，一是每天同步全量数据，二是先完成一次历史数据同步，然后每天只同步增量数据。这里采用第二种方式，创建一张 ODPS 分区表，SQL 如下：

```
CREATE TABLE user_page_view(
    user_id BIGINT,
    view_time DATETIME,
    page_ URL STRING,
    referrer STRING,
    ip STRING COMMENT 'IP Address of the User')
COMMENT 'sync from mysql'
PARTITIONED BY(dt STRING);
```

对于这个示例表，同步历史数据到 ODPS 同样有两种方式，一是假定当前日期是 2014-03-03，在 ODPS 表中添加一个昨天的分区 2014-03-02，把今天之前的数据全部放到该分区下；二是获取 MySQL 表的 view_time 值，根据 view_time 的日期在 ODPS 中创建相应分区，并把这一天的数据写到该分区写（这种方式也称为"补数据"）。补数据和每天导入新增数据没有区别，只是它导入的是一些指定日期的数据，而不是当前日期-1（每天增量导入昨天的数据）。

对于增量数据同步，这里采取最简单的做法：从 MySQL 导出到本地，然后再通过 dship 上传到 ODPS。

比如从 MySQL 导出 2011-12-17 这一天的数据到本地文件，可以执行如下命令：

$   mysql test -e "select * from user_page_view where date(view_time) = \"2011-12-17\"; " -s > pv_20111217.txt

其中 test 是 MySQL 数据库名，执行"man mysql"查看 mysql 命令行帮助。MySQL 输出到文件不同字段默认以 tab 作为分隔符。

上传数据到 ODPS，首先添加一个分区，SQL 如下：

```
ALTER TABLE user_page_view ADD IF NOT EXISTS PARTITION(dt='20111217');
```

最后通过 dship 上传，执行命令如下：

$   dship upload pv_20111217.txt user_page_view/dt=20111217 -fd "\t"

这样就完成了每天增量导入，这个过程同样可以通过脚本实现自动化。

### 3.3.3  进一步探讨

这里，我们实现了一个简单的从 MySQL 到 ODPS 的数据同步场景。通过 dship 实现很简单，但其缺点也比较明显，需要先导出数据到本地，然后再上传。如果希望直接读取 MySQL，写到 ODPS（中间数据不落地），可以通过调用 SDK 实现上传（第 6 章会探讨）。

实际上，dship 本身就是个脚本，当执行命令参数不正确时（比如在其他脚本中调用 dship 参数传递错误），一种做法是在 dship 脚本最开头添加"set –x"追踪出错原因。

前面已经提到，当数据记录本身不包含日期信息时，可以通过 binlog 中获取增量数据。在这种情况下，由于 MySQL 数据库支持数据更新，比如对于包含状态信息的订单记录，假设有一条记录在不同日期发生了状态更新，比如在 2011-12-17 日时状态为"已拍下"，2011-12-18 时状态为"已付款"。这条订单导入 ODPS，会在分区 20111217 和 20111218 分别存在一条记录，且状态字段值不同。当业务需要追踪该订单的最终状态时，注意应该获取分区时间最新的那条记录。

## 3.4  下载结果表

下载命令和上传类似，通过 ./dship help download 命令可以查看详细的 dship 下载帮助
说明，如图 3-6 所示。

```
download : download data to local file.
Usage: download [options] <[project.]table[/partition]> <path>

Valid options:
    -fd  [--field-delimiter] ARG        : field delimiter string
                                            default delimiter: ","
    -rd  [--record-delimiter] ARG       : record delimiter string
                                            default delimiter: "\n" or "\r\n" on windows
    -dfp [--date-format-pattern] ARG    : date format pattern
                                            default pattern: "yyyyMMddHHmmss"
    -ni  [--null-indicator] ARG         : null indicator string
                                            default indicator: ""
    -c   [--charset] ARG                : file charset
                                            default charset: "UTF-8"

For example:
    dship download  test_project.test_table/p1="b1",p2="b2"  log.txt
```

图 3-6　dship 下载帮助

比如要下载分区 user_page_view/dt=20111217 的数据，可以执行如下命令：

$　./dship download user_page_view/dt=20111217 download_20111217.txt -fd "\t"

同样，下载时也会在 dship 命令的 sessions 目录下写日志文件。

## 3.5  小结

这一章介绍了如何通过 dship 来收集海量数据，给出两个典型场景的实现说明。dship
使用简单，但不是特别灵活，如不支持只上传文件中的某些字段，或者只下载数据库表的
指定字段。dship 实质上是基于 ODPS SDK 开发的命令行工具，其目的是为了简化上传下
载。俗话说"磨刀不误砍柴工"，我们鼓励有编程经验的用户根据自己的应用场景，开发
自己的上传下载工具。

# 第4章
# 使用 SQL 处理海量数据

在 2.4 节"网站日志分析实例"中，我们已经初步介绍了如何在 ODPS 中分析处理日志。本章将进一步探讨如何通过 ODPS SQL 处理海量数据。本章首先会简单介绍一下 ODPS SQL，通过一些入门示例实践，认识并熟悉 ODPS SQL；然后通过真实数据，以实战的方式，说明如何通过 SQL 处理海量数据。

## 4.1  ODPS SQL 是什么

ODPS SQL 是一种结构化查询语言，语法和 Oracle/MySQL/Hive SQL 类似，熟悉传统数据库或 Hive 的编程人员会发现 ODPS SQL 很容易上手。通过 ODPS SQL，用户甚至不用掌握如何分布式处理数据，SQL 引擎会自动完成这些事情，其内部复杂的处理逻辑对用户是透明的，因而用户可以更专注自己的业务逻辑。

简单而言，ODPS SQL 提供如下功能：

- DDL 操作，通过 CREATE、DROP 和 ALTER 对表和分区进行管理；
- DML 操作，通过 SELECT 查询记录，WHERE 实现查询条件过滤，JOIN 实现多表关联，GROUP BY 实现对某些列执行聚合操作，INSERT 把查询结果写到另一张表等；
- 丰富的内置函数，包括数学运算函数、字符串处理函数、窗口函数、聚合函数、日期函数等；
- 自定义函数（UDF），支持 Java 和 Python 两种语言实现（对外暂只支持 Java）。

# 4.2 入门示例

下面将通过示例分析来说明 ODPS SQL 的一些常用操作。你可以通过这些示例练练手，快速熟悉 ODPS SQL，为后续使用 SQL 处理海量数据打下基础。为了便于用户体验，示例中给出所有的建表语句，并且数据量只包含几条记录。

## 4.2.1 场景说明

假设场景是有这样一份表示用户访问页面信息的 Web 日志，数据每天都上传到 ODPS 中，主要包含以下各个字段：

- user_id BIGINT，标识唯一用户 ID；
- view_time BIGINT，页面访问时间，时间戳格式；
- page_URL STRING，页面 URL；
- referrer_URL STRING，来源 URL；
- IP STRING，请求访问的机器 IP。

还有一张表示用户信息的维度表，包括如下信息：

- user_id BIGINT，用户 ID，唯一标识一个用户；
- gender BIGINT，性别，0 表示未知，1 表示男，2 表示女；
- age BIGINT，用户年龄；
- active BIGINT，活跃度，0 表示未知，1 表示活跃，2 表示不活跃。

## 4.2.2 简单的 DDL 操作

下面介绍通过 ODPS SQL 完成一些简单的 DDL 操作，包括创建表、添加分区、查看表和分区、修改表、删除表和分区。

### 1. 创建表

首先，创建前面提到的 page_view 表，按照 dt（日期）和 country（国家）进行分区，建表语句如下：

```
CREATE TABLE page_view(
    user_id BIGINT,
    view_time BIGINT,
    page_url STRING,
    referrer_url STRING,
    ip STRING COMMENT 'IP Address of the User')
COMMENT 'This is the page view table'
PARTITIONED BY(dt STRING, country STRING);
```

在创建表时，需要注意的几点是：
- 表名、列名以及 SQL 保留字都是大小写不敏感，如果输入表名和列名包含大写字母，会全部自动转换成小写；
- 如果 page_view 表已经存在，以上建表语句会报错；如果希望不要报错（即不存在才创建），可以使用 IF NOT EXISTS 选项，如 CREATE TABLE IF NOT EXISTS page_view，这样当表已经存在时，则不会创建。值得一提的是，使用"IF NOT EXISTS"时，只要目标表已存在，就不会创建；当要创建的目标表的 Schema 和已有表不一致时，也不会创建。也就是说，只要存在表名称和目标表一致，不管已有表包含哪些字段，都不会创建。在某些情况下，我们可能不希望这样。比如假设已存在表 page_view，只包含 user_id 字段，希望创建一张包含上述所有字段的表，则应该先删除（DROP）已有表，再创建；
- PARTITIONED BY 关键字指定表的分区列，这些分区列通常称为分区键，这里分区键是 dt 和 country 的组合，一级分区是 dt，二级分区是 country；目前分区键支持 STRING 和 BIGINT 两种类型。

如果要创建一个和 page_view 有相同 Schema 的表，比如创建表 page_view_test 用于测试，可以通过 LIKE 实现，SQL 语句如下：

```
CREATE TABLE page_view_test LIKE page_view;
```

用 CREATE ... LIKE 方式建表很简单，新创建的表会复制对应表的 Schema，但不会复制任何数据，也就是说，通过 CREATE ... LIKE 方式，新创建的表是一张空表。

如果希望选中已有表的某几个字段，比如想对上述示例的 URL 进行分析，选中 page_URL 和 referrer_URL 两个字段创建一张新表 page_view_URL，SQL 语句如下：

```
CREATE TABLE page_view_url AS
    SELECT page_url, referrer_url FROM page_view;
```

和 CREATE … LIKE 方式不同，CREATE… AS SELECT 方式会把 SELECT 结果放到一张新创建的表中，它不会完全复制原有表结构，而是通过 SELECT 字段的类型，自动创建一张新表。在上面的建表语句中，page_view_URL 表会包含 2 个字段，page_URL STRING 和 referrer_url STRING，而且没有分区。CREATE… AS SELECT 不支持生成带分区的结果表。

由于 ODPS 表没有主键，可能会存在重复记录。即使在原表中记录不同，SELECT 部分字段也可能会存在重复记录，比如原有 page_view 表包含以下两条记录：

```
123  1386213971    http://www.tmall.com    http://www.taobao.com/ 192.91.189.6
798  1387213003    http://www.tmall.com    http://www.taobao.com/ 112.92.142.7
```

则执行上面的 SQL 语句，结果表 page_view_URL 中会包含以下两条重复记录：

```
http://www.tmall.com  http://www.taobao.com/
http://www.tmall.com  http://www.taobao.com/
```

4.2.1 节提到另一张表，即用户信息维度表，其建表语句如下：

```
CREATE TABLE user(
    user_id BIGINT,
    gender BIGINT COMMENT '0 Unknown, 1 Male, 2 Female',
    age BIGINT,
    active BIGINT);
```

## 2. 添加分区

假设要往表 page_view 中导入 dt='2011-12-17',country='US' 的数据，应该先给表 page_view 添加分区，SQL 如下：

```
ALTER TABLE page_view ADD PARTITION (dt='2011-12-17',country='US');
```

和创建表类似，如果分区已存在，以上命令会报错。

如果希望仅在分区不存在的情况下创建，可以添加 IF NOT EXISTS，执行如下 SQL：

```
ALTER TABLE page_view ADD IF NOT EXISTS PARTITION (dt='2011-12-17',country='US');
```

值得一提的是，"添加分区"不是"添加分区键"，ODPS 支持添加（删除）分区，不支持添加（删除）分区键。

添加分区是指给已有的分区键指定新的值，比如给分区键 dt 和 country 指定不存在的值，都相当于添加分区，它不涉及修改表的 Meta 结构（元数据）。添加一个新的分区，对已有的分区数据没有影响。同样，删除一个分区，也只是删除该分区的数据，对其他分区的数据没有影响。

而添加分区键相当于要修改表的 Meta 结构，ODPS 不支持，比如已有分区键 dt 和 country，ODPS 不支持删除它们，或者添加一个新的分区键 city。

### 3. 查看表和分区

查看 Project 下的所有表：

```
ls TABLES;
```

也可以在 sql 子窗口下通过命令 SHOW TABLES;来查看。它会列出所有表，当表很多时，往往会非常长，如果想只列出前缀为 page 的表，可以通过正则表达式，如下所示：

```
SHOW TABLES 'page.*';
```

执行结果如图 4-1 所示。

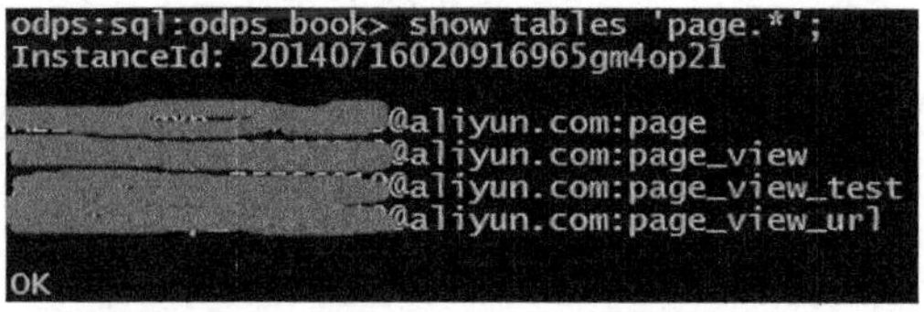

图 4-1 列出指定的表

要查看 page_view 表下的所有分区，SQL 如下：

```
LIST PARTITIONS page_view;
```

要查看表 page_view 的结构信息，可以执行 SQL：

```
DESCRIBE table page_view; 或
DESC table page_view;
```

其输出结果如图 4-2 所示。

它包含如下元信息：

- Project Owner、Project 名称、Table 和列的注释；
- 创建时间、最后一次更新表元数据的时间、最后一次更新表数据的时间；
- 表的数据量大小（ODPS 底层压缩存储格式，和 Linux 本地文件格式存储在大小上很可能不一样）；
- Schema；
- Partition 列。

图 4-2　查看表的结构

要查看表 page_view 的分区 PARTITION (dt='2011-12-17',country='US')的元信息，可以执行如下 SQL：

```
DESC PARTITION page_view(dt='2011-12-17',country='US');
```

其输出信息如图 4-3 所示。

图 4-3　查看表的分区元信息

## 4．修改表

修改表使用关键字 ALTER TABLE，其实前面给出的添加分区也是用 ALTER TABLE，除此之外，还可以通过 ALTER TABLE 修改列名、添加列、修改注释等。假设对于 user 表，想给它添加 info 列，保存用户的其他信息，可以执行如下 SQL：

```
ALTER TABLE user ADD COLUMNS (info STRING);
```

对于已有记录，新增的列的值都为空。

前面在创建 user 表时，没有说明 active 字段的含义，为了避免以后看到该字段值 "0、1、2" 不知是什么，现在就给它加个注释吧：

```
ALTER TABLE user CHANGE COLUMN active COMMENT '0 Unknown, 1 Active, 2 Not-active';
```

添加注释后，通过 DESC 查看表信息时会显示注释信息。

值得一提的是，ODPS 不支持删除列。如果想要删除某些列，可以采用前面介绍的 CREATE AS SELECT...的方式，选择想要的列，生成一张新的表。

### 5. 删除表和分区

删除表操作比较简单，直接使用 DROP TABLE <tablename>;即可。比如删除表 user，可以执行 SQL 如下：

```
DROP TABLE user;
```

执行删除表之后，会清除该表的所有数据，请三思而后行，"Think before you type"！

和删除表不同，删除分区实际上是修改表，需要用 ALTER TABLE，假设要删除 dt='201301111',country='US'，执行 SQL 如下：

```
ALTER TABLE page_view DROP PARTITION(dt='201301111',country='US');
```

需要注意的是，和添加分区类似，"删除分区"不同于删除"分区键"，ODPS 不支持删除分区键。

删除表（或分区）时，如果表（或分区）不存在，会报错。和创建表类似，可以采用 "IF EXISTS"来避免这种情况，只在表（或分区）存在时才执行删除，修改如下：

```
DROP TABLE IF EXISTS user;
ALTER TABLE page_view DROP IF EXISTS PARTITION(dt='201301111',country='US');
```

## 4.2.3 生成数据

在学习 SQL 时，除非只是为了验证语法正确，否则不建议在空表上运行，因为对于很多 SQL，空表运行结果为空，无法判断结果是否和预期一致。因而，还是花些时间"造数据"。可以通过 dship 导入数据，详见第 3 章。下面通过 INSERT INTO 来造几条测试数据，这也是在简单测试时经常用到的一种方式。

先给 user 表造数据，执行 SQL 如下：

```
INSERT INTO TABLE user
SELECT 123, 1, 15, 1, "test1"
FROM (SELECT count(*) FROM user) a;
```

该 SQL 会插入一条给定记录 123, 1, 15, 1, "test1"到 user 表中。注意，这里，FROM 结果表是个 SELECT 子句，必须用别名。对于 FROM 表（这里是表 a，而不是表 user）中有几条记录，SELECT 给定记录就会生成几条结果，插入到结果表 user 中。因而，当表 user 为空时，如果执行如下 SQL：

```
INSERT INTO TABLE user
SELECT 123, 1, 15, 1, "test1"
FROM user;
```

由于原始表 user 中没有数据，SELECT 会生成 0 条结果，因而该语句不会插入任何数据。

由于 count(*)结果必然是一条记录，所以当插入一条数据时，经常写成 FROM (SELECT count(*) FROM user)a;这种方式。你可以多次修改 SELECT 后面的给定值，插入不同的记录。

同样，给 page_view 表造数据，可以执行如下 SQL：

```
INSERT INTO TABLE page_view PARTITION(dt='2011-12-17', country='US')
SELECT 123, 1386213971, "http://www.tmall.com", "http://www.taobao.com/",
"192.91.189.6"
FROM (SELECT count(*) FROM user)a;
```

注意，前面已经提到，建议在实际数据查询处理时，尽量不要使用 INSERT INTO（已有表）的方式，而应该采用 INSERT OVERWRITE（新表或新分区）方式，避免污染原表的数据。

下面将介绍 ODPS SQL 中常见的查询分析操作（DML），从简单的单表查询开始，循序渐进，逐步介绍一些常用函数和高级功能。

## 4.2.4 单表查询

### 1. 简单的单表查询

假设要查看所有活跃用户的信息，执行如下 SQL：

```
SELECT *
FROM user
WHERE active=1;
```

该查询会生成 MapReduce 作业来执行，并在屏幕上输出结果，如果是查询调试小表，经常会这么做，但是很多时候查询结果太大，直接输出无法查看全部结果，需要把它写到另一张表中，可以执行如下命令：

```
CREATE TABLE user_active LIKE user;


INSERT OVERWRITE TABLE user_active
SELECT *
FROM user
WHERE active=1;
```

这里先创建表 user_active，然后通过 INSERT OVERWRITE 把结果数据保存到该表中。INSERT OVERWRITE 在写入数据之前，会清空目标表的原始数据。前面介绍了 CREATE ... AS SELECT，这里通过它也可以实现同样的目的：

```
CREATE TABLE IF NOT EXISTS user_active AS
SELECT *
FROM user
WHERE active=1;
```

CREATE ... AS SELECT 的方式在开发调试时非常方便。尽管如此，对于生产代码，建议的良好的风格是先创建表，再通过 INSERT OVERWRITE 写入表中，这样把建表和写数据两个过程独立开来，可以在一定程度上避免源表发生了变更而没有及时发现的问题。此外，CREATE ... AS SELECT 不支持写入某个分区。

在 SELECT 查询时，也可以使用 CASE ...WHEN 表达式，根据表达式结果灵活地返回不同的值。比如我们之前在 user 表中，定义 1 表示男性，2 表示女性，0 表示未知，所以在 user 表中，gender 列的值都是 0、1、2 之类，如果希望查询结果该列显示 male、female 之类，便于理解，可以通过 CASE WHEN 来实现，SQL 如下：

```
SELECT u.user_id,
    CASE WHEN u.gender=1 THEN 'male'
        WHEN u.gender=2 THEN 'female'
        ELSE "unknown"
    END AS gender
FROM user u;
```

CASE WHEN 其实相当于 SELECT 的一个列，AS gender 表示别名。

## 2. 分区表查询

假设要查询 2011-12-17 这一天 referrer_URL 来自 taobao.com 这个域的 PV 情况，可以执

行如下 SQL：

```
SELECT *
FROM page_view
WHERE dt='2011-12-17'
AND referrer_url LIKE '%taobao.com';
```

注意，对于分区表的 **SELECT** *查询，会包含分区表中的分区键（dt 和 country），因此这里的输出内容包含 7 列（其中分区键占两列），而不是 5 列。

下面先创建两张表，一张是分区表，一张是非分区表，SQL 如下：

```
CREATE TABLE from_taobao_no_partition(
    user_id BIGINT,
    view_time BIGINT,
    page_url STRING,
    referrer_url STRING,
    ip STRING);


CREATE TABLE from_taobao_with_partition LIKE page_view;
```

执行下面的 SQL，把查询结果保存到非分区表 from_taobao_no_partition，如下：

```
INSERT OVERWRITE TABLE from_taobao_no_partition
SELECT *
FROM page_view
WHERE dt='2011-12-17'
AND referrer_url LIKE '%taobao.com/';
```

执行该 SQL，会报以下错误信息：

ERROR: ODPS-0130071:Semantic analysis exception - Cannot insert into target table because column number/types are different : line 1:23 'from_taobao_no_partition': Table insclause-0 has 5 columns, but query has 7 columns.

这里，由于 from_taobao_no_partition 表只有 5 个列（没有 Partition 列），所以需要把 SQL 改成如下所示：

```
INSERT OVERWRITE TABLE from_taobao_no_partition
SELECT user_id, view_time, page_url, referrer_url, ip
FROM page_view
```

```
WHERE dt='2011-12-17'

AND referrer_url LIKE '%taobao.com/';
```

如果要把查询结果保存到前面创建的分区表 from_taobao_with_partition 中，执行如下 SQL：

```
INSERT OVERWRITE TABLE from_taobao_with_partition

PARTITION(dt='2011-12-17',country='US')

SELECT user_id, view_time, page_url, referrer_url, ip

FROM page_view

WHERE dt='2011-12-17'

AND country='US'

AND referrer_url LIKE '%taobao.com/';


INSERT OVERWRITE TABLE from_taobao_with_partition

PARTITION(dt='2011-12-17',country='China')

SELECT user_id, view_time, page_url, referrer_url, ip

FROM page_view

WHERE dt='2011-12-17'

AND country='China'

AND referrer_url LIKE '%taobao.com/';
```

## 4.2.5 多表连接 JOIN

### 1. 普通 JOIN

假设要查看 2011-12-17 这一天不同性别和年龄的网站 PV 访问量，就需要把 page_view 表和 user 表通过 JOIN 进行连接，SQL 语句如下：

```
CREATE TABLE pv_users(

    user_id BIGINT,

    view_time BIGINT,

    page_url STRING,

    referrer_url STRING,

    ip STRING COMMENT 'IP Address of the User',

    gender BIGINT COMMENT '0 Unknown, 1 Male, 2 Female',

    age BIGINT)
```

```
PARTITIONED BY(dt STRING, country STRING);

INSERT OVERWRITE TABLE pv_users PARTITION(dt,country)
SELECT
    pv.user_id, pv.view_time, pv.page_url, pv.referrer_url, pv.ip,
    u.gender, u.age,
    pv.dt, pv.country
FROM user u
JOIN page_view pv
ON (pv.user_id = u.user_id AND pv.dt = '2011-12-17');
```

诚如前面提到的，这里给出建表语句是为了使用户真正体验运行这些示例时，会更顺畅，后面类似情况不再说明。

ODPS SQL 的多表连接需要用 JOIN...ON 语句，但它不支持下面 FROM t1, t2 这样的写法，比如下面这个 SQL 是错误的：

```
SELECT u.*, pv.*
FROM user u, page_view pv
WHERE pv.dt = '2011-12-17'
AND pv.user_id = u.user_id;
```

此外，ON 后面的条件一般是包含左右表的等值连接，且左右表分别位于等式的两边。比如下面这些写法都是错误的：

```
ON (pv.user_id < u.user_id)          --- 非等值连接
ON (pv.user_id = 10)                 --- 等式只包含左表
ON (pv.user_id + u.user_id = 10)     ---左右表在一边
```

而单表的非等值判断可以和等值连接一起使用，比如下面这样的写法是可以的：

```
ON(pv.user_id = u.user_id AND pv.user_id < 100)
```

这种 JOIN...ON 连接通常称为内连接（即 INNER JOIN），对两张表根据 user_id 执行等值连接计算。和传统 SQL 类似，ODPS SQL 也提供了三种外连接，分别是左连接（LEFT OUTER JOIN）、右连接（RIGHT OUTER JOIN）和全连接（FULL OUTER JOIN）。

为了便于理解，下面结合文氏图（http://en.wikipedia.org/wiki/Venn_diagram）[①]，简单

---

① 实际上，表之间的关联操作和集合操作（文氏图）是有区别的，这里通过文氏图表示不太准确，比如 JOIN 本身表示关联，即两张表的连接操作，表述成交集并不确切。在这个例子中，JOIN 条件是 A.id = B.id，当 A.id 或 B.id 为 NULL 时，该条件结果都为 False，而当 A.id 或 B.id 存在重复时，JOIN 操作生成结果记录数会膨胀。这些在文氏图中都无法准确地表达出来。尽管如此，可以把文氏图表示方式看成为了便于理解而从表级别层面对两表关系的抽象（而不是记录级别）。

说明一下不同连接的区别。假设有两张表 A 和 B，分别如图 4-4 所示。

表 A

| id | name |
|---|---|
| 1 | Sheldon |
| 2 | Penny |

表 B

| id | score |
|---|---|
| 1 | 90 |
| 3 | 70 |

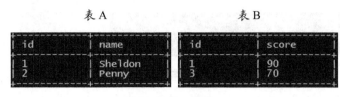

图 4-4 表 A 和表 B

下面分别给每个连接的 SQL 语句、执行结果和文氏图表示。

（1）JOIN（即 INNER JOIN）表示求两张表的交集，结果如图 4-5 所示，文氏图如图 4-6 所示。

```
SELECT * FROM A JOIN B ON A.id = B.id;
```

| id | name | id | score |
|---|---|---|---|
| 1 | Sheldon | 1 | 90 |

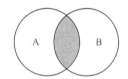

图 4-5 JOIN 的结果

图 4-6 文氏图：JOIN（交集）

（2）LEFT OUTER JOIN 会得到左集，包含左表的全集，对右表中未匹配的字段，则用 NULL 表示，结果如图 4-7 所示，文氏图如图 4-8 所示。

```
SELECT * FROM A LEFT OUTER JOIN B ON A.id = B.id;
```

| id | name | id | score |
|---|---|---|---|
| 1 | Sheldon | 1 | 90 |
| 2 | Penny | NULL | NULL |

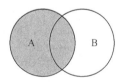

图 4-7 LEFT OUTER JOIN 执行结果

图 4-8 文氏图：LEFT OUTER J OIN（左集）

试想一下，如果想求“A 交（B 补）”（$A \cap \overline{B}$，即只在 A 中而不在 B 中，也称 A-B 差集），如何实现？比如，在这个示例中，相当于查询结果为“2，Penny”，很显然，只需要在前面的查询中判断 B.id is NULL 即可，结果如图 4-9 所示。

```
SELECT * FROM A LEFT OUTER JOIN B ON A.id = B.id WHERE B.id is NULL;
```

| id | name | id | score |
|---|---|---|---|
| 2 | Penny | NULL | NULL |

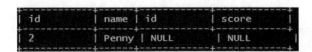

图 4-9　LEFT OUTER JOIN 执行结果

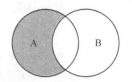

图 4-10　文氏图：LEFT OUTER JOIN（A-B 差集）

一般这种场景只查询表 A 的字段，SQL 修改如下，文氏图如图 4-10 所示：

```
SELECT A.* FROM A LEFT OUTER JOIN B ON A.id = B.id WHERE B.id is NULL;
```

进一步思考，这里的 WHERE 可以改成 AND 吗？有兴趣可以试试，在后面很快会探讨到这个问题。

（3）RIGHT OUTER JOIN 会得到右集，包含右表的全集，左表中没有匹配的字段用 NULL 表示，结果如图 4-11 所示，文氏图如图 4-12 所示。

```
SELECT * FROM A RIGHT OUTER JOIN B ON A.id = B.id;
```

| id | name | id | score |
|---|---|---|---|
| 1 | Sheldon | 1 | 90 |
| NULL | NULL | 3 | 70 |

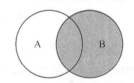

图 4-11　RIGHT OUTER JOIN 执行结果

图 4-12　文氏图：RIGHT OUTER JOIN（右集）

（4）FULL OUTER JOIN 得到并集 A∪B，包含左表和右表的并集，未匹配的字段用 NULL 表示，结果如图 4-13 所示，文氏图如图 4-14 所示。

```
SELECT * FROM A FULL OUTER JOIN B ON A.id=B.id;
```

| id | name | id | score |
|---|---|---|---|
| 1 | Sheldon | 1 | 90 |
| 2 | Penny | NULL | NULL |
| NULL | NULL | 3 | 70 |

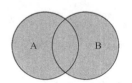

图 4-13　FULL OUTER JOIN 执行结果

图 4-14　文氏图：FULL OUTER JOIN（并集）

显然，如果想求两张表的差集（A-B）∪（B-A）（即 $\overline{A} \cap \overline{B}$，只在 A 中或只在 B 中），只需要在之前的 SQL 最后添加过滤条件 A.id is NULL or B.id is NULL，其文氏图如图 4-15 所示。

```
SELECT * FROM A FULL OUTER JOIN B ON A.id=B.id
WHERE A.id is NULL or B.id is NULL;
```

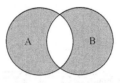

图 4-15　文氏图：FULL OUTER JOIN（差集）

在 ODPS 中，如果要对两张以上的表进行连接，比如要在宽表 pv_friends 中插入 2011-12-17 这一天用户的访问信息（表 page_view）、个人信息（表 user）和朋友关系（表 friend_list），可以执行 SQL 如下：

```
INSERT OVERWRITE TABLE pv_friends
SELECT
    pv.user_id,
    pv.view_time,
    pv.page_url,
    pv.referrer_url,
    pv.ip,
    u.gender,
    u.age,
    f.friends
FROM page_view pv
JOIN user u
ON (pv.user_id = u.user_id AND pv.dt = '2011-12-17')
JOIN friend_list f
ON u.user_id = f.uid;
```

在这个查询中，表 page_view 是表 user 的左表，表 friend_list 是表 page_view 和表 user 的右表。在多表连接操作中，A JOIN B …JOIN C，会严格按照连接顺序执行连接，A 是 B 的左表，A、B、A JOIN B 都可以作为 C 的左表。

现在，一起回到之前提出的问题：在多表连接中，ON 和 WHERE 在语法上都是正确的，它们有什么区别？

比如下面两个查询：

```
SELECT A.id, B.score FROM A JOIN B
ON (A.id = B.id AND B.score > 80);

SELECT A.id, B.score FROM A JOIN B
ON (A.id = B.id )
WHERE B.score > 80;
```

这两个查询的输出结果相同，如图 4-16 所示。

| id | score |
|---|---|
| 1 | 90 |

图 4-16 查询结果

实际上，对于内连接 JOIN 操作，ON 和 WEHER 在语义上是一致的，即执行结果等价。

然而，对于外连接，ON 和 WHERE 语义不同，不是等价的。下面以 LEFT OUTER JOIN 为例来说明，比如对于下面两个查询：

```
SELECT A.id, B.score FROM A LEFT OUTER JOIN B
ON (A.id = B.id AND B.score > 80);

SELECT A.id, B.score FROM A LEFT OUTER JOIN B
ON (A.id = B.id )
WHERE B.score > 80;
```

其查询结果分别如图 4-17 和图 4-18 所示。

| id | score |
|---|---|
| 1 | 90 |
| 2 | NULL |

图 4-17 左连接 ON 条件的执行结果

| id | score |
|---|---|
| 1 | 90 |

图 4-18 左连接 WHERE 条件的执行结果

外连接和内连接对于 SQL 的执行顺序是一致的，对于 ON 查询，先对表 B 执行过滤，得到中间结果集（称虚表 Virtual Table，VT），如图 4-19 所示，然后再和表 A 执行左连接，得到最终结果。

而对于 WHERE 条件查询，先对表 A 和表 B 的执行左连接，得到中间结果如图 4-20 所示，然后根据 WHERE 条件进行过滤，得到最终结果。

| id | score |
| --- | --- |
| 1 | 90 |
| 3 | 8 |

| id | score |
| --- | --- |
| 1 | 90 |
| 2 | NULL |

图 4-19　ON 条件查询，表 B 过滤后中间结果　　图 4-20　WHERE 条件查询，两表左连接中间结果

### 2. MAPJOIN

当一张大表和一张或多张小表 JOIN 时，可以使用 MAPJOIN，性能上会比前面介绍的普通 JOIN 快很多。对于普通 JOIN，其执行过程是对两张表都执行 map，map 结果通过 Shuffle（详见第 7 章）发送给 Reducer 进一步执行，如图 4-21 所示。对于大表和小表 JOIN，其 Shuffle 的数据量和大表的数据量相当。

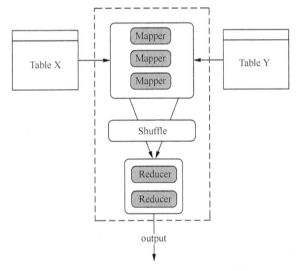

图 4-21　普通 JOIN 原理图

对于 MAPJOIN，其执行过程是先把小表拷贝到各个 Worker（即每个 Instance 所运行的机器）上，每个 Instance 直接读取大表的某个 split 数据，和小表进行 JOIN 计算，生成结果。因此，通过 MAPJOIN 方式，不需要执行 Shuffle 操作。对于多表连接，Shuffle 往往会带来大量的网络 IO 操作，成为作业运行的"瓶颈"。因此，MAPJOIN 在很多情况下可以提升作业运行的性能。

顾名思义，MAPJOIN 是没有 Reduce 操作的，直接输出 Mapper 执行的结果到 ODPS，如图 4-22 所示。

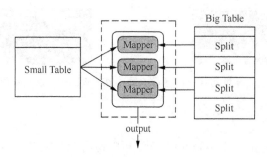

图 4-22　MAPJOIN 原理图

因此，MAPJOIN 经常用于优化 JOIN 操作，下面一起通过示例看看如何使用它。

假定前面给出的 page_view 表是个大表，user 表是个小表，通过 MAPJOIN 对它们进行连接，SQL 语句如下：

```
SELECT /*+ MAPJOIN(u) */
    u.user_id,
    u.gender,
    u.age,
    pv.view_time,
    pv.page_url,
    pv.referrer_url,
    pv.ip
FROM user u
JOIN page_view pv
ON u.user_id = pv.user_id;
```

注意，这里/*+ MAPJOIN(u) */是必须的，它通常称为 MAPJOIN HINT（提示），标识该 JOIN 是 MAPJOIN，而且小表是 u（user 表）。如果去掉它，就变成普通的 JOIN 操作了。对于 JOIN 操作，大小表的位置不敏感，也就是说在前面的查询中，FROM user u JOIN page_view pv 和 FROM page_view pv JOIN user u 是等价的。

对于 a LEFT OUTER JOIN b，则只能 b 是小表（也就是说 MAPJOIN HINT 只能写成/*+ MAPJOIN(b) */），比如上面的查询改成如下 SQL：

```
SELECT /*+ MAPJOIN(u) */
    u.user_id,
    u.gender,
```

```
    u.age,

    pv.view_time,

    pv.page_url,

    pv.referrer_url,

    pv.ip

FROM user u

LEFT OUTER JOIN page_view pv

ON u.user_id = pv.user_id;
```

则会报错如下：

```
ERROR: ODPS-0130071:Semantic analysis exception - MAPJOIN cannot be performed
with OUTER JOIN
```

同样，对于 a RIGHT OUTER JOIN b，则只能 a 是小表。大家常说的一句绕口令是：左连接左表不能是小表，右连接右表不能是小表（即主表不能是小表）。结合文氏图，可以较容易理解。对于 A LEFT OUTER JOIN B，假定表 A 是小表，表 B 是大表，有 3 个 split，B1、B2 和 B3，如图 4-23 所示。根据 MAPJOIN 原理，表 A 会被拷贝到各个 instance 上，分别和 B1、B2、B3 执行左连接。表 A 和表 B 执行左连接时，根据左连接原理，输出表 A 的所有记录，表 B 中有关联上则输出值，否则输出 NULL。当计算 A LEFT OUTER JOIN B1 时，对于 B1 中未关联匹配的记录，实际上无法确定在其他 Split 中是否可以关联匹配，也就无法确定是否应该输出 NULL 值。因此，对于 A LEFT OUTER JOIN B，A 不能是小表（即左连接左表不能是小表）。

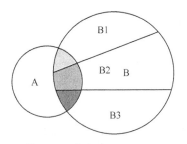

图 4-23　大小表 MAPJOIN

目前 MAPJOIN 对小表大小限制为 512MB（解压后在内存中的大小）。前面曾提到 ODPS SQL 一般只支持等值连接，它是针对普通连接而言；对于 MAPJOIN，还支持不等值表达式，OR 逻辑等复杂的 JOIN 条件。

## 4.2.6 高级查询

### 1. 子查询

在前面给出的查询中，大部分是 SELECT...FROM \<table>;的形式，即 FROM 的对象是一张已存在的表。如果 FROM 的对象是另一个 SELECT 查询语句，比如在"4.2.3 生成数据"一节中，为了造数据提到的：

```
SELECT 123, 1386213971, "http://www.tmall.com", "http://www.taobao.com/",
"192.91.189.6"
FROM (
    SELECT count(*) FROM user
) a;
```

我们称这类查询为子查询。这里要注意的是，ODPS SQL 遵循标准 SQL 规范（SQL92）的定义，FROM 子查询的 SELECT 子句（如 SELECT count(*) FROM user）需要有别名（比如这里别名为 a）。实质上，子查询的返回结果是一张虚表，和其他表或子查询进行 JOIN 操作，比如下面这个 SQL：

```
SELECT a.user_id, b.cnt
FROM (SELECT user_id FROM user) a
JOIN
(
    SELECT user_id, count(*) as cnt
    FROM page_view
    GROUP BY user_id
) b
ON a.user_id = b.user_id;
```

在传统 SQL 中，子查询往往可以通过 IN 子句实现，ODPS SQL 也支持 WHERE 条件中包含子查询，比如下面这个 SQL：

```
SELECT *
FROM page_view
WHERE user_id IN
(SELECT user.user_id FROM user);
```

IN 子查询不能用别名，如果写成 (SELECT user.user_id from user) u 会报错。此外，对于 IN 子查询，子查询结果目前上限是 1000 条记录，不推荐使用。

## 2. 聚合操作

假设有这样一个需求，需要查看访问页面的男女用户分别是多少。显然，要按性别进行聚合。执行 SQL 如下：

```
SELECT
    gender,
    count (DISTINCT user_id)
FROM pv_users
GROUP BY gender;
```

对于前面构造的两条数据，查询输出结果如下：

| gender | _c1 |
| --- | --- |
| 1 | 1 |
| 2 | 1 |

这里，由于没有对聚合计算结果 count (DISTINCT user_id)指定别名，所以系统会指定如 "_c1" 这样的名字，使用时需要加上反引号才能正确引用（如 SELECT '_c1' FROM t1; ），这样使用上相对麻烦，另外过段时间看，可能完全不知道这一列的含义了。因此，建议对这种列通过 AS 指定别名。上面的 SQL 可以改写如下：

```
SELECT
    gender,
    count (DISTINCT user_id) AS cnt
FROM pv_users
GROUP BY gender;
```

ODPS SQL 支持 "Multi-Distinct"，即支持 DISTINCT 操作作用于不同的列，比如下面这个 SQL，DISTINCT 作用的列分别是 user_id 和 ip，也是可以正常工作的。

```
SELECT gender,
       count(DISTINCT user_id) AS user_count,
       count(DISTINCT ip) AS ip_count
FROM pv_users
GROUP BY gender;
```

常见的聚合函数包括 COUNT、SUM、MAX、MIN 等，聚合函数和关键字 GROUP BY 一起使用。需要注意的是，SELECT 中的所有字段，除了聚合函数中的字段以及和列无关的函数计算外，都必须包含在 GROUP BY 中。

比如上面的 SQL 中，由于 count(DISTINCT user_id)是聚合计算，所以可以不在 GROUP BY 列中，还有如 unique_id()这样的函数和列无关，也可以不包含在 GROUP BY 中，而下面这个 SQL 就是非法的。

```
SELECT
    gender,
    count (DISTINCT user_id) as count,
    ip
FROM pv_users
GROUP BY gender;
```

执行该 SQL 语句，会抛出如下异常信息：

ERROR: ODPS-0130071:Semantic analysis exception - Expression not in GROUP BY key : line 4:0 'ip'

为什么 SELECT 的字段（除前面提到的特殊情况）都必须包含在 GROUP BY 中呢？下面举个简单的例子，你就不难明白其中原因了。

假设只查询 gender 和 ip，按 gender 进行 GROUP BY，实际上，SQL 语句转换成 MapReduce 作业时，Reducer 的输入就是按 GROUP BY 后的字段（这里是 gender）进行排序分组的，假设某个用户在多台机器上访问网站，数据如下。

```
1      192.168.1.122
1      192.168.3.86
1      112.172.1.244
```

由于 GROUP BY 的 key 是 gender（值为 1），相同 key 只能输出一条结果，那么 gender 为 1（即 key 为 1）的结果应该输出哪个 ip 呢？

因此，在前面这个例子中，如果希望输出多条结果，应该把 gender 和 ip 一起作为 GROUP BY 的 key，如下：

```
GROUP BY gender, ip
```

这样，由于 GROUP BY 的 key 是（gender，ip）组合，以上三条结果是唯一的，都会输出。

GROUP BY 除了表示聚合操作外，还可以表示 DISTINCT 语义，比如以下两个 SQL 是等价的：

```
SELECT user_id
FROM pv_users
GROUP BY user_id;


SELECT DISTINCT user_id
FROM pv_users;
```

ODPS SQL 的内置函数除了聚合函数外，还提供一些数学函数，如求绝对值（abs）、四舍五入（round）、生成随机数（rand）等，以及一些字符串处理函数、日期函数等。

特别地，ODPS SQL 还支持窗口函数，熟悉 Oracle 的同学可能对窗口函数比较熟悉，下面一起来看看。

### 3. 窗口函数

传统数据库如 Oracle 提供了窗口函数（在 Oracle 中称为分析函数），为了支持复杂的数据分析需求，ODPS SQL 也提供了语法非常类似的窗口函数，如常见的 row_number、rank 等。窗口函数只能用在 SELECT 子句中。窗口函数相当于给查询结果增加一个列，假设有这样一个场景，对于之前创建的 user 表，希望输出年龄最小的 10 个用户的年龄和性别信息，并且给出排序序号，如下：

| user_id | age | gender | rk |
|---------|-----|--------|-----|
| 123 | 15 | 1 | 1 |
| 777 | 16 | 2 | 2 |

即多出一个 rk 字段，表示年龄排序，这可以通过窗口函数 rank() 来实现，执行 SQL 如下：

```
SELECT *
FROM (
    SELECT
        user_id, age, gender,
        rank() over (partition by 1 order by age) as rk
    FROM user
) t
WHERE t.rk <=10;
```

这里，简单说明一下该 SQL 语句：

- partition by 1 是指 Partition 的 key 都设置为 1，这样所有记录就会输出到一个 Reducer 进行归并排序。
- 嵌套查询是因为 WHERE 条件会比 SELECT 中的各个字段计算先执行，所以在 WHERE 中不能引用 SELECT 中的字段计算结果，比如下面这个 SQL 是错误的。

```
SELECT
    user_id, age, gender,
    rank() over (partition by 1 order by age) as rk
FROM user
WHERE rk <=10;
```

报错信息如下。

```
ERROR: ODPS-0130071:Semantic analysis exception - Invalid table alias or column
reference : line 5:6 'rk': (possible column names are: user_id, ...)
```

为了更好地理解窗口函数，下面再来看一个例子。

假设有这样一张学生-成绩表 student_score，数据如图 4-24 所示。

| id | course | score |
|---|---|---|
| sheldon | computer | 90 |
| sheldon | math | 90 |
| sheldon | chinese | 60 |
| sheldon | english | 50 |
| emmy | computer | 80 |
| emmy | math | 90 |
| emmy | chinese | 80 |
| emmy | english | 90 |
| penny | computer | 50 |
| penny | math | 30 |
| penny | chinese | 90 |
| penny | english | 80 |
| leonard | computer | 90 |
| leonard | math | 90 |
| leonard | chinese | 70 |
| leonard | english | 80 |

图 4-24 学生成绩表

要计算每个课程的学生成绩排名，可以执行如下 SQL：

```
SELECT
    id,
    course,
    score,
    rank() over (partition by course order by score desc) as rank
FROM student_score;
```

结果如图 4-25 所示。注意，这里对于课程 computer，sheldon 和 leonard 的成绩都是 90，通过 rank()函数，他们并列第一，下一个 emmy 是第三。其他类似。

| id | course | score | rank |
|---|---|---|---|
| penny | chinese | 90 | 1 |
| emmy | chinese | 80 | 2 |
| leonard | chinese | 70 | 3 |
| sheldon | chinese | 60 | 4 |
| sheldon | computer | 90 | 1 |
| leonard | computer | 90 | 1 |
| emmy | computer | 80 | 3 |
| penny | computer | 50 | 4 |
| emmy | english | 90 | 1 |
| penny | english | 80 | 2 |
| leonard | english | 80 | 2 |
| sheldon | english | 50 | 4 |
| emmy | math | 90 | 1 |
| leonard | math | 90 | 1 |
| sheldon | math | 90 | 1 |
| penny | math | 30 | 4 |

图 4-25　执行结果

如果把 rank()函数改成 dense_rank()，结果会怎样呢？执行如下 SQL：

```
SELECT
   id,
   course,
   score,
   dense_rank() over (partition by course order by score desc) as dense_rank
FROM student_score;
```

结果如图 4-26 所示。

| id | course | score | dense_rank |
|---|---|---|---|
| penny | chinese | 90 | 1 |
| emmy | chinese | 80 | 2 |
| leonard | chinese | 70 | 3 |
| sheldon | chinese | 60 | 4 |
| sheldon | computer | 90 | 1 |
| leonard | computer | 90 | 1 |
| emmy | computer | 80 | 2 |
| penny | computer | 50 | 3 |
| emmy | english | 90 | 1 |
| penny | english | 80 | 2 |
| leonard | english | 80 | 2 |
| sheldon | english | 50 | 3 |
| emmy | math | 90 | 1 |
| leonard | math | 90 | 1 |
| sheldon | math | 90 | 1 |
| penny | math | 30 | 2 |

图 4-26　执行结果

对于 computer 这一课程，sheldon 和 leonard 并列第一，而下一个 emmy 是第二。由此，我们可以很容易看出函数 rank()和 dense_rank()的区别。如果改成 row_number()，结果又会怎样呢？有兴趣的读者可以试试。下表给出了 row_number()、rank()和 dense_rank()在执行结果上的区别。

| score | row_number | rank | dense_rank |
|---|---|---|---|
| 90 | 1 | 1 | 1 |
| 90 | 2 | 1 | 1 |
| 80 | 3 | 3 | 2 |
| 50 | 4 | 4 | 3 |

现在看个稍复杂的需求：如果希望输出每个学生课程、成绩、学生自己所有课程成绩排名（反映学生哪一门成绩最好）、每一门课程成绩在全班的排名、所有课程总分在全班排名，按总分和课程名称排序，应该怎么实现呢？可以执行如下 SQL：

```
SELECT
    id,
    course,
    score,
    total_score,
    rank_by_course,
    rank_by_id,
    dense_rank() over (partition by 1 order by total_score desc) as rank_by_total
FROM
    (SELECT
        id,
        course,
        score,
        sum(score) over (partition by id) as total_score,
        rank() over (partition by id order by score desc) as rank_by_id,
        rank() over (partition by course order by score desc) as rank_by_course
    FROM student_score )t1
order by total_score desc, course
LIMIT 100;
```

简单说明一下以上 SQL：

- sum(score) over (partition by id) as total_score 表示对相同 id（学生）求其成绩总分；

- rank() over (partition by id order by score desc) as rank_by_id 表示每个学生的各个课程的成绩排名；
- rank() over (partition by course order by score desc) as rank_by_course 表示每门课程的成绩排名；
- dense_rank() over (partition by 1 order by total_score desc) as rank_by_total 表示按总成绩对学生进行排名；
- order by total_score desc, course 表示先按总分排序，然后再按课程名称排序。

注意 sum 函数可以没有 order by，而 rank 和 dense_rank 函数则必须有。最后输出结果如图 4-27 所示。

| id | course | score | total_score | rank_by_course | rank_by_id | rank_by_total |
|---|---|---|---|---|---|---|
| emmy | chinese | 80 | 340 | 2 | 3 | 1 |
| emmy | computer | 80 | 340 | 3 | 3 | 1 |
| emmy | english | 90 | 340 | 1 | 1 | 1 |
| emmy | math | 90 | 340 | 1 | 1 | 1 |
| leonard | chinese | 70 | 330 | 3 | 4 | 2 |
| leonard | computer | 90 | 330 | 1 | 1 | 2 |
| leonard | english | 80 | 330 | 2 | 3 | 2 |
| leonard | math | 90 | 330 | 1 | 1 | 2 |
| sheldon | chinese | 60 | 290 | 4 | 3 | 3 |
| sheldon | computer | 90 | 290 | 1 | 1 | 3 |
| sheldon | english | 50 | 290 | 4 | 4 | 3 |
| sheldon | math | 90 | 290 | 1 | 1 | 3 |
| penny | chinese | 90 | 250 | 1 | 1 | 4 |
| penny | computer | 50 | 250 | 4 | 3 | 4 |
| penny | english | 80 | 250 | 2 | 2 | 4 |
| penny | math | 30 | 250 | 4 | 4 | 4 |

图 4-27　排序结果

你是否困惑：窗口函数和聚合函数有什么区别呢？

聚合函数是对全局进行聚合计算，窗口函数是按指定的 Partition 列求分组，在分组内做聚合、排序等计算。下面两个 SQL 及其输出结果，可以帮助你更好地理解其中的差异。

对于聚合函数 sum，语句如下，结果如图 4-28 所示。

```
SELECT id, sum(score) as total_score
FROM student_score
GROUP BY id;
```

对于窗口函数 sum，语句如下，如果如图 4-29 所示。

```
SELECT id, sum(score) over (partition by id) as total_score
FROM student_score;
```

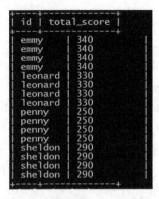

图 4-29　窗口函数 sum

图 4-28　聚合函数 sum

可以看到，聚合函数会对分组聚合操作，相同分组只生成一条结果记录，而窗口函数会对每条记录都生成一条结果记录（同一分组会生成多条记录）。从上面的输出结果可以看出，当 sum 作为窗口函数，如果只有 partition by 而没有 order by，会造成很多冗余，所以尽量不要这么用。

关于窗口函数，再举个真实的应用场景。假设有这么一张用户消费表，保存用户每天的消费金额，数据如图 4-30 所示。

现在想要计算每个用户截止到当天为止的总消费情况，可以执行 SQL 如下：

```
SELECT
    uid,
    dt,
    sum(consume) over (partition by uid order by dt) as total_consume_so_far
FROM user_consume;
```

输出结果如图 4-31 所示。

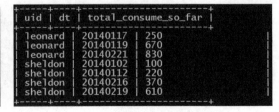

图 4-30　用户消费表　　　　　　　　图 4-31　执行结果

## 4．排序

常用的排序功能是 ORDER BY（全局排序），它和数据库的 ORDER BY 功能一致。但是，在 ODPS SQL 中，有个限制条件是 ORDER BY 必须和 LIMIT N 一起用。因为全局排序，所有数据最后必须在一个 Reducer 中执行，当数据量很大时，可能会出现执行过慢而无法输出结果的情况。添加 LIMIT N 后，Reducer 只需要对 N*Mapper 条记录进行归并排序。ODPS SQL 在解析 SQL 语句时，会判断 ORDER BY 是否有 LIMIT，如果没有会报如下错误信息：

```
ERROR: ODPS-0130071:Semantic analysis exception - 'Order' is supposed to be
followed by 'Limit'
```

即使对于小表，也必须有 LIMIT。

下面是个简单的 ORDER BY 的例子：

```
SELECT *
FROM page_view
ORDER BY user_id desc
LIMIT 10;
```

目前，LIMIT 的上限是 100 万。除了最常用的 ORDER BY 以外，ODPS SQL 还支持 SORT BY 和 DISTRIBUTE BY。和全局排序 ORDER BY 不同，SORT BY 只是局部排序，它只对同一路 Reducer 中的数据进行排序，不同 Reducer 之间的数据无序。DISTRIBUTE BY 表示如何划分数据（即 Mapper 的 Partition Key），按指定的字段把数据划分到不同的 Reducer 中，经常和 SORT BY 一起使用，它实际上和排序无关。

要对用户浏览页面表 page_view 的每个用户（user_id）按访问时间降序排序，可以执行 SQL 如下：

```
SELECT *
FROM page_view
DISTRIBUTE BY user_id
SORT BY user_id, view_time DESC;
```

这里，可以写成 DISTRIBUTE BY user_id SORT BY view_time 吗？

由于 DISTRIBUTE BY user_id 只保证相同 user_id 会输出到同一路 Reducer 中，但并不保证相同 user_id 会聚合在一起，举个例子，假设 DISTRIBUTE BY 输出到某路 Reducer 中包含以下几条记录：

| user_id | view_time |
|---------|-----------|
| 1 | 123 |
| 2 | 124 |
| 1 | 125 |
| 2 | 125 |

如果只执行 SORT BY pv.view_time，按 view_time 进行排序后，结果还是和上面的一样。因此，如果希望把相同 user_id 归并在一起再按 view_time 进行排序，则需要执行 SORT BY user_id, view_time，输出结果如下：

| user_id | view_time |
|---------|-----------|
| 1 | 123 |
| 1 | 125 |
| 2 | 124 |
| 2 | 125 |

因此，一般来说，从业务角度，SORT BY 常常会和 DISTRIBUTE BY 一起使用，而且 SORT BY 的字段往往会包含 DISTRIBUTE BY 字段（这里即 user_id），这样可以保证同一路 Reducer 中的相同 key 可以归并在一起。

### 4.2.7 多表关联 UNION ALL

UNION ALL 可以把多个 SELECT 操作返回的结果联合成一个数据集，它会返回所有的结果，不会执行去重。

ODPS SQL 不支持直接对顶级的两个子查询结果执行 UNION 操作，需要写成子查询的形式，比如以下 SQL 会报错：

```
SELECT pv.user_id as uid
FROM page_view pv
UNION ALL
SELECT u.user_id as uid
FROM user u;
```

执行报错如下：

ERROR: ODPS-0130071:Semantic analysis exception - line 2:5 Top level UNION is not supported currently; use a subquery for the UNION. Error encountered near token 'uid'

改成子查询形式如下：

```
SELECT *
FROM(
    SELECT pv.user_id as uid
    FROM page_view pv
```

```
    UNION ALL
    SELECT u.user_id as uid
    FROM user u
 ) a;
```

另外需要注意的是，对于 UNION ALL 连接的两个 SELECT 查询语句，两个 SELECT 的列个数、列名称、列类型必须严格一致，如果原始名称不一致，可以通过别名设置成相同名称。

### 4.2.8 多路输出（MULTI-INSERT）

假设有这样一个场景，需要扫描 pv_users 表，分别按性别和年龄查看页面访问情况，把结果相应输出到两张结果表中，应该怎么做呢？最直接的方式就是执行两次 SQL 查询，分别输出对应的结果表中。如果对同一张表的查询分析需要输出到 5 张结果表呢？如果执行 5 个 SQL，意味着需要扫描 5 次源表。因为是同一张源表，是否可以通过某种方式，只扫描一次原始数据，输出到不同的结果表中呢？ODPS SQL 的多路输出功能给出了肯定的答案。

比如对于该场景，可以执行 SQL 如下：

```
FROM pv_users
INSERT OVERWRITE TABLE pv_gender_sum
    SELECT gender, count(DISTINCT user_id)
    GROUP BY gender
INSERT OVERWRITE TABLE pv_age_sum
    SELECT age, count(DISTINCT user_id)
    GROUP BY age;
```

在该 SQL 语句中，从 pv_users 表每读取一条记录，就会对 SELECT 语句的条件进行判断。不同 SELECT 之间是独立运行的，而不是 IF...THEN...ELSE...这种模式。

此外，多路输出不仅支持输出到多张表，还支持输出到同一张表的不同分区，或者混合模式。在实际应用中，多路输出使用非常普遍。

## 4.3 网站日志分析

在 2.4 节 "网站日志分析实例" 中，我们已经探讨了如何统计分析网站的 PV、UV 和访问来源，在这个过程中已经用到了 SQL 的很多功能，如多表连接、聚合操作、内置函数、子查询等。通过本章入门示例对 ODPS SQL 有一定了解后，我们重新回顾该日志分析实例，很可能会有新的收获。

这里，我们还是基于这份网站日志数据，探讨如何通过 SQL 处理海量数据，完成如下实际的日志分析需求：

（1）沉淀出一些维度表，如基于 IP 生成地理位置信息维度表 dim_ip_area，包括国家、省份、城市等信息；

（2）查看真实用户、爬虫和 feed 的访问量；

（3）识别哪些 IP 很可能是恶意攻击网站。

## 4.3.1　准备数据和表

在 2.4 节，我们只抽取了部分数据，生成 7 天的数据样本。这里将导入全部原始数据到分区 20140212 中，并根据 2.4 节的示例把数据写入一些基础表，执行命令如下：

```
$    python parse.py $path/coolshell_20140212.log   $path/20140212/output.log
$path/20140212/dirty.log

$    nohup sh ./load.sh 20140212 >&load_20140212.log &
```

## 4.3.2　维度表

在数据处理分析过程中，往往会沉淀出很多维度表，比如商品信息、用户属性等。对于这份网站日志数据，在第 2 章的入门示例中，已经生成了用户维度表 dim_user_info，这里将探讨如何基于数据，生成地域维度表 dim_ip_area，通过 IP 获取 Country、Province、City 等信息，并为每条记录创建一个唯一 id。由于每条记录的信息只依赖 ip 字段，没有历史状态，dim_ip_area 表可以设计成非分区表，其建表语句如下：

```
CREATE TABLE IF NOT EXISTS dim_ip_area(
    area_id STRING COMMENT 'unique id',
    country STRING,
    province STRING,
    city STRING,
    district STRING,
    school STRING COMMENT 'net provider') ;
```

对 ip 字段，可以通过 SQL 的内置函数 ip2region 来获取国家、省份、城市等信息，执行 SQL 如下：

```
SELECT
    ip2region(ip, 'country') as country,
    ip2region(ip, 'province') as province,
    ip2region(ip, 'city') as city,
    ip2region(ip, 'district') as district,
    ip2region(ip, 'school') as school
FROM dw_log_detail
WHERE dt='20140212' and ip <> '';
```

值得一提的是，这里 school 表示运营商信息，而不是学校地址。ip <> ''（也可以写成 ip != ''）表示查询过滤 ip 为 NULL 和''的记录。

## NULL（空）和''（空串）的区别

在编程时，需要弄清楚 NULL 和''（也可以写成""）的区别。比如在 Java 中，String s=null; 表示空，什么都没有，对 s 调用任何字符串方法都会报错，如执行 s.length() 则抛出 NullPointerException。而 String s=""; 表示字符串内容为空串""，空串是字符串，可以调用字符串方法，如调用 s.length() 会正常返回 0。

在 SQL 中类似，如果要判断某个字段（如 ip）为空（或不为空），则应该是 ip is NULL（或 ip is not NULL）；对于其他判断，当 ip 字段为空时，判断都会返回 false，比如对于 ip != ''和 ip = ''，当 ip 为 NULL 时，这两个判断都会返回 false，也就是说值为 NULL 的记录都会被过滤掉。

下面，我们写个测试例子来验证一下。

1）创建测试表

```
CREATE TABLE tmp_null_test(ip STRING);
```

2）写入 3 条数据

```
INSERT INTO TABLE tmp_null_test
SELECT "abc" FROM
(SELECT count(*) FROM tmp_null_test)a;


INSERT INTO TABLE tmp_null_test
SELECT "" FROM
```

```
(SELECT count(*) FROM tmp_null_test)a;

INSERT INTO TABLE tmp_null_test
SELECT NULL FROM
(SELECT count(*) FROM tmp_null_test)a;
```

3）查看 tmp_null_test 表数据

共 3 条记录，注意中间一条是""，如图 4-32 所示。

4）分别运行以下几个 SQL 查询，查看结果

```
SELECT ip FROM tmp_null_test WHERE ip is not NULL;
```

返回两条记录，"abc"和""，如图 4-33 所示。

| ip |
|---|
| abc |
| |
| NULL |

图 4-32　tmp_null_set 表

| ip |
|---|
| abc |
| |

图 4-33　执行结果

```
SELECT ip FROM tmp_null_test WHERE ip != "";
```

返回一条记录，"abc"，如图 4-34 所示。

```
SELECT ip FROM tmp_null_test WHERE ip != "";
```

返回一条记录，""，如图 4-35 所示。

```
SELECT ip FROM tmp_null_test WHERE ip != "abc";
```

返回一条记录，""，如图 4-36 所示。

| ip |
|---|
| abc |

图 4-34　执行结果

| ip |
|---|
| |

图 4-35　查询结果

| ip |
|---|
| |

图 4-36　查询结果

在生成的维度表中，希望相同地理位置信息只保留一条记录，并为该记录生成唯一 id，SQL 可以修改如下：

```
SELECT
   md5(concat(country, province, city, district, school)) as area_id,
   country,
   province,
   city,
```

```
        district,
        school
    FROM
        (SELECT
            ip2region(ip, 'country') as country,
            ip2region(ip, 'province') as province,
            ip2region(ip, 'city') as city,
            ip2region(ip, 'district') as district,
            ip2region(ip, 'school') as school
        FROM dw_log_detail
        WHERE dt='20140212' and ip <> '')a
    GROUP BY country, province, city, district, school
    LIMIT 10;
```

在开发调试阶段，往往不会直接把查询结果写到结果表中，而是采用 LIMIT N 的方式，输出几条记录，看结果是否符合预期，这里 LIMIT 10 限制输出 10 条。通过 LIMIT，作业可以较快运行结束，很方便查看结果，判断 SQL 是否正确。

通过聚合操作 GROUP BY，相同位置信息只生成一条记录，注意这里 SELECT 查询的字段 country、province、city、district、school 都必须在 GROUP BY 中，area_id 是通过这些 GROUP BY 的字段生成的，所以不用再包含。通过 concat 把 country、province 等字段内容连接起来，再执行 md5 函数求签名，生成字段 area_id。以上 SQL 的执行结果如图 4-37 所示。

| area_id | country | province | city | district | school |
|---|---|---|---|---|---|
| NULL | 中国 | 上海市 | 上海市 | NULL | NULL |
| NULL | 中国 | 上海市 | 上海市 | NULL | 上海信息网络 |
| NULL | 中国 | 上海市 | 上海市 | NULL | 世纪互联 |
| NULL | 中国 | 上海市 | 上海市 | NULL | 中国科技网 |
| NULL | 中国 | 上海市 | 上海市 | NULL | 壹通通信 |
| NULL | 中国 | 上海市 | 上海市 | NULL | 教育网 |
| NULL | 中国 | 上海市 | 上海市 | NULL | 数讯信息技术 |
| NULL | 中国 | 上海市 | 上海市 | NULL | 有线通 |
| NULL | 中国 | 上海市 | 上海市 | NULL | 电信 |
| NULL | 中国 | 上海市 | 上海市 | NULL | 移动 |

图 4-37 执行结果

从 school 字段可以看出，记录都不相同，但执行结果的 area_id 的值为什么都为 NULL 呢？

我们一起来分析一下下面这个计算：

```
md5(concat(country, province, city, district, school)) as area_id
```

对于 concat 函数 String concat(string a, string b,…)，它会把参数值都连接起来，比如 concat('ab', 'c')会返回'abc' ，如果某个参数为 NULL，则 concat 会返回 NULL。从上面的数据可以看出，对于这些记录，由于 district 字段内容都为 NULL，所有记录都存在参数为

NULL 的情况，所以 concat(country, province, city, district, school) 都返回 NULL。

对于 md5 函数，String md5(string value)会返回 value 的 md5 签名，当参数 value 为 NULL 时，会返回 NULL。

综上分析，不难理解为何最终 area_id 的结果值都为 NULL 了。

很显然，area_id 的值为 NULL 不是期望的结果，对于以上这些记录，其 school 字段信息都不一样，期望返回不同的 area_id，怎么办？

通过内置函数 uuid()可以为每条记录生成唯一 id，也就是把前面 SQL 中的 md5(concat(country, province, city, district, school)) as area_id 改成 uuid() as area_id，改后执行结果如图 4-38 所示。

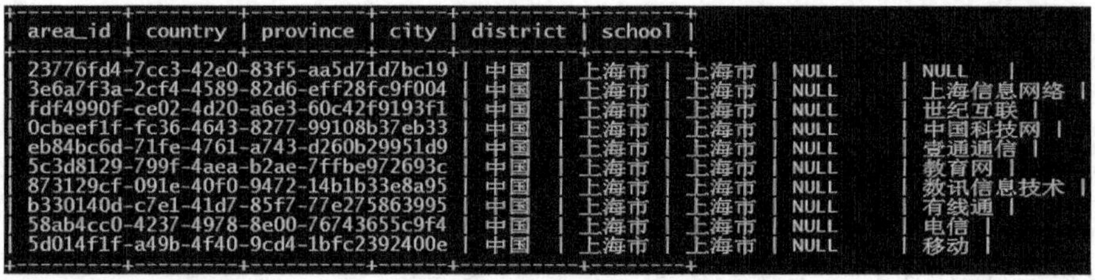

| area_id | country | province | city | district | school |
|---|---|---|---|---|---|
| 23776fd4-7cc3-42e0-83f5-aa5d71d7bc19 | 中国 | 上海市 | 上海市 | NULL | NULL |
| 3e6a7f3a-2cf4-4589-82d6-eff28fc9f004 | 中国 | 上海市 | 上海市 | NULL | 上海信息网络 |
| fdf4990f-ce02-4d20-a6e3-60c42f9193f1 | 中国 | 上海市 | 上海市 | NULL | 世纪互联 |
| 0cbeef1f-fc36-4643-8277-99108b37eb33 | 中国 | 上海市 | 上海市 | NULL | 中国科技网 |
| eb84bc6d-71fe-4761-a743-d260b29951d9 | 中国 | 上海市 | 上海市 | NULL | 壹通通信 |
| 5c3d8129-799f-4aea-b2ae-7ffbe972693c | 中国 | 上海市 | 上海市 | NULL | 教育网 |
| 873129cf-091e-40f0-9472-14b1b33e8a95 | 中国 | 上海市 | 上海市 | NULL | 数讯信息技术 |
| b330140d-c7e1-41d7-85f7-77e275863995 | 中国 | 上海市 | 上海市 | NULL | 有线通 |
| 58ab4cc0-4237-4978-8e00-76743655c9f4 | 中国 | 上海市 | 上海市 | NULL | 电信 |
| 5d014f1f-a49b-4f40-9cd4-1bfc2392400e | 中国 | 上海市 | 上海市 | NULL | 移动 |

图 4-38 执行结果

从图 4-38 中可以看出 area_id 是唯一的，问题看似解决了，然而进一步思考一下，通过 uuid 生成唯一 area_id 这种方式可行吗？

对于非分区表 dim_ip_area，每天都要解析日志数据抽取生成维度表信息，因此需要把每天解析日志生成的"新"记录写到维度表中。判断是否为"新"记录，应该由 area_id 确定，因此对于不同日期的相同地域信息，其 area_id 字段应该是一致的。显然，uuid()不能满足需求，area_id 字段必须由 country、province、city、district 和 school 这些字段共同决定生成唯一的值。

通过 md5(concat(...))计算 area_id 时，当 concat 函数存在参数为 NULL 时，就会返回 NULL。因此，可以判断字段是否为 NULL，如果是 NULL，则以空串""来参与计算，这可以通过 CASE WHEN 表达式来实现。

先一起写个 CASE WHEN 的小例子：

```
    odps:sql:odps_book>SELECT concat(case when id is null then '' else id end as
c) FROM dual;
    ERROR: ODPS-0130161:Parse exception - line 1:55 mismatched input 'as' expecting )
near 'end' in function specification
```

这里报错信息的含义是：不能用 "as"，"end" 后面期望是 ")"。根据报错信息，修改 SQL 如下：

```
SELECT concat(case when id is null then '' else id end) FROM dual;
```

为什么这里不能用 as 别名呢？因为 as 别名是用于表或列的列名，这里的结果是作为函数参数，所以不能用 as。

因此，可以改写之前的 SQL 如下：

```
SELECT
    md5(concat(
            CASE WHEN country is NULL then '' else country end,
            CASE WHEN province is NULL then '' else province end,
            CASE WHEN city is NULL then '' else city end,
            CASE WHEN district is NULL then '' else district end,
            CASE WHEN school is NULL then '' else school end )) as area_id,
    country,
    province,
    city,
    district,
    school
FROM(
    SELECT
        ip2region(ip, 'country') as country,
        ip2region(ip, 'province') as province,
        ip2region(ip, 'city') as city,
        ip2region(ip, 'district') as district,
        ip2region(ip, 'school') as school
    FROM dw_log_detail
    WHERE dt='20140212' and ip <> ''
)t1
GROUP BY country, province, city, district, school
LIMIT 10;
```

运行结果如图 4-39 所示。

```
+---------+---------+----------+------+----------+--------+
| area_id | country | province | city | district | school |
+---------+---------+----------+------+----------+--------+
| 63b77bfe9b709dc5f30330cb627ce27f | 中国 | 上海市 | 上海市 | NULL | NULL |
| c6943895ed78ab1d58c2a212cb6e33ae | 中国 | 上海市 | 上海市 | NULL | 上海信息网络 |
| 63101cdb8a6c1c8af1dca40bb2c8fe3f | 中国 | 上海市 | 上海市 | NULL | 世纪互联 |
| 548bd3383bcceef3c5d32ba525f34a6d | 中国 | 上海市 | 上海市 | NULL | 中国科技网 |
| 618abc6a25f664e14d55d0577ed52c3e | 中国 | 上海市 | 上海市 | NULL | 壹通通信 |
| 6f888f169f38eed31a1044ea40e97482 | 中国 | 上海市 | 上海市 | NULL | 教育网 |
| e12129b6f0b681eac27514e75a7c125c | 中国 | 上海市 | 上海市 | NULL | 数讯信息技术 |
| 9e25edec0efa684abddb4525da0cd2e1 | 中国 | 上海市 | 上海市 | NULL | 有线通 |
| d5fe59f0b0272edc3bc825d8f44b7470 | 中国 | 上海市 | 上海市 | NULL | 电信 |
| cbfedbd332e4861e4373 7bca48586b5f | 中国 | 上海市 | 上海市 | NULL | 移动 |
+---------+---------+----------+------+----------+--------+
```

图 4-39 运行结果

那么，如何把每天生成的新的记录写入到维度表中呢？从“4.2.5 多表连接”一节中关于 OUTER JOIN 的探讨可知，有两种方式：一是通过 LEFT OUTER JOIN 得到“差集”（即每天解析生成的结果表和原表的差集），即“新的”记录集，通过 INSERT INTO 插入原表中；二是通过 FULL OUTER JOIN，得到两张表的“并集”，通过 INSERT OVERWRITE 覆盖原表。

正如一直强调的，在实际线上应用中，不建议使用 INSERT INTO。推荐使用 INSERT OVERWRITE 还有两个原因：一是它具备“可重入性”（类似 RESTful 原则的“幂等性”，无论执行成功失败，都可以重复执行，比如客户端断网没有收到执行状态，服务端实际已执行成功，客户端重复调用也不会有问题）；二是通过 INSERT OVERWRITE 模式写结果表时，ODPS SQL 内部会对最终结果的小文件进行 merge，可以提高后续查询效率。

在对两张表执行 FULL OUTER JOIN 时，直接 SELECT *实质上是先对两张表进行“横向并集”，比如两张表 A 和表 B 数据分别如下：

表 A

| Id | Name |
|---|---|
| 1 | Sheldon |
| 2 | Penny |

表 B

| id | Name |
|---|---|
| 1 | Sheldon |
| 3 | Leonard |

执行 SQL 如下：

```
SELECT
    A.id as aid, A.name as aname,
    B.id as bid, B.name as bname
FROM A
FULL OUTER JOIN B
ON A.id=B.id;
```

生成结果如下:

| aid | aname | bid | bname |
|------|---------|------|---------|
| 1 | Sheldon | 1 | Sheldon |
| 2 | Penny | NULL | NULL |
| NULL | NULL | 3 | Leonard |

现在,我们希望得到这样的纵向并集结果:

| id | name |
|------|---------|
| 1 | Sheldon |
| 2 | Penny |
| 3 | Leonard |

观察之前的执行结果,可以通过 CASE WHEN 判断实现,修改 SQL 如下:

```
SELECT
    CASE WHEN A.id is not NULL then A.id ELSE B.id END as id,
    CASE WHEN A.name is not NULL then A.name ELSE B.name END as name
FROM A
FULL OUTER JOIN B
ON A.id=B.id;
```

综上分析,生成维度表 dim_ip_area 的完整 SQL 代码如下:

```
INSERT OVERWRITE TABLE dim_ip_area
SELECT
    t3.area_id,
    t3.country,
    t3.province,
    t3.city,
```

```
            t3.district,
            t3.school
    FROM (
        SELECT
            CASE WHEN dim.area_id is not NULL then dim.area_id ELSE t2.area_id END as area_id,
            CASE WHEN dim.country is not NULL then dim.country ELSE t2.country END as country,
            CASE WHEN dim.province is not NULL then dim.province ELSE t2.province END
as province,
            CASE WHEN dim.city is not NULL then dim.city ELSE t2.city END as city,
            CASE WHEN dim.district is not NULL then dim.district ELSE t2.district END
as district,
            CASE WHEN dim.school is not NULL then dim.school ELSE t2.school END as school
        FROM(
            SELECT
                md5(concat(
                    CASE WHEN country is NULL then '' else country end,
                    CASE WHEN province is NULL then '' else province end,
                    CASE WHEN city is NULL then '' else city end,
                    CASE WHEN district is NULL then '' else district end,
                    CASE WHEN school is NULL then '' else school end )) as area_id,
            country,
            province,
            city,
            district,
            school
        FROM(
            SELECT
                ip2region(ip, 'country') as country,
                ip2region(ip, 'province') as province,
                ip2region(ip, 'city') as city,
                ip2region(ip, 'district') as district,
                ip2region(ip, 'school') as school
            FROM dw_log_detail
            WHERE dt='20140212' and ip <> ''
        )t1
```

```
    GROUP BY country, province, city, district, school
  )t2
  FULL OUTER JOIN dim_ip_area dim
  ON t2.area_id = dim.area_id
)t3;
```

### 4.3.3 访问路径分析

对于网站日志，分析用户访问路径是分析挖掘用户行为的重要方面。这里，我们期望分析用户的访问路径，形成一种简单的点击流数据。比如，在电子商务网站中，BI 分析人员会通过点击流，查看路径之间的转化率，关注最终完成交易的关键路径。此外，分析访问路径也可以帮助改善网站用户体验，比如看某些步骤（如邮箱注册）后的访问是否显著减少，从而判断哪些步骤是否影响到用户体验，导致用户流失。

第 2 章已经对数据进行了一些加工处理，生成表示用户的维度表 dim_user_info 和事实表 dw_log_fact。这里，要查询真实用户的访问路径，就基于这两张表来分析，即从表 dw_log_fact 中查询相应字段，并和表 dim_user_info 通过 uid 进行关联，获取 identity = 'user' 的数据。执行 SQL 如下：

```
SELECT f.uid, f.url, f.time
FROM dw_log_fact f
JOIN dim_user_info u
ON f.uid = u.uid
AND f.dt='20140212'
AND u.identity = 'user'
GROUP BY f.uid, f.url, f.time
ORDER BY uid, time
LIMIT 10;
```

这里，为什么在 SELECT 和 GROUP BY 中需要指定 f.uid，而在 ORDER BY 时，则不用指定 f.uid，试想一想为什么？

这主要涉及 SQL 语句的执行顺序（在 5.4.3 节会详细探讨）。在该 SQL 中，会先对两张表执行 JOIN 连接操作，得到表 dw_log_fact 和表 dim_user_info 的所有字段，然后执行 GROUP BY 操作，由于表 dw_log_fact 和表 dim_user_info 都包含 uid 字段，因此在 GROUP BY 时必须指定是哪张表的。如果写成 GROUP BY uid，则会报错如下：

```
ERROR: ODPS-0130071:Semantic analysis exception - Column uid Found in more than
One Tables/Subqueries
```

它表示 ODPS SQL 不知道是哪张表的 **uid**。同样，后续执行 SELECT 操作时，也需要指定是哪张表。此外，这里 SELECT 中的字段都为表的原始字段（非聚合函数计算生成），都必须包含在 GROUP BY 中，原因在 4.2.6 节中已经分析，比如只写 GROUP BY f.uid，则会报错如下：

```
ERROR: ODPS-0130071:Semantic analysis exception - Expression not in GROUP BY key :
line 1:14 'url'
```

而 ORDER BY 是在 SELECT 语句之后执行，SELECT 已经对列执行了裁剪，只包含 uid，url 和 time 三个字段，所以不用写 f.uid。目前由于实现原因（后续可能会支持），这里也不能写成 ORDER BY f.uid，否则会报错如下：

```
ERROR: ODPS-0130071:Semantic analysis exception - Invalid table alias or column
reference : line 7:9 'f': (possible column names are: _col0, ...)
```

ODPS SQL 在 ORDER BY 阶段（即 Reduce 阶段）无法识别 f 是什么。实际上，SELECT f.uid 即相当于 SELECT f.uid as uid，ORDER BY 应该和 as 后的保持一致，比如 SELECT f.uid as user_id，则应该是 ORDER BY user_id。

在这个查询中，当事实表 dw_log_fact 一天的数据量大小远远大于维度表大小时，可以采用 MAPJOIN 的方式来优化，完整的 SQL 代码如下：

```
CREATE TABLE IF NOT EXISTS adm_visit_path (
    uid STRING COMMENT 'user_id',
    url STRING COMMENT 'visit url',
    time DATETIME COMMENT 'visit time, format "YYYY-MM-DD HH:mm:ss"',
    cnt BIGINT COMMENT 'count by (uid, url, time), ie. counts of a "uid" visit
a "url" at "time"')
PARTITIONED BY(dt STRING);

ALTER TABLE adm_visit_path ADD IF NOT EXISTS PARTITION (dt='20140212');

INSERT OVERWRITE TABLE adm_visit_path PARTITION (dt='20140212')
SELECT /*+ MAPJOIN(u) */
    f.uid, f.url, f.time, count(*) as cnt
FROM dw_log_fact f
JOIN dim_user_info u
```

```
ON f.uid = u.uid
AND f.dt='20140212'
AND u.identity = 'user'
GROUP BY f.uid, f.url, f.time;
```

如果要根据每个用户的 pv 排序，查看访问量（pv）最大的 top10 个用户的访问路径，可以执行如下查询：

```
CREATE VIEW adm_pv_top_100_view as
SELECT uid, pv, row_number() over (partition by 1 order by pv desc) as pv_rank
FROM
(   SELECT uid, sum(cnt) as pv
    FROM adm_visit_path p
    GROUP BY uid
    ORDER by pv desc
    LIMIT 100) a;

SELECT /*+ MAPJOIN(v) */
    p.uid, p.url, p.time, p.cnt, v.pv, v.pv_rank
FROM adm_visit_path p
JOIN adm_pv_top_100_view v
ON p.uid = v.uid
LIMIT 100;
```

### 4.3.4 TopK 查询

在大规模数据处理中，一类常见的查询是从海量数据中查找出现频率最高的前 K 个，这类查询通常称为 "TopK 查询"。TopK 查询是常见的数据分析需求，比如对于世界银行统计数据，查看每年 GDP 最高的前 3 个国家；对于搜索引擎，其日志文件会把用户每次 Query 检索词记录下来，要统计最热门的 10 个查询词；统计歌曲库中下载率最高的前 5 首歌等。

基于这份网站日志数据，想查询每个 ip 访问最多的 3 个 URL。通过 SQL，可以分解成如下三步：

（1）通过 GROUP BY，统计每个 ip 每个 URL 的访问次数；

（2）通过窗口函数 row_number()，对每个 ip，按 URL 的访问次数降序排序；

（3）查询访问次数排名前 3 的 URL。

执行 SQL 如下：

```
SELECT ip, url
FROM (
    SELECT
        ip, url,
        row_number() over(partition by ip order by cnt desc) as rank
    FROM (
        SELECT ip, url, count(*) as cnt
        FROM dw_log_detail
        GROUP BY ip, url
    ) t1
)t2
WHERE t2.rank <=3;
```

## 4.3.5  IP 黑名单

对于网站而言，识别恶意攻击的 IP 列表，把这些 IP 添加到黑名单是很重要的。如何通过 Web 访问日志，识别某个 IP 是正常访问还是恶意攻击呢？通过大量分析，通常可以识别出一些特定的攻击特征。这里为了简单起见，我们基于以下规则来判断：

（1）访问请求产生大量的 404 错误日志（超过 100 条）；

（2）访问请求的来源 referer 为空。

当同时满足以上两条规则时，则认为把该 IP 是恶意攻击，执行 SQL 查询如下：

```
SELECT t1.ip, t1.cnt
FROM (
    SELECT ip, count(*) as cnt
    FROM dw_log_detail
    WHERE status=404
    AND length(referer) <= 1
    AND dt='20140212'
    GROUP BY ip
) t1
WHERE t1.cnt > 100
ORDER BY t1.cnt desc
LIMIT 1000000;
```

这里为什么要采用子查询呢？下面这个 SQL 是否能够正常执行呢？

```
SELECT ip, count(*) as cnt
FROM dw_log_detail t1
WHERE status=404
AND length(referer) <= 1
AND dt='20140212'
AND t1.cnt > 100
GROUP BY ip
ORDER BY t1.cnt desc
LIMIT 1000000;
```

执行后，报错如下：

ERROR: ODPS-0130071:Semantic analysis exception - Invalid column reference : line
6:7 'cnt'

"Semantic analysis exception"表示错误原因是 SQL 语义分析异常，具体原因是"Invalid
column reference : line 6:7 'cnt'"，"line 6:7"表示错误在 SQL 的第 6 行、第 7 列。这里出错
的原因是字段 cnt 不合法，cnt 是在 SELECT 的查询生成的字段 count(*) as cnt，为什么不合
法呢？这涉及到 SQL 的执行顺序，在 5.4 "SQL 实现原理"一节会详细介绍。在这个 SQL
查询中，读取源表 dw_log_detail 后，会先执行 WHERE 条件过滤结果记录，然后才执行
SELECT 查询的聚合计算，所以在 WHERE 中执行 t1.cnt > 100 时，由于 cnt 是在后面聚合
计算生成的，不是源表中的列，在 WHERE 中不可用，所以会报 cnt 不合法。这样，我们
就不难理解为什么要用子查询了。

如果想把查询结果列 cnt 别名为 total_404_cnt，可以执行如下 SQL：

```
SELECT t1.ip, t1.cnt as total_404_cnt
FROM (
    SELECT ip, count(*) as cnt
    FROM dw_log_detail
    WHERE status=404
    AND length(referer) <= 1
    AND dt='20140212'
    GROUP BY ip
) t1
WHERE t1.cnt > 100
ORDER BY total_404_cnt desc
LIMIT 1000000;
```

在这个 SQL 中，首先会执行 SELECT 子查询，获取返回状态码为 404 且 referer 为空（通过 length(referer) <= 1 判断是因为有可能 referer 是“-”，且合法的 referer 字符串长度一定超过 1）的 ip，并对 ip 进行聚合以计算其出现次数，再执行主查询的 WHERE t1.cnt > 100，获取次数超过 100 的 ip，然后执行 SELECT 别名操作 t1.cnt as total_404_cnt，最后执行 ORDER BY 按 total_404_cnt 进行降序排序。

值得注意的是，对于别名，WHERE 过滤时要用 t1.cnt，而 ORDER BY 时要用 total_404_cnt，否则会报错。比如以上 SQL 如果写成：ORDER BY t1.cnt desc，则会报如下错误：

```
ERROR: ODPS-0130071:Semantic analysis exception - Invalid column reference : line 10:12 'cnt'
```

和前面类似，列 cnt 不合法。前面已经简单分析了 SQL 执行逻辑顺序，不难理解原因。简而言之，在主查询中，先执行 WHERE，然后是 SELECT，最后是 ORDER BY，所以在执行 WHERE 条件过滤时，不能用 total_404_cnt，而在执行 ORDER BY 时，结果列 cnt 已经别名为 total_404_cnt，不能再用 cnt 了。在下一章中，我们将会深入探讨 SQL 的执行逻辑。

以上 SQL 的执行结果生成的 IP 黑名单如图 4-40 所示。

| ip | total_404_cnt |
|---|---|
| 119.147.11.51 | 855 |
| 119.147.11.33 | 825 |
| 119.147.11.50 | 807 |
| 119.147.11.52 | 780 |
| 119.147.18.206 | 758 |
| 219.159.243.231 | 123 |

图 4-40　IP 黑名单

### EXPLAIN 命令

可以通过 EXPLAIN <SQL>; 命令查看 SQL 的执行计划，EXPLAIN 只会解析 SQL，输出查询计划，不会去读数据。我们在下一章将会详细探讨 SQL 执行计划。

实际上，EXPLAIN 命令还常常用于 SQL 调试，判断 SQL 语法是否正确。如果只想判断一个 SQL 语法是否正确，使用它会很方便。比如执行如下 EXPLAIN 命令：

```
EXPLAIN SELECT t1.ip, t1.cnt as total_404_cnt
FROM (
SELECT ip, count(*) as cnt
   FROM dw_log_detail
   WHERE status=404
```

```
    AND length(referer) <= 1
    AND dt='20140212'
    GROUP BY ip
) t1
WHERE t1.cnt > 100
ORDER BY t1.cnt desc
LIMIT 1000000;
```

会给出 SQL 错误信息：

```
ERROR: ODPS-0130071:Semantic analysis exception - Invalid column reference :
line 10:12 'cnt'
```

这个查询结果只给出了请求 IP 和返回 404 错误的请求数。由于这个规则过于简单，如果期望可以进一步人工介入查看，在前面的查询结果中增加这些 IP 请求的访问时间（比如认为攻击性访问时间往往是密集型的）、访问 URL，然后再确定是否加入 IP 黑名单，可以执行如下 SQL：

```
CREATE table tmp_ip_404 AS
SELECT ip, time, url
FROM dw_log_detail
WHERE status=404
AND length(referer) <= 1
AND dt='20140212';


SELECT t2.ip, t3.time, t3.url, t2.cnt as total_404_cnt
FROM (
    SELECT t1.ip, t1.cnt
    FROM (
        SELECT ip, count(*) as cnt
        FROM tmp_ip_404
        GROUP BY ip
    ) t1
    WHERE t1.cnt > 100
) t2
JOIN tmp_ip_404 t3
ON t2.ip = t3.ip
```

```
GROUP BY t2.ip, t3.time, t3.url, t2.cnt
ORDER BY total_404_cnt desc
LIMIT 1000000;
```

这里，我们先查询返回状态码为 404、referer 为空的 ip、time 和 URL，并生成一张中间临时表 tmp_ip_404，然后从该临时表中查询返回 404 请求数超过 100 的 ip，并把它和临时表通过 ip 进行 JOIN，获取到最终查询结果。这个查询条件可能会生成很多记录，直接通过 SELECT 可能无法显示全部结果（且查看也不方便），所以可以采取创建结果表的方式，在 SELECT 语句之前添加 CREATE TABLE dw_ip_blacklist AS，把查询结果写到 dw_ip_blacklist 中。实际上，把 SQL 执行结果写到一张结果表是个好的习惯。因为对于海量数据处理，结果集往往很大，在屏幕显示不下再写到结果表时，很浪费时间，而且多一次查询计算，也带来了不必要的费用开销。

在这个查询中，tmp_ip_404 只是临时中间表，用于后续查询，在这种情况下，更好的方式是采用视图，以上 SQL 可以修改如下：

```
DROP TABLE if EXISTS tmp_ip_404;
DROP TABLE if EXISTS dw_ip_blacklist;

CREATE VIEW tmp_ip_404 AS
SELECT ip, time, url
FROM dw_log_detail
WHERE status=404
AND length(referer) <= 1
AND dt='20140212';

CREATE TABLE dw_ip_blacklist AS
SELECT t2.ip, t3.time, t3.url, t2.cnt as total_404_cnt
FROM (
    SELECT t1.ip, t1.cnt
    FROM (
        SELECT ip, count(*) as cnt
        FROM tmp_ip_404
        GROUP BY ip
    ) t1
    WHERE t1.cnt > 100
) t2
```

```
JOIN tmp_ip_404 t3
ON t2.ip = t3.ip
GROUP BY t2.ip, t3.time, t3.url, t2.cnt
ORDER BY total_404_cnt desc
LIMIT 1000000;
```

视图（VIEW）和表（TABLE）的区别在于前者只保存 Meta 元信息（主要是保存了生成该 VIEW 的 SQL 语句），不会存储物理数据。我们可以通过 DESC 命令查看 VIEW 的元信息，如图 4-41 所示。

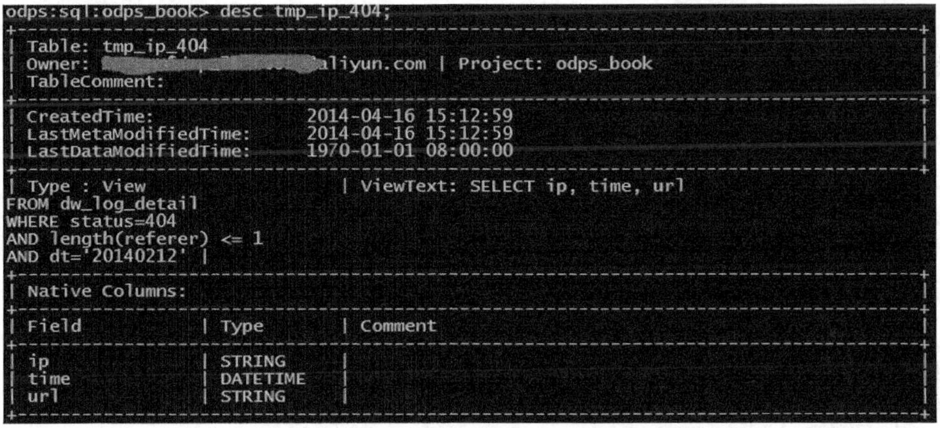

图 4-41 视图的元信息

实际上，我们发现创建视图 CREATE VIEW tmp_ip_404 AS SELECT...语句很快就结束了，正是由于它不会去读取数据，而只是保存了 Meta 信息。在后面使用该视图时，会把生成视图（VIEW）的 SQL 语句展开。在这个例子中，VIEW 被使用了多次，一是在生成表 t1 的子查询中使用，二是在 JOIN 时用到，你是否会有这样的疑问：使用视图，以下生成 View 的查询被执行了 2 次，而使用 TABLE 则只执行 1 次，所以使用 TABLE 效率会更高？

```
SELECT ip, time, url
FROM dw_log_detail
WHERE status=404
AND length(referer) <= 1
AND dt='20140212';
```

实际上，ODPS SQL 内部做了很多优化，即使多处使用视图，也只扫描生成视图的原始表一次，所以不管使用视图还是表，SQL 的执行效率是一样的。由于视图不会保存数据，可以避免生成临时中间表，后期还有删除的麻烦（否则当中间临时表很多时，会占用大量的存储空间，带来不必要的存储费用开销）。

在很多情况下，使用视图是为了简化 SQL 查询，使得逻辑看起来更清晰。显然，这个示例也可以通过一个 SQL 语句来完成，有兴趣的读者可以试试。

在生成 dw_ip_blacklist 的查询中，由于生成 t2 表的子查询做了聚合以及 WHERE 过滤，其查询结果记录数相对很小。如果 tmp_ip_404 的结果记录数很大，则可以采取 MAPJOIN 的方式来关联，SQL 改写如下：

```
DROP TABLE IF EXISTS dw_ip_blacklist;

CREATE TABLE dw_ip_blacklist AS
SELECT /*+ MAPJOIN(t2) */
    t2.ip, t3.time, t3.url, t2.cnt as total_404_cnt
FROM (
    SELECT t1.ip, t1.cnt
    FROM (
        SELECT ip, count(*) as cnt
        FROM tmp_ip_404
        GROUP BY ip
    ) t1
    WHERE t1.cnt > 100
) t2
JOIN tmp_ip_404 t3
ON t2.ip = t3.ip
GROUP BY t2.ip, t3.time, t3.url, t2.cnt
ORDER BY total_404_cnt desc
LIMIT 1000000;
```

# 4.4   天猫品牌预测

在天猫，每天会有数千万的用户通过品牌发现自己喜欢的商品，品牌推荐是联接商家和消费者的最重要的纽带。此外，品牌推荐在大促活动中更是举足轻重，以 2013 年双 11

为例，如果大家在双 11 上买过东西，应该会有印象，无论是在 PC 上还是无线上，会场的组织形式通常是品牌，而不是单品，因为品牌可以承载更多的信息。通过品牌组织，实现个性化会场，改变原来千人一面的风格，做到千人千面，帮助消费者从众多品牌中快速找到自己喜欢的。因此，品牌推荐具有非常切实的业务意义。

在写作本书时，阿里巴巴大数据竞赛正如火如荼地进行着（http://102.alibaba.com/competition/addDiscovery/index.htm），其主题是天猫推荐算法大挑战，在 ODPS 平台上分析海量真实的用户访问数据，设计算法预测用户会购买哪些品牌。这里，我们将利用比赛第一季的数据来说明如何通过 SQL 分析处理，在后面第 9 章中，还将进一步介绍如何通过 ODPS 提供的机器学习算法实现品牌预测。

## 4.4.1　主题说明和前期准备

为了读者可以自己动手实践本书的示例，这份数据也可以从本书的在线链接下载。数据包含四个字段，如下所示。

| 字段 | 字段说明 | 提取说明 |
| --- | --- | --- |
| user_id | 用户标识 | 抽样&字段加密 |
| brand_id | 品牌 ID | 抽样&字段加密 |
| type | 用户对品牌的行为类型 | 点击：0<br>购买：1<br>收藏：2<br>加入购物车：3 |
| visit_datetime | 行为时间 | 格式某月某日，如 7 月 6 日，隐藏年份 |

示例数据中包含四个月的数据，如下所示：

| 10944750 | 13451 | 0 | 6 月 4 日 |
| --- | --- | --- | --- |
| 10944750 | 13451 | 2 | 6 月 4 日 |

目标是要预测下一个月用户会购买哪些品牌。通过最常用的准确率和召回率作为评估指标，计算公式如下：

准确率：$Precision = \dfrac{\sum_{i}^{N} hitBrands_i}{\sum_{i}^{N} pBrands_i}$

- N 为参赛队预测的用户数；
- $pBrands_i$ 为对用户 i 预测他（她）会购买的品牌列表个数；

- hitBrands$_i$ 对用户 i 预测的品牌列表与用户 i 真实购买的品牌交集的个数。

召回率：$\text{Recall} = \dfrac{\sum_{i}^{M} \text{hitBrands}_i}{\sum_{i}^{M} \text{bBrands}_i}$

- M 为实际产生成交的用户数量；
- bBrands$_i$ 为用户 i 真实购买的品牌个数；
- hitBrands$_i$ 预测的品牌列表与用户 i 真实购买的品牌交集的个数。

最后通过 F1-Score 来拟合准确率与召回率，以 F1 得分作为最后的评估指标，计算如下：

$$F_1 = \frac{2*P*R}{P+R}$$

为了便于后续处理，先把文件编码转换成 UTF8，并转换数据的日期格式，比如把 6 月 4 日转换成 0604，代码实现 convert.sh 如下：

```
#!/bin/bash

iconv -f gb18030 -t utf8 /home/admin/odps_book/data/t_alibaba_data.csv |
    sed -e 's/月/-/; s/日//'|
        awk -F "," 'BEGIN{OFS=","}
        NR>1{
            split($NF,arr,"-");
            $NF=sprintf("%02d%02d",arr[1],arr[2]);
            print $0
        }'
```

执行 sh ./convert.sh > /home/admin/odps_book/data/tmall_result.csv。

然后创建表 tmall_user_brand，SQL 如下：

```
DROP TABLE IF EXISTS tmall_user_brand;
CREATE TABLE tmall_user_brand (
    user_id string,
    brand_id string,
    type string COMMENT "click-0, buy-1, collect-2, shopping_cart-3",
    visit_datetime string
);
```

最后，通过 dship 实现导入，如下：

```
$    ./dship upload /home/admin/odps_book/data/tmall_result.csv tmall_user_brand;
```

### 4.4.2 理解数据

前面已经给出了数据的各个字段说明,除此之外,还需要了解数据包含哪几个月份、起始日期和结束日期,便于后续判断以哪些数据分别作为训练集和测试集。执行 SQL 如下:

```
SELECT distinct(substr(visit_datetime,1,2)) as month
FROM tmall_user_brand;

SELECT min(visit_datetime) as min_day, max(visit_datetime) as max_day
FROM tmall_user_brand;
```

从以上两个 SQL 的输出结果得到,数据集的起始日期是 0415,结束日期是 0815,包含从 0415 到 0815 这四个月的数据。当然,为了更好地了解数据,还需要进一步做很多分析,比如查看记录总数、用户总数、品牌总数和每个月各种行为的用户数,分别执行以下两条 SQL:

```
SELECT
    count(*) as total_cnt,
    count(distinct user_id) as total_user,
    count(distinct brand_id) as total_brand
FROM tmall_user_brand;

SELECT substr(visit_datetime,1,2) as month, type, count(*) as cnt
FROM tmall_user_brand
GROUP BY substr(visit_datetime,1,2), type;
```

在大数据分析时,对数据进行抽样是常见的做法,ODPS SQL 提供了内置的抽样方法 sample,比如要根据 user_id 进行抽样,可以执行如下 SQL:

```
CREATE TABLE tmp_tmall_sample_by_user as
SELECT * FROM tmall_user_brand
WHERE sample(100, 1, user_id) = true;
```

表示根据字段 user_id 的值求哈希,分成 100 份,取第 1 份数据。由于 CLT 屏显只支持显示 1000 条记录(默认值 1000,最大可以设置 5000),所以往往通过 CREATE TABLE ... AS 的方式把查询结果保存到一张临时表中。

还可以通过内置窗口函数 cluster_sample 实现抽样，由于窗口函数只能用在 SELECT 语句中，可以通过子查询来实现，SQL 语句如下：

```
CREATE TABLE tmp_tmall_sample as
SELECT user_id, brand_id, type, visit_datetime
FROM(
    SELECT
        user_id,
        brand_id,
        type,
        visit_datetime,
        cluster_sample(100, 1) over (partition by user_id) as flag
    FROM tmall_user_brand
)t1
WHERE flag = true;
```

该查询表示按 user_id 划分窗口，把每个窗口划分成 100 份，抽取 1 份。

虽然在这两个抽样查询中，都是取约 1%的数据，但在抽样性质上存在天壤之别。可以这么说，sample 方法是抽取部分用户的所有数据，而 cluster_sample 则是抽取所有用户的部分数据。两种抽样方式适用于不同的场景，比如 sample 方法可以用于人工对产品效果进行分析，只抽取部分用户，追踪查看效果；而要为每个卖家找出其最近一天的访问用户的情况，可能一些卖家的用户数非常多，而一些卖家的用户数很少，则可以采用 cluster_sample 的方式，为每个卖家都提供部分数据。

### 4.4.3　两个简单的实践

我们先实践一个最简单的方式，找出最热门（即购买数最多）的 5 个品牌，把这些品牌推荐给所有用户，执行如下 SQL：

```
CREATE TABLE tmp_tmall_predict as
SELECT /*+ MAPJOIN(b) */
    distinct user_id, brand
FROM tmall_user_brand
LEFT OUTER JOIN
(
    SELECT wm_concat(',', brand_id) as brand
```

```
    FROM(
        SELECT
            brand_id,
            row_number() over (partition by 1 order by buy_cnt desc) as rank
        FROM(
            SELECT brand_id, count(*) as buy_cnt
            FROM tmall_user_brand
            WHERE type='1'
            GROUP BY brand_id
        ) t1
    ) t2
    WHERE t2.rank <= 5
) b;
```

这个 SQL 语句最外层是通过 CREATE … AS SELECT 方式，把查询结果写到表 tmp_tmall_predict 中。SELECT 的最外层是一个 MAPJOIN 操作，从原始表中获取 user_id，和最热门的品牌表 b 进行关联。这里两张表关联没有 ON 条件，这种方式称为笛卡尔积，只有 MAPJOIN 支持，其他 JOIN 目前不支持笛卡尔积。另外，要注意的是，这里 distinct user_id 对用户去重，因为每个用户有多条浏览记录，如果没有去重，就会生成多条重复记录。最热门的品牌表 b 是通过三层 SELECT 查询完成的，最内层通过 GROUP BY 操作，计算每个品牌的购买数，中间层通过 row_number() 操作，按品牌的购买数进行排序。最外层通过内置函数 wm_concat，把最热门的 5 个品牌连接起来，最后 b 表的结果其实只有一条记录，如图 4-42 所示。

图 4-42　b 表的结果

因此，把 b 表作为小表：/*+ MAPJOIN(b) */，通过 MAPJOIN 方式，在 JOIN 的另一张表很大时，可以极大地提高性能。

推荐最热门的品牌实质上是个热门排行榜，它是非个性化的。热门排行榜没有考虑用户的不同兴趣，结果往往过于宽泛。

如果期望能够基于每个用户的行为，实现个性化推荐，怎么做？在正式分析和探讨这个问题之前，先一起实践一个简单的方式。

基于心理学研究"艾宾浩斯遗忘记忆曲线",人们在学习中的遗忘是有规律的,在最初节点遗忘很快,后面逐渐减慢,如图 4-43 所示,可以查看 http://en.wikipedia.org/wiki/Forgetting_curve 了解更多。

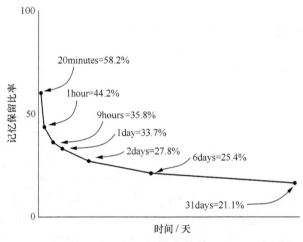

图 4-43  艾宾浩斯遗忘记忆曲线

假设认为用户是否会购买某个品牌和她的点击行为相关,把用户对品牌的行为理解成用户的学习记忆过程,在这个过程中用户对品牌的偏好程度也呈时间衰减趋势。但很早以前的点击行为往往已经没有意义,因此,可以考虑给用户推荐其最近一个月点击次数最多的 5 个品牌,可以执行 SQL 如下:

```
SELECT user_id, wm_concat(',', brand_id) as brand
FROM(
    SELECT
        user_id,
        brand_id,
        row_number() over (partition by user_id order by cnt desc) as rank
    FROM(
        SELECT user_id, brand_id, count(brand_id) as cnt
        FROM tmall_user_brand
        WHERE type='0' and substr(visit_datetime,1,2) > '0715'
        GROUP BY user_id, brand_id
    )t1
)t2
```

```
WHERE rank <= 5
GROUP BY user_id;
```

这里，row_number() over (partition by user_id order by cnt desc) 表示按照 user_id 开窗口（即不同 user_id 可以多路输出到不同机器上计算，同一个 user_id 的记录会在一起），对每个用户按其点击次数进行降序排序。而在前一个 SQL 中，partition by 1 表示只开一个窗口，对所有记录进行全排序。其他语法和前面类似，不再赘述。

第二个实践相当于简单的人工规则的方式，"推荐用户最近一个月点击次数最多的 5 个品牌"就是一个人工规则。实际上，这个人工规则是可以继续扩展探索的，比如从遗忘曲线可知，在一个月这个周期内，对某个品牌不同日期的点击行为对最后是否购买的"贡献度"其实很不相同，因而分析最近一个月的点击行为，更好的方式是给每天的点击行为添加权重，比如按曲线中每天记忆保留的百分值，可以设置第一天的点击权重为（1–33.7%）=66.3%，第二天的点击权重为（33.7%–27.8%）=5.9%，依次类推。有兴趣的读者可以试试进一步扩展前面的 SQL 实现。

这两个实践可以认为是基于这份数据玩转一下 ODPS SQL。下面，我们继续回到品牌推荐这一问题，逐步分析如何通过 SQL 实现。

### 4.4.4 问题分析和算法设计

个性化推荐技术是很深奥的一个领域，使用非常广泛，如电子商务的品牌推荐、商品推荐，社交网络的好友推荐等。如果对这一主题感兴趣，可以阅读项亮的《推荐系统实践》[①]这本书。

在天猫品牌推荐中，推荐是联系用户和品牌的媒介，而用户和品牌之间是通过用户的历史行为来关联的，比如用户过去 3 天购买了某个品牌，可以把这些行为抽象成特征。特征是推荐系统的核心，用户—特征—品牌之间的关联如图 4-44 所示。

品牌预测这一问题定义主要包含以下三个方面：
- 划分数据集；
- 提取特征；
- 生成模型，预测结果。

这三个方面是解决问题的核心。实际上，解决问题的思路有很多，这里给出一种简单的解决方式，如图 4-45 所示。

---

① 项亮著.《推荐系统实践》. 人民邮电出版社，北京. 2012.

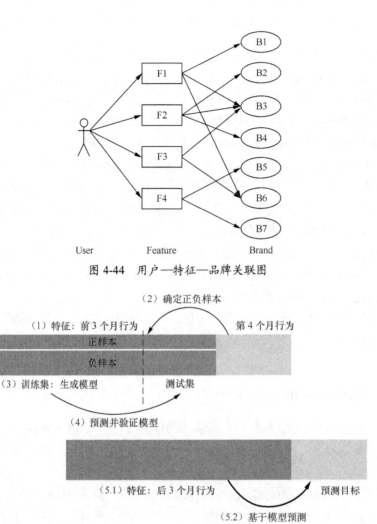

图 4-44　用户—特征—品牌关联图

图 4-45　建模预测流程

（1）生成特征

已知数据包含四个月份的数据，在模型训练和测试阶段，都利用前三个月预测第四个月的购买情况。取前三个月数据，生成特征集合 A，用于训练和测试。

（2）正负样本

用特征集合 A 来预测第四个月份的购买情况（结果数据已知）。通过已提供的四月份购买情况对 A 打标签（Label），有购买的为正样本 A1，无购买的为负样本 A2，保证正负样本的比例，如 1∶3。将正负样本 A1 和 A2 按照一定比例切分成训练集（A1_train，A2_train）

和测试集（A1_test，A2_test），如 7∶3。注意，这里 1∶3 是指正负样本比例，7∶3 是指训练集和测试集的比例。

（3）通过算法，生成模型

基于训练集的正负样本（A1_train，A2_train），生成模型 M。

（4）验证模型

在测试集（A1_test，A2_test）上，利用 M 做预测并验证，检测模型 M 的效果。

（5）预测

利用最后三个月的数据，生成特征集合 B，用于预测第五个月（未知）的购买情况，利用 M 做预测，预测结果即最终的推荐结果。

在这个过程中，各个步骤可能会多次迭代（修改特征、样本或模型），不断验证，得到一个较好的组合用于最终预测。

## 4.4.5　生成特征

用户品牌推荐场景下的特征构建，一般可以分成三类：用户特征、品牌特征以及用户—品牌特征，如图 4-46 所示。

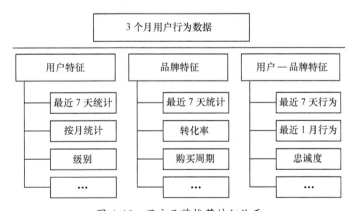

图 4-46　用户品牌推荐特征体系

基于艾宾浩斯遗忘记忆曲线的理论以及用户购买行为分析，假设存在以下几点：

（1）品牌转化率，不同品牌的转化率不一样；

（2）用户行为如点击、收藏和加入购物车，最后是否购买随时间衰减；

（3）用户有偏好，由于自身喜好会比较钟情于几个品牌。

品牌转化率是指一个品牌的购买的用户数/点击数，通过 SQL 计算如下：

```
CREATE VIEW tmall_train_b_cvr as
SELECT
    brand_id,
    case when click_cnt > 0 then buy_cnt/click_cnt else 0 end as cvr
FROM(
    SELECT
        brand_id,
        count(distinct case when type='1' then user_id else null end) as buy_cnt,
        count(distinct case when type='0' then user_id else null end) as click_cnt
    FROM tmall_user_brand
    WHERE visit_datetime <= '0715'
    GROUP BY brand_id
)t1;
```

这里，count(distinct case when type='1' then user_id else null end) 计算购买的不同用户数，由于一个用户可能多次购买同一个品牌，所以需要添加 distinct。由于值为 null 时，count 不会计数，所以把没有购买的设置为 null。由于转化率=购买的用户数/点击数，所以在计算时要先判断点击数是否为 0：case when click_cnt > 0 then buy_cnt/click_cnt else 0 end as cvr。这里采用 view 是因为该 SQL 只是最终生成用户所有特征的中间一步，这样比生成中间表在运行时可以快很多。当然，如果想查看 SQL 执行结果，则需要生成中间表。

用户偏好某个品牌可以通过用户购买某个品牌的次数来衡量，用户行为对最终是否购买的影响呈时间衰减趋势，这里统计用户最近 7 天和最近 3 天的行为次数（忽略更早期的行为），执行 SQL 如下：

```
CREATE VIEW tmall_train_ub_action as
SELECT
    user_id,
    brand_id,
    sum(case when type='1' then 1 else 0 end) as buy_cnt,
    sum(case when type='0' and visit_datetime > '0708' then 1 else 0 end) as click_d7,
    sum(case when type='2' and visit_datetime > '0708' then 1 else 0 end) as collect_d7,
    sum(case when type='3' and visit_datetime > '0708' then 1 else 0 end) as
shopping_cart_d7,
    sum(case when type='0' and visit_datetime > '0712' then 1 else 0 end) as click_d3,
    sum(case when type='2' and visit_datetime > '0712' then 1 else 0 end) as collect_d3,
```

```
     sum(case when type='3' and visit_datetime > '0712' then 1 else 0 end) as
shopping_cart_d3
   FROM tmall_user_brand
   WHERE visit_datetime <= '0715'
   GROUP BY user_id, brand_id;
```

由于数据的最后一天日期是0715，所以人工计算，最近7天的数据应该是 visit_datetime >
'0708'。实际上，也可以通过 SQL 内置的日期函数来判断，如下所示：

```
datediff(
    to_date('0715','yyyymmdd'),
    to_date(concat('2015',visit_datetime),'yyyymmdd'),
    'dd'
)<=7
```

由于日期格式要求必须包含年月日，通过 concat('2015',visit_datetime)给它添加年份信
息，然后再通过 datediff 计算日期差。相比之下，这种计算方式显得繁琐一些，但不容易
出错。

最后，我们把品牌转化率、偏好和最近行为特征全部关联起来，生成一张包含所有特
征的表，如下所示：

```
CREATE TABLE tmall_train_features as
SELECT
    t1.user_id,
    t1.brand_id,
    t1.buy_cnt,
    t1.click_d7,
    t1.collect_d7,
    t1.shopping_cart_d7,
    t1.click_d3,
    t1.collect_d3,
    t1.shopping_cart_d3,
    t2.cvr
FROM tmall_train_ub_action t1
LEFT OUTER JOIN tmall_train_b_cvr t2
on t1.brand_id = t2.brand_id;
```

生成用于最终预测的特征和以上过程类似，需要注意的是时间不同，这里不再给出，

可以在本书的在线代码中获取。

## 4.4.6　抽取正负样本

从特征集可以看出，它反映了用户-品牌之间的关系。在训练和测试时，需要告诉算法，这些特征的结果是什么，因此要添加一个字段 flag，标识最后是否购买。

正样本可以定义为"第四个月有购买行为"，负样本定义为"第四个月无购买行为"。这里，如果用户 user1 在第四个月购买了某个品牌 brand1，而前三个月没有用户和该品牌关系<user1, brand1>的任何记录，则意味着<user1, brand1>没有特征。这个问题属于推荐系统的"冷启动"范畴。

---

**推荐系统的"冷启动"**

推荐系统是根据用户的历史行为来预测用户的未来行为。因此，存在大量的历史数据是推荐的前提。然而，在系统中，新加入的用户（或 item）并没有历史数据可用，如何为新用户实现个性化推荐或者把新 item 推荐给用户，即推荐系统的冷启动问题。冷启动问题是推荐系统不可避免的经典问题，对系统早期（新用户比例较大）的推荐效果至关重要。比如，对于电子商务网站，如果能够给新用户推荐其喜欢的商品，可以增加留住用户的几率；如果能够把新商品及时推荐给合适的用户，可以提升商品销售量。

对于新用户，常见的方式是先提供非个性化推荐如推荐热门排行榜，等收集到一定的历史数据后再实现个性化推荐；对于新 item，可以利用 item 的属性，推荐给喜欢类似 item 的用户。

---

为了简单起见，为了保证所有样本都有特征，我们把正样本重新定义为"前三个月有浏览行为，最后一个月有购买行为"；同理，把负样本定义为"前三个月有浏览行为，最后一个月无购买行为"。当然，这不是最好的方式，比如前三个月没有<user1, brand1>的记录，但是有<user1, brand2>、<user1, brand3>的记录，可以深入挖掘，分析品牌之间<brand1, brand2>和<brand1，brand3>之间的关系，这里由于品牌信息做了脱敏，无法直接分析品牌之间的关系，可以间接分析，比如用户经常一起购买哪些品牌以及时间先后顺序关系等。

首先，统计用户"在前三个月的浏览次数和最后一个月的购买次数"，执行 SQL 如下：

```
CREATE TABLE tmall_ub_ifbuy AS
SELECT
    user_id
    ,brand_id
    ,sum(case when type=0 and visit_datetime>'0715' then 1.0 else 0.0 end) as buy_final
    ,sum(case when visit_datetime<='0715' then 1.0 else 0.0 end) as visit_past
FROM tmall_user_brand
GROUP BY brand_id,user_id;
```

由于期望最后正负样本比例在 1:3 左右，我们先简单统计一下实际的正负样本数，便于后面确定按多少比例抽样。

```
SELECT sum(pos) as pos_cnt, sum(neg) as neg_cnt
FROM (
    SELECT
        user_id
        ,brand_id
        ,case when visit_past > 0 and buy_final > 0 then 1 else 0 end as pos
        ,case when visit_past > 0 and buy_final = 0 then 1 else 0 end as neg
    FROM tmall_ub_ifbuy
) a;
```

输出结果如图 4-47 所示。

图 4-47　输出结果

我们发现正样本远小于负样本。这里是按照 user_id, brand_id 统计，我们可以给正样本添加日期信息，这样可以扩充正样本数，执行如下 SQL：

```
CREATE TABLE tmall_pos AS
SELECT
    t1.user_id, t1.brand_id, t1.buy_day
FROM (
    SELECT
        user_id,
```

```
        brand_id,
        visit_datetime as buy_day
    FROM tmall_user_brand
    WHERE visit_datetime > '0715'
    AND type=0
    GROUP BY user_id, brand_id, visit_datetime
)t1
JOIN
(SELECT * FROM tmall_ub_ifbuy WHERE visit_past > 0) t2
ON t1.user_id = t2.user_id
AND t1.brand_id = t2.brand_id
AND t2.user_id is not null;
```

这样，正样本结果记录数为 4718。另外，我们知道，在后面要把样本分成训练集和测试集，在结果中包含购买日期信息，在后面抽样时，可以按日期开窗口，这样保证训练集和测试集覆盖的数据在日期上比较均匀，可以覆盖到所有日期。

负样本进一步抽样，执行结果如下：

```
CREATE TABLE tmall_neg AS
SELECT brand_id, user_id
FROM(
    SELECT
    brand_id,user_id,
    cluster_sample(19,7) over(partition by 1) as flag
    FROM tmall_ub_ifbuy
    WHERE visit_past>0 and buy_final=0
)t1
WHERE t1.flag = true;
```

把正负样本划分成训练集和测试集，执行如下 SQL：

```
CREATE VIEW tmall_pos_view as
SELECT
    brand_id, user_id,
    cluster_sample(10,3) over (partition by buy_day) as f
FROM tmall_pos;
```

```
CREATE VIEW tmall_neg_view as
SELECT
    brand_id, user_id,
    cluster_sample(10,3) over (partition by 1) as f
FROM tmall_pos;
```

这里，cluster_sample(10,3) over (partition by buy_day) as f 表示按照购买日期 buy_day 开窗，每天的数据分成 10 份，f=true 的数据包含 3 份，f=false 的数据包含为 7 份。

最后，生成训练集，执行如下 SQL：

```
CREATE TABLE tmall_train_sample as
SELECT t2.*, t1.flag
FROM(
    SELECT user_id, brand_id, flag
    FROM(
        SELECT user_id, brand_id, 1 as flag FROM tmall_pos_view WHERE f = false
        UNION ALL
        SELECT user_id, brand_id, 0 as flag FROM tmall_neg_view WHERE f = false
    )t
)t1
JOIN tmall_train_features t2
ON t1.user_id = t2.user_id
AND t1.brand_id = t2.brand_id;
```

这里，SELECT user_id, brand_id, 1 as flag FROM tmall_pos_view WHERE f = false 表示从正样本中选取 f=false 的 7 份数据，1 as flag 表示把正样本标识（是否购买）置为 1。训练集中包含正负样本，所以把正负样本先通过 union all 合并，然后再和前面的训练特征集进行 JOIN，生成训练集。

同样，生成测试集的如下 SQL：

```
CREATE TABLE tmall_test_sample as
SELECT t2.*, t1.flag
FROM(
    SELECT user_id, brand_id, flag
    FROM(
        SELECT user_id, brand_id, 1 as flag FROM tmall_pos_view WHERE f = true
        union all
```

```
        SELECT user_id, brand_id, 0 as flag FROM tmall_neg_view WHERE f = true
    )t
  )t1
  JOIN tmall_train_features t2
  ON t1.user_id = t2.user_id
  AND t1.brand_id = t2.brand_id;
```

在表 tmall_features 中，我们共生成了 8 个特征，认为用户会购买哪些品牌是和这些特征关联的：其中 buy_cnt 表示用户偏好，cvr 表示品牌转化率，其余 6 个表示用户近期行为。

### 4.4.7　生成模型

如何基于这些特征来确定要购买的品牌呢？一般有两种方式，一是基于人工规则，通过分析挖掘数据，确定规则；二是基于机器学习，通过算法，训练模型并验证模型，最后基于一个较好的模型来预测。

这里，我们先介绍基于人工规则的方式，在第 9 章 "机器学习算法" 中，我们会介绍如何利用机器学习算法来实现。

基于特征确定用户是否会购买某个品牌这一问题，可以抽象成简单的数学表达：y=f(x)，其中 y 表示是否购买，x 表示特征向量。即使人工指定规则，也应该是基于训练集的分析获取的。对于以上特征，假设结合经验和分析，得出一个简单的规则如下：

（1）通过如下方式计算评分值

$$\left(\begin{array}{l} \left(\dfrac{2}{3} \times \log_{10}(\text{click\_d3}+1) + \dfrac{1}{7} \times \log_{10}(\text{click\_d7}+1)\right) \times 0.1 + \\[2mm] \left(\dfrac{2}{3} \times \log_{10}(\text{collect\_d3}+1) + \dfrac{1}{7} \times \log_{10}(\text{collect\_d7}+1)\right) \times 0.2 + \\[2mm] \left(\dfrac{2}{3} \times \log_{10}(\text{shopping\_cart\_d3}+1) + \dfrac{1}{7} \times \log_{10}(\text{shopping\_cart\_d7}+1)\right) \times 0.7 \end{array}\right) \times cvr^{1.5}$$

对于点击（click）、收藏（collect）和加入购物车（shopping_cart），三类自变量因子分别取权重 0.1、0.2 和 0.7，对最近 3 天和最近 7 天的统计，权重分别取值 2/3 和 1/7。基于前面提到的记忆衰减曲线，这里采取 $\log_{10}$ 的计算方式，这样在衰减趋势上比较吻合。为了使计数值为 0 时，通过 $\log_{10}$ 计算的结果也为 0，所以这里给每个计数值都加 1，即 $\log_{10}(0+1)=0$。

此外，要求品牌转化率 cvr 的值必须大于 0，且认为 cvr 比较重要，把前三类自变量的计算结果乘以 $cvr^{1.5}$ 作为最终的评分。

（2）取评分值大于 0 且排名前 5 个的 brand_id 作为推荐结果（即推荐的结果品牌数 ≤ 5）

显然，这个规则有些简陋。这里，我们不过多探讨模型本身应该考虑的方方面面，而是重点说明如何通过 SQL 实现各种分析。

## 4.4.8  验证模型

有了模型（即上面的人工规则）后，我们要依据模型，在测试集上预测用户会购买的品牌，执行如下 SQL：

```
CREATE TABLE tmall_test_sample_predict as
SELECT user_id, wm_concat(',', brand_id) as brand
FROM (
    SELECT user_id, brand_id, row_number() over (partition by user_id order by
score) as rank
    FROM (
      SELECT
        user_id, brand_id,
        sum( (2.0/3 * log(10,click_d3+1) + 1.0/7 * log(10,click_d7)) * 0.1 +
            (2.0/3 * log(10,collect_d3+1) + 1.0/7 * log(10,collect_d7)) * 0.2 +
            (2.0/3 *  log(10,shopping_cart_d3+1)  + 1.0/7*log(10,shopping_
cart_d7)) * 0.7 )
          * pow(cvr,1.5) as score
      FROM tmall_test_sample
      WHERE cvr > 0
      GROUP BY user_id, brand_id, cvr
    )t1
  )t2
  WHERE t2.rank <= 5
  GROUP BY user_id;
```

预测输出结果（前 10 条）如图 4-48 所示。

| user_id | brand |
|---|---|
| 10052000 | 22126,16754 |
| 10054250 | 19660 |
| 10064500 | 12220,22583,2683,8269 |
| 10069500 | 7868,8637 |
| 10095000 | 14261,3740 |
| 10229250 | 18805,8689 |
| 10234000 | 9111,10176,14020,24306,3740 |
| 10309250 | 10702,18730,24669,9340 |
| 10312750 | 28370,28985,3627,6154,7868 |
| 10322250 | 9111 |

图 4-48 预测结果示例

因为对于测试集，是否购买某个品牌是已知的，所以实际的推荐结果列表应该如下：

```
CREATE TABLE tmall_test_sample_real as
SELECT user_id, wm_concat(',', brand_id) as brand
FROM (
   SELECT distinct user_id, brand_id
   FROM tmall_test_sample
   WHERE flag = 1
) t1
GROUP BY user_id;
```

由于一个用户可能购买同一个品牌多次，所以用 distinct user_id, brand_id 去重，它表示（user_id, brand_id）组合唯一，wm_concat 函数聚合函数，必须和 GROUP BY 一起使用。

实际上，该查询可以进一步优化如下：

```
CREATE TABLE tmall_test_sample_real as
SELECT user_id, wm_concat(distinct ',', brand_id) as brand
FROM tmall_test_sample
WHERE flag = 1
GROUP BY user_id;
```

这个优化很精巧，优化后的查询可以少执行一次中间数据 Shuffle。

输出测试集中真实购买的结果（前 10 条）如图 4-49 所示。

现在，有了基于模型的预测结果以及实际结果，基于 4.4.1 节的计算公式，计算该模型的 Precison、Recall 和 F1-Score 分值，从公式可以推导出：

$$F1\text{-}Score = 2*P*R / (P+R) = 2*hits / (predict_cnt + real_cnt)$$

其中 hits 表示所有用户的预测品牌和交集品牌的交集个数的和，predict_cnt 表示所有用户的预测品牌数，real_cnt 表示真实购买的品牌数。

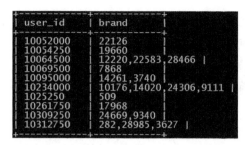

图 4-49 真实购买结果示例

因此，首先需要计算同一个用户的推荐列表和真实购买列表的重复个数。假设 user_id 值为 123 的用户，其预测的品牌列表是（1, 2, 4, 5, 7），实际购买的品牌列表是（4, 7, 10, 15），重复项是（4, 7），则该用户的 hits 值为 2，预测数为 5，真实购买数为 4。因此，这里的重点是，如何计算出每个用户的 hits 值呢？我们一起来分析一下。在这个例子中，对应的预测结果表的记录是：

| user_id | brand |
|---------|-------|
| 123 | 1,2,4,5,7 |

实际购买结果表的记录是：

| user_id | brand |
|---------|-------|
| 123 | 4,7,10,15 |

如果能够分别把前面给出的一条记录划分成多条，如下：

| user_id | brand |
|---------|-------|
| 123 | 1 |
| 123 | 2 |
| 123 | 4 |
| 123 | 5 |
| 123 | 7 |

和

| user_id | brand |
|---------|-------|
| 123 | 4 |
| 123 | 7 |
| 123 | 10 |
| 123 | 15 |

那么，我们就可以通过 user_id 和 brand 对转换后的表进行 JOIN，同一个 user_id 在结果中有多少条记录，就相当于该用户的 hits，最后再对所有的用户求和，结果即是公式中的 hits 值。而预测数和真实购买数则分别对转换后的表的记录数。

ODPS SQL 的内置函数 trans_array 可以将一行数据转换成多行，执行如下 SQL：

```
CREATE TABLE tmp_predict as
SELECT trans_array(1, ',', user_id, brand) as (user_id, brand_pre)
FROM tmall_test_sample_predict;


CREATE TABLE tmp_real as
SELECT trans_array(1, ',', user_id, brand) as (user_id, brand_real)
FROM tmall_test_sample_real;
```

在 trans_array(1, ',', user_id, brand) as (user_id, brand_pre) 表示把第一个字段 user_id 作为 key，字段 brand 列表拆分成多条记录输出，',' 表示对 brand 列表以逗号作为分隔符拆分。

现在，我们可以计算 hits、预测结果数和真实结果数，分别执行如下 SQL：

```
SELECT sum(cnt) as hits
FROM(
    SELECT count(*) as cnt
    FROM tmp_predict t1
    JOIN tmp_real t2
    on t1.user_id = t2.user_id and t1.brand_pre = t2.brand_real
    GROUP BY t1.user_id
)t3;


SELECT count(*) as predict FROM tmp_predict;


SELECT count(*) as real FROM tmp_real;
```

这样，就可以根据公式，计算 Precision、Recall 和 F1-Score 的值了。如果验证结果不理想，可以不断修改调整特征、样本以及算法。

## 4.4.9　预测结果

完成以上的步骤后，预测最终结果工作相对简单。在最后三个月的数据上生成特征集

tmall_predict_features（方法同 4.4.5 "生成特征" 一节中给出的生成 tmall_train_features 的方法一致），然后在该特征集上预测用户会购买的品牌（方法和 4.4.8 "验证模型" 一节中给出的生成 tmall_test_sample_predict 的方法一致），预测结果即最终结果。

### 4.4.10　进一步探讨

问题分析和思路会有很多，这里只是给出一种简单的解决方式。通过深入挖掘数据，很可能会发现很多其他有趣的特征，可以进一步改进特征集和数据集，在数据集上，比如过滤一些点击量很多却从不购买的 "爬虫用户"，有购买行为却没有点击行为这类数据的缺失值填充等等；从特征上，比如 "用户买 A 后会购买 B" 这种条件概率行为，或者 "用户买 A 后又买 A" 这种周期性购买行为。

此外，在最后的推荐结果中，这里只是简单设置上限值为 5。实际上，有些用户经常购买很多品牌，有些购买较少品牌，推荐结果个数可以和用户的购买情况相关。

从模型上，这里只是采用简单的人工规则，第 9 章会探讨如何通过机器学习模型实现预测。

## 4.5　小结

本章首先通过一些入门示例帮助读者了解 ODPS SQL，然后通过网站日志分析和天猫品牌推荐这两个真实的应用场景，展开说明如何应用 SQL 处理海量数据。在这个过程中，我们详细阐述了实践过程中涉及的功能和注意点，并分享了一些思考。

# 第5章
# SQL 进阶

在数据分析处理中，有时需要的一些功能通过 SQL 及其内置函数本身无法实现。比如在前面的 SQL 入门示例中，如何把用户的 IP 字段（如 192.91.189.6）转换成数字形式？如何从网站访问日志中的 UserAgent 中获取操作系统、设备类型等信息？如何对 URL 进行解码？

SQL 执行过程有些慢，如何优化？是否存在数据倾斜，如何分析？

本章将介绍 SQL UDF、实现原理和性能调优，在这个过程中你将找到问题的答案。

## 5.1 UDF 是什么

对于前两个问题，ODPS SQL 支持用户自定义函数（UDF）来扩展系统内置函数，实现特定功能。

具体来说，UDF 包含三种类型：

- UDF（User Defined Function）：用户自定义的值函数（Scalar Function），可以在 SQL 表达式中使用，处理一条记录的一个或多个字段，返回一个值，比如函数 tolower(val)，add(column1, column2)等。比如查找北京的人口数：

    SELECT population FROM t
    WHERE tolower(city) = 'beijing';

实际上，ODPS SQL 的内置函数如数学运算函数、字符串处理函数、日期函数都是值函数，只不过它们是内置的罢了。

- UDAF（User Defined Aggregation Function）：用户自定义聚合函数，处理多条记录的一个或多个字段，返回只包含一个字段的一条记录，即生成聚合结果，类似聚合函数 count(val)、sum(val)，比如查看《我是歌手》的每个歌手的比赛成绩平均排名值：

　　SELECT name, avg(rank) as rank FROM singers

　　GROUP BY name;

- UDTF（User Defined Table Function）：用户自定义表函数，对多条记录进行转换后再输出，输出记录数和输入记录数不需要一一对应。UDTF 是唯一可以返回多条记录的自定义函数。比如函数 explode，把一条记录转换成多条记录。举个例子，有一张卖家信息表 seller，它包含两个字段 seller_id 和 seller_info，其中 seller_info 中包含以逗号分隔的多项信息如年龄、性别、地址等，如果希望把信息展开成多条记录，可以通过 explode 实现如下：

　　SELECT seller_id, explode(seller_info) as info FROM seller;

　　此外，UDTF 还常常用于把一个字段分解成多个字段的场景。比如有个用户表，其 Address 字段包含 Country、Province、City、Street 等信息，可以通过 UDTF 把 Address 字段拆解成这些字段。

值得一提的是，只有 UDF 既可以用于 SELECT 查询子句中，也可以用于 WHERE 查询子句中，而 UDAF 和 UDTF 只能用于 SELECT 查询中。

从广义上说，UDF 是以上三种的统称。UDF 目前支持 Java 语言。5.2 节"入门示例"和 5.3 节"实际应用案例"将帮助大家熟悉如何实现和使用 UDF。

# 5.2　入门示例

在前面给出的 page_view 表中，定义其 ip 字段是 String 类型如"192.91.189.6"，假设有另一张表的 ip 是数字形式，需要关联查询，期望把 page_view 表的 String 类型的 ip 转换成数字形式便于后续关联，可以实现自定义函数 ip2num。下面我们按照实际步骤分别说明。

## 1. 代码实现

Java UDF 必须继承类 com.aliyun.odps.udf.UDF，在 SDK 的 lib 目录下的包 odps-sdk-udf-0.12.0.jar 中（SDK 可以从阿里云官网下载）。完整的代码清单如下：

```java
package example;
import com.aliyun.odps.udf.UDF;
```

```
public final class IP2num extends UDF{
  public Long evaluate(String ip) {
    long result = 0;
    String[] ipArray = ip.split("\\.");
    for(int i=3; i>=0; i--) {
      long n = Long.parseLong(ipArray[3-i]);
      result |= n << (i*8);
    }
    return result;
  }
}
```

自定义类必须实现 evaluate 方法，该方法的输入输出类型只支持四种：String、Long、Double 和 Boolean，注意是对象，不是基本数据类型，它们分别对应 ODPS 的 String、Bigint、Double 和 Boolean 四种数据类型。比如这里把字符串转换成数值，输入类型为 String，输出为 Long（注意，不是 long，否则会报错 "but no valid method"）。

evaluate 函数实现把 String 类型的 ip 转换成 Long 形式。

## 2. 代码测试

下面是为 IP2num 类实现的一段简单的测试代码：

```
package example;
import example.IP2num;

public class Test {
  static IP2num t = new IP2num();
  public static void main(String[] args) {
    String s = "192.168.7.2";
    System.out.println(t.evaluate(s));
  }
}
```

运行它，会输出转换结果。如果是自动化测试，应该是判断转换后的值和预期值一致。ODPS Eclipse 插件提供了更好的调试方式（在第 10 章将会介绍）。

测试 OK 后，需要生成 JAR 包，可以通过 Eclipse 的 Export->JAR File 打包，也可以通过 Ant 生成，具体不赘述，最后生成结果 JAR 包 udf_ip2num.jar。

### 3. 上传

在使用前，需要先把 JAR 包作为资源上传到 Project 中，在 clt 中执行命令如下：

```
odps:odps_book> CREATE RESOURCE jar /home/admin/book2/udf/udf_ip2num.jar -f;
OK
```

创建资源关键字是 CREATE RESOURCE。资源文件有三种形式：JAR、TABLE 和 FILE。-f 表示如果资源已存在则覆盖。

### 4. 创建函数

执行命令如下：

```
odps:odps_book> create function ip2num example.IP2num udf_ip2num.jar;
OK
```

创建函数关键字是 create function，第一个 ip2num 表示 udf 的函数名称，后面 SQL 在引用该函数时即使用该名称；example.IP2num 表示全路径形式的类名，udf_ip2num.jar 表示该类所在的资源。

如果函数已存在，则会报错，可以执行 drop function ip2num；先删除后再创建。

### 5. 在 SQL 中使用自定义函数

现在，这个自定义函数 ip2num 就可以像 SQL 内置函数一样使用了，如下：

```
SELECT user_id, ip2num(ip) AS ip FROM page_view;
```

这就是从实现 UDF 到使用 UDF 的整个过程，其实并不难。

值得一提的是，在 ODPS 中，自定义函数一旦创建完成后，会保存在 ODPS 中，可以一直使用，不需要每次使用前都创建。

## 5.3 实际应用案例

### 5.3.1 URL 解码

在搜索查询时，通常会对 URL 进行 URL 编码（Encode），比如搜索"爱飞翔的猪"，该查询串在 URL 中被编码成"%E7%88%B1%E9%A3%9E%E7%BF%94%E7%9A%84%E7%8C%AA",
假设表的日志中都是保存 Encoded 的字符串,我们希望实现一个函数进行解码(Decode),
便于后续的查询分析。通过 UDF 实现如下:

```java
package example;
import java.io.UnsupportedEncodingException;
import java.net.URLDecoder;
import com.aliyun.odps.udf.UDF;

public final class URLDecode extends UDF{
  public String evaluate(String url) throws UnsupportedEncodingException {
    if(url == null || url.isEmpty()) {
      return "";
    }
    return urlDecoder.decode(url, "UTF-8");
  }
}
```

生成 JAR 包 urldecode.jar 后,执行如下命令创建函数并测试:

```
create resource jar /home/admin/odps_book/udf/src/urldecode.jar;
create function urldecode example.URLDecode urldecode.jar;
select urldecode("%E7%88%B1%E9%A3%9E%E7%BF%94%E7%9A%84%E7%8C%AA") as url from
dual LIMIT 1;
```

输出结果如图 5-1 所示。

图 5-1　搜索结果

## 5.3.2　简单的 LBS 应用

基于位置的服务 LBS(Location Based Services)已经成为无线互联网的核心领域之一。
在无线场景下,地理信息是最核心的数据之一,对带有地理信息的海量数据进行分析成为
大数据应用的一大方面。在地理位置数据分析中,经常需要对经纬度表示的地理位置计算

距离等，SQL 没有提供这方面的内置函数，可以通过实现一些 UDF 来完成相应的功能。

场景说明：天猫商家有大量的用户，要预测某个用户是否会去实体店消费，距离是首要因素。假设有一张这样的用户表 user_id，包含如下数据：

| user_id | lat（维度） | lng（经度） |
|---|---|---|
| 1 | 25.7240 | 119.3814 |
| 2 | 41.7717 | 123.4244 |

这个问题可以抽象成通过经纬度计算球面上两点间的距离（定义为经过这两点的大圆的劣弧的长度），了解了距离计算公式（参考 Google Maps 的两点计算）后，代码实现如下：

```java
public final class GeoDist extends UDF{

  private static final double EARTH_RADIUS = 6378.137;

  public Double evaluate(Double lat1, Double lng1, Double lat2, Double lng2)
throws UDFException {
    if(lat1 == null || lng1 == null || lat2 == null || lng2 == null) {
      throw new UDFException("some param is NULL");
    }
    double s = 0 ;

    double radlat1 = radian(lat1);

    double ratlat2 = radian(lat2);
    double a = radian(lat1) - radian(lat2);
    double b = radian(lng1) - radian(lng2);

    s = 2 * Math.asin(Math.sqrt(Math.pow(Math.sin(a/2),2)
      + Math.cos(radlat1)*Math.cos(ratlat2)*Math.pow(Math.sin(b/2), 2)));
    s = s * EARTH_RADIUS;
    s = Math.round(s*1000); //m

    return s;
  }

  private static double radian(double d){
```

```
    return (d*Math.PI)/180.00;
  }
}
```

从上面的计算可以看出，通过经纬度计算距离属于 CPU 密集型运算。当数据很多时，运算成本非常高。实际上，以经纬度编码的地理位置信息常常会通过 GeoHash（http://en.wikipedia.org/wiki/Geohash，在 8.3 节将会探讨更多）实现降维，把二维空间的经纬度转换成类一维空间的字符串形式，经常用于实现周边查询。把经纬度转换成 GeoHash 编码是 LBS 应用上常用的 UDF 函数，代码实现如下：

```
public final class GeoEncode extends UDF{
  public String evaluate(Double latitude, Double longitude) {
    return new GeoHash().encode(latitude, longitude);
  }
}
```

其中 GeoHash 类根据 GeoHash 算法实现了对经纬度的编码和解码，具体代码实现请从本书在线代码获取。在第 8 章 "MapReduce 进阶" 一章，我们将更深入探讨如何在 MapReduce 中利用 GeoHash 快速实现周边查询。

下面，简单运行一下，测试以上两个 UDF。

```
create resource jar /home/admin/odps_book/udf/udf_geo.jar -f;
create function geo_encode example.GeoEncode udf_geo.jar;
create function geo_dist example.GeoDist udf_geo.jar;

SELECT geo_dist(40.21249, 116.23696, 39.9213, 116.4590) as distance
FROM dual LIMIT 1;

SELECT geo_encode(lat,lng) as geohash
FROM (
    SELECT 40.21249 as lat, 116.23696 as lng
    FROM dual LIMIT 1
) t1;
```

这里，再强调一遍，UDF 的 evaluate 函数的输入输出不能是原生（primitive）数据类型，如 long、double，而应该写成 Long，Double 这样。比如上面的 GeoEncode，如果 evaluate 函数写成

```
public String evaluate(double latitude, double longitude)
```

在运行时，会报如下函数非法的错误：

```
ERROR: ODPS-0130121:Invalid argument type - line 1:7 'lng': in function class
example.GeoEncode argument type (double, double) found, but no valid method
```

## 5.3.3 网站访问日志 UserAgent 解析

在之前的网站日志分析示例中，通过 UserAgent 可以识别访问者的浏览器和设备相关的信息，可以通过它判断网站主流用户使用的设备和浏览器，从而调整页面展现方式；还可以识别网络蜘蛛等。这里，我们希望基于日志数据的 UserAgent 信息，抽取出一张维度表 dim_user_agent，包括浏览器信息、设备类型、操作系统等信息。举个例子，一条典型的 UserAgent 字符串数据如下：

```
Mozilla/5.0 (Linux; Android 4.4.2; Nexus 4 Build/KOT49H) AppleWebKit/537.36
(KHTML, like Gecko) Version/4.0 Chrome/30.0.0.0 Mobile Safari/537.36
```

可以识别出如下信息：

操作系统：Android；

设备类型：Mobile；

浏览器类型：Chrome；

浏览器引擎：Webkit。

如果有操作系统和浏览器的开发商数据，还可以识别出

操作系统开发商：Google；

浏览器开发商：Google。

简而言之，希望通过解析 agent 字段，生成结果表如下：

```
CREATE TABLE IF NOT EXISTS dim_user_agent(
    agent_id STRING COMMENT 'unique user agent id',
    os STRING,
    os_manufacturer STRING,
    os_device_type STRING,
    os_device_mobile boolean,
    browser STRING,
    browser_manufacturer STRING,
    browser_engine STRING
);
```

其中 agent_id 唯一标识该条 agent 记录，其值依赖于其他字段。

UserAgent 解析比较复杂，幸运的是，开源工具 UserAgentUtils 帮我们解决了这个问题（http://code.google.com/p/user-agent-utils/）。

在这个例子中，需要把一个 ODPS 字段（user_agent）分解成如下多个字段（os、os.manufacturer、os.device.type、os.device.mobile、browser、browser.manufacturer、browser.engine），可以通过 UDTF 来实现，完整的 UserAgentParser.java 的代码如下：

```java
package example;

import java.util.ArrayList;
import java.util.List;

import nl.bitwalker.useragentutils.UserAgent;

import com.aliyun.odps.udf.UDFException;
import com.aliyun.odps.udf.UDTF;
import com.aliyun.odps.udf.annotation.Resolve;

/*
 * useragent: os, os.manufacturer, os.device.type, os.device.mobile,
 *            browser, browser.manufacturer, browser.engine
 */
@Resolve({"string->string,string,string,string,string,string,string"})
public class UserAgentParser extends UDTF {

  @Override
  public void process(Object[] args) {
    if(args.length == 0) return;
    String agent = (String) args[0];

    List<String> result = new ArrayList<String>();
    UserAgent ua = UserAgent.parseUserAgentString(agent);

    // os, os.manufacturer, os.device.type, os.device.mobile
    result.add(ua.getOperatingSystem().toString());
```

```
    result.add(ua.getOperatingSystem().getManufacturer().getName());
    result.add(ua.getOperatingSystem().getDeviceType().getName());
    result.add(String.valueOf(ua.getOperatingSystem().isMobileDevice()));
//true/false


    //browser, browser.manufacturer, browser.engine
    result.add(ua.getBrowser().toString());
    result.add(ua.getBrowser().getManufacturer().getName());
    result.add(ua.getBrowser().getRenderingEngine().toString());


    try {
      forward(result.toArray());
    } catch (UDFException e) {
      e.printStackTrace();
    }
  }
}
```

说明一下，在上面的代码实现中，@Resolve({"string->string,string,string,string,string,string,string"})

表示输入是一个 String 类型的字段，输出是 7 个 String 类型的字段，注意箭头前后不能有空格，否则不会正常解析而会报错。首先初始化一个 UserAgent，把解析结果放到数组列表 result 中（顺序需要严格和输出的字段顺序一致），最后通过 forward( Object[] )函数输出结果。

从前面的入门示例可知，代码实现后需要打包上传作为 ODPS 资源才可用。该程序依赖了第三方 JAR 包 UserAgentUtils-1.2.4.jar，因此在打包时需要包含第三方 JAR 包，否则程序运行时会报找不到第三方类（ClassNotFound）的错误。通过 maven 可以很容易实现第三方 JAR 包管理，这里不多说明。如果使用 Ant，则在 build.xml 文件中添加<zipgroupfileset>标签，如下所示：

```
<target name="jar" depends="compile">
    <jar destfile="${build.dir}/${prj.name}-${version}.jar" basedir="${classes.dir}">
        <zipgroupfileset dir="lib" includes="*.jar" />
        <manifest>
            <attribute name="Main-Class" value="example.userAgentParser"/>
```

```
        </manifest>
      </jar>
  </target>
```

lib 目录下包含依赖的第三方 JAR 包，这样运行 Ant 后就可以把它们全部打包到结果
JAR 包中。

然后在 CLI 中运行如下命令：

```
create resource jar /home/admin/book2/udf/src/open_udf_example/build/uaparser-0.1.
jar useragent.jar -f;


drop function parse_ua;
create function parse_ua example.UserAgentParser useragent.jar;
```

在创建资源时，可以通过-f 选项覆盖已有资源；但创建函数没有-f 选项，如果函数已
存在，应该通过 drop function 命令先删除。

先简单测试一下（还记得前面提到的 SQL 调试技巧吗？），执行如下 SQL：

```
SELECT parse_ua("Mozilla/5.0 (Linux; Android 4.4.2; Nexus 4 Build/KOT49H)
AppleWebKit/537.36 (KHTML, like Gecko) Version/4.0 Chrome/30.0.0.0 Mobile
Safari/537.36") as (os, os_manufacturer, os_device_type, os_device_mobile,
browser, browser_manufacturer, browser_engine)
  FROM dual;
```

执行结果如图 5-2 所示。

图 5-2　测试结果

现在，如何生成唯一标识 agent_id 字段呢？

一种方式是类似 4.3.2 "维度表" 一节中所介绍的那样，通过 md5(concat(…))的方式来
生成，这就需要先执行自定义函数 parse_ua，生成 os 和 browser 相关的各个字段，把它作
为子查询，在外层查询生成 agent_id 并获取其他字段。

另一种方式是在前面的 UDTF 中，可以多输出一个字段，把解析出来的 agent 各个字段
连接并求 MD5，Apache 的 commons-codec 包（http://commons.apache.org/proper/commons-
codec/ ）中提供的工具 DigestUtils 实现了 md5 签名，因而可以在之前的 UserAgentParser.java

中添加如下代码：

```
// md5 of all info, uniquely identify this info(record)
String info = "";
for(String part: result) {
  info += part;
}
result.add(DigestUtils.md5Hex(info));
```

当然，@Resolve 标识的输出也需要添加一个 String 字段。

相比之下，第二种方式只需要读取一次数据，效率更高。

和维度表 dim_ip_area 一样，表 dim_user_agent 也是非分区表，需要每天解析日志生成的"新的" UserAgent 记录插入到维度表中。可以通过 UDTF 解析数据生成一张新表，然后通过 FULL OUTER JOIN 和原表合并，并 INSERT OVERWRITE 到结果表中。完整的 SQL 语句如下：

```
INSERT OVERWRITE TABLE dim_user_agent
SELECT
    t2.agent_id,
    t2.os,
    t2.os_manufacturer,
    t2.os_device_type,
    t2.os_device_mobile,
    t2.browser,
    t2.browser_manufacturer,
    t2.browser_engine
FROM (
    SELECT
        info_hash as agent_id,
        os,
        os_manufacturer,
        os_device_type,
        case when os_device_mobile = 'true' then TRUE else FALSE end as
os_device_mobile,
        browser,
        browser_manufacturer,
        browser_engine
```

```
       FROM(
           SELECT parse_ua(agent) as (
               os,
               os_manufacturer,
               os_device_type,
               os_device_mobile,
               browser,
               browser_manufacturer,
               browser_engine,
               info_hash)
           FROM dw_log_detail
       )t1
       GROUP BY info_hash,
           os,
           os_manufacturer,
           os_device_type,
           os_device_mobile,
           browser,
           browser_manufacturer,
           browser_engine
   )t2
   FULL OUTER JOIN dim_user_agent dim
   ON t2.agent_id = dim.agent_id;
```

    UDTF SDK 除了示例中的 process 方法外，还提供了 setup 方法和 close 方法，运行的作业实例在开始会先执行一次 setup，最后执行 close。process 方法则是每条记录调用一次。因此，在某些情况下，一些初始化操作可以放在 setup 函数中。

    ODPS SQL 目前只开放 UDF 和 UDTF。实际上，可以通过 UDTF+SORT BY 功能实现 UDAF 的功能，即在子查询中通过 SORT BY 实现局部有序（即每个 Worker 接收到的数据有序），在外层实现一个 UDTF，如下：初始化全局变量 lastkey 和 map，保存记录的上一条 key（唯一）和处理结果，process 中先判断当前记录的 key 是否和 lastkey 相同，如果不相同，则输出；否则处理结果更新 map。最后在 close 中输出最后一个 key 的 map 结果。这样就实现了相同 key 的聚合计算（实质上是窗口函数）。

    从这些例子可以看出，UDF 是 SQL 中相对高级的功能，需要 Java 开发，比 SQL 稍难一些。在实际应用开发中，SQL 调优是相对较难的环节，而了解 SQL 实现原理是调优的基础。下面我们将一起来深入探讨 SQL 实现原理，并实践几个调优案例。

## 5.4 SQL 实现原理

调优是个经典、永恒的话题，它需要非常细致深入地分析，而坚实的理论背景和技术基础更是前提。有了丰富的 ODPS SQL 开发经验后，调优这一课题也将不可避免地摆在你的面前。

SQL 作为一种声明性语言，使用简单，即使不会编程也很容易上手。在很多情况下，用户不需要了解 SQL 内部的工作原理，可以专注于分析自己的业务逻辑。尽管如此，了解背后的实现原理可以帮助我们写出更高效的 SQL，也为后面的调优奠定理论基础。

ODPS SQL 内部的查询解析、优化和执行过程比较复杂，主要包括两大阶段：编译和语义分析。在编译阶段，是把输入的"字符集"（SQL 语句）转变成描述这个字符串的"结构体"（即抽象语法树 Abstract Syntax Tree，AST）；在语义分析阶段，其输入是 AST，输出是执行计划（物理算子 DAG 图），最终运行在底层分布式系统上。整体过程大致如图 5-3 所示，这个过程比较抽象，下面一起来详细解读它。

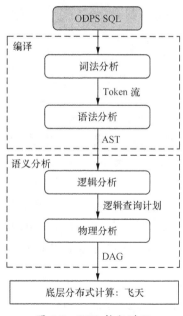

图 5-3 SQL 执行过程

## 5.4.1 词法分析

词法分析器是一个确定有限状态自动机（DFA，Deterministic Finite Automaton）[①]，它会按照定义好的词法，把输入的字符集转换成一个个"Token"，如下：

| | | |
|---|---|---|
| abc | => | Identifier（标识符） |
| 'abc' | => | StringLiteral（字符串） |
| 123 | => | Number（数字） |
| SELECT | => | KeyWord（关键字） |

当我们输入如下 SQL：

```
SELECT id+100 FROM dual;
```

经过词法分析后，会输出一个 Token 流，如下所示：

```
(KeyWord:SELECT)(Identifier:id)(KeyWord:+)(Number:100)(KeyWord:FROM)(Identif
ier:dual)
```

## 5.4.2 语法分析

语法分析会对输入 Token 流做前置检查，判断是否符合语法逻辑。比如下面这个 SQL 语句没有给出目标表：

```
INSERT OVERWRITE table;
```

语法分析器会报错：

```
ERROR: ODPS-0130161:Parse exception - line 1:17 mismatched input '<EOF>'
expecting Identifier near 'table' in table name
```

语法检查通过后，语法分析器会构造生成一棵抽象语法树 AST，以树形结构表示 Token 流，树上的每个节点都是一个 Token，通过树结构表示语法，比如前面的 Token 流生成的 AST 类似图 5-4 所示的形式：

编译过程实质非常复杂，通过开源工具 Antlr（http://www.antlr.org/），这个过程变得相对简单了：只需要构造语法文件，以 EBNF 形式描述（ http://baike.baidu.com/view/1237915.htm），EBNF 是一种普遍采用的定义编程语言的语法规则，Antlr 就可以通过语法文件构造 AST。

---

① 在计算理论中，DFA 是一个能实现状态转移的自动机。可以参考 http://zh.wikipedia.org/wiki/确定有限状态自动机。

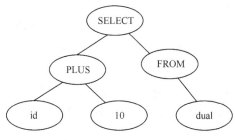

图 5-4　抽象语法树 AST

### 5.4.3　逻辑分析

逻辑分析，顾名思义，是指分析 SQL 要做什么，执行哪些操作。SQL 语句基本可以分解成如下操作：

⑦ SELECT　⑧DISTINCT < select list >

① FROM < left table>

③ <join_type> JOIN <right_table>

② ON <join_condition>

④ WHERE < condition >

⑤ GROUP BY < group by list >

⑥ HAVING < having condition >

⑨ ORDER BY < order by list >

⑩ LIMIT <number>

前面的序号表示执行顺序，有些子句是可选的，如 WHERE 子句，没有出现的子句在执行时会跳过。你应该已经发现，写在最前面的并非最先执行，这是因为 SQL 语句在设计上是为了使用户写起来更自然。

根据以上的基本操作，可以抽象出一些逻辑算子（Logical Operator），这些算子的功能是单一的、不可再分的单元，包括如下：

| | | |
|---|---|---|
| TableScanOperator(TS) | => | FROM 操作 |
| FilterOperator(FIL) | => | WHERE, HAVING 操作 |
| GBYOperator(GBY) | => | GROUPBY，DISTINCT 操作 |
| SelectOperator(SEL) | => | Select 操作 |
| OrderByOperator(ORDER) | => | ORDER BY，LIMIT 操作 |

JoinOperator(JOIN)　　　　=>　JOIN 操作

UnionAllOperator(UNION)　　=>　UNION，UNION ALL 操作

可以看出，每个算子描述了 SQL 的一种操作。实质上，一个逻辑查询计划就是由这些算子组成的一个有向无环图（DAG），它描述了数据流的方向。其中最后两个算子（JoinOperator 和 UnionAllOperator）是在多表操作下，对多个数据集进行关联。算子的中间结果输入和输出数据集称为虚表（Virtual Table，也称 vtable 或 VT）。虚表对用户是透明的，它是内部计算的中间结果，是连接两个算子的桥梁，如图 5-5 所示。

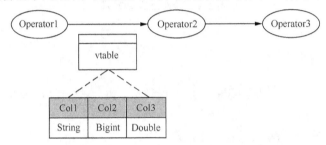

图 5-5　虚表

逻辑分析基本上是纯代数的分析过程，它和底层的分布式环境无关，下面将重点介绍其中几点：表达式分析、逻辑查询计划、子查询和逻辑优化。

## 1. 表达式分析

在 SQL 中，很多子句都可以带表达式，比如之前示例中的 SQL 查询：

```
SELECT user_id, brand_id,
    sum( (2.0/3 * log(10,click_d3+1) + 1.0/7 * log(10,click_d7)) * 0.1 +
        (2.0/3 * log(10,collect_d3+1) + 1.0/7 * log(10,collect_d7)) * 0.2 +
        (2.0/3 * log(10,shopping_cart_d3+1) + 1.0/7*log(10,shopping_cart_d7)) * 0.7 )
    * pow(cvr,1.5) as score
FROM tmall_test_sample
WHERE cvr > 0
GROUP BY user_id, brand_id, cvr;
```

其中 SELECT 子句和 WHERE 子句都带有表达式。表达式的解析和计算贯穿 SQL 解析的整个过程，它主要包括以下几个方面：

1）类型推导

在表达式分析时，对于用户输入的常量，会通过类型推导识别 SQL 中的常量类型，规则比较简单，如：

```
100 --> BIGINT
100.1-->DOUBLE
'HELLO'-->STRING
TRUE-->BOOLEAN
```

2）隐式类型转换

对于类型不匹配问题，即当调用一个函数时，如果输入参数类型和函数签名（即函数指定的参数类型）不一致时，会尝试对输入的参数做隐式类型转换。如果转换不成功，则会抛出异常。常见的隐式类型转换如函数 fun(Double, Double)，当调用时，输入参数 c1 Bigint，c2 Double 时，会进行隐式类型转换成 fun(double(c1), c2)。同样，如 1+0.5 会转换成 double(1)+0.5，即先将整数 1 转成浮点型，再运算。

3）布尔表达式分析

布尔表达式分析是为了便于后续的 SQL 优化，如后面会谈到的 JOIN 时的谓词（条件）下推、分区裁剪优化，都是基于布尔表达式的分析结果。布尔表达式分析是基于布尔代数，把用户输入的布尔表达式变换成"最简合取范式（Minimal CNF, Conjunctive Normal Form）"（http://en.wikipedia.org/wiki/Clausal_normal_form），即把 and、or 组成的布尔表达式统一变换为由 and 连接的最简形式，比如

```
(t1.a>10 AND t2.b<100) OR t3.c>10
```

会变换成：

```
(t1.a>10 OR t3.c>10) AND (t2.b<100 OR t3.c>10)
```

这个过程是依赖现有的算法来实现，包括两个步骤：一是通过 Quine McCluskey 算法（http://en.wikipedia.org/wiki/Quine-McCluskey）对输入的布尔表达式生成合取范式（CNF）；二是通过 Petrick's method 算法(http://en.wikipedia.org/wiki/Petrick%27s_method) 对第一步生成的 CNF 计算最简合取范式。

4）CASE WHEN 表达式分析

CASE WHEN 表达式比较特殊，它本身是个值函数（Scalar Function），但包含逻辑判断，且返回值不固定，而且可以嵌套使用。在语法上，主要有两种形式：普通 CASE 函数和 CASE 搜索函数，如下：

（1）CASE < expr >
       WHEN < value > THEN < expr >
       WHEN < value > THEN < expr >
       …
    ELSE < expr >

（2） CASE WHEN < expr > THEN < expr >

      WHEN < expr > THEN < expr >

      …

    ELSE < expr >

在计算机中如何优雅地表示 CASE WHEN 呢？这里，我们把 CASE WHEN 抽象成一个三元组的值函数：

```
casewhen(condition, value1, value2)
```

参数 condition 是 case when 子句的条件，value1 表示 THEN 的返回值，value2 表示 ELSE 的返回值。比如下面这个 CASE WHEN 表达式：

```
CASE
    WHEN a>10 THEN
     (CASE WHEN b>10 THEN 10
      ELSE NULL)
    ELSE 0
```

可以按约定的三元组表示成一棵树，如图 5-6 所示。

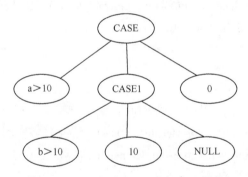

图 5-6　CASE WHEN 三元组表示形式

## 2. 逻辑查询计划

在上面的基础上，生成逻辑查询计划就变得相对简单了：按照 SQL 语句的执行顺序遍历 AST 树，根据操作类型生成相应的算子，对 SQL 语句中的表达式完成表达式分析，可谓是兵来将挡水来土掩。举个例子：

```
INSERT OVERWRITE TABLE result
SELECT sum(a+b), c
FROM src
GROUP BY c;
```

生成查询计划如图 5-7 所示。

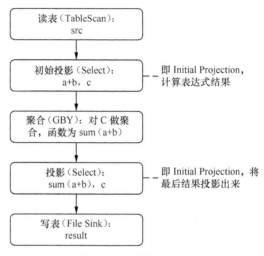

图 5-7 查询计划示例

需要注意的是，在聚合函数里的值函数、Group By 列表中的值函数，需要在聚合操作以前就计算完成，否则无法执行聚合操作，因此就有了初始投影，其本质上是个 SelectOperator，用于计算一下聚合需要用到的表达式。

SQL 语法本身就是一个递归的结构，支持在 FROM 之后写一个子查询，比如：

```
SELECT sum(cnt) as hits
FROM(
    SELECT count(*) as cnt
    FROM t1
    JOIN t2
    ON t1.user_id = t2.user_id
    GROUP BY t1.user_id
)t3;
```

对于包含子查询的 SQL 语句，只需要先生成子查询的逻辑查询计划，将子查询的结果虚表作为父查询的输入即可，其他逻辑上都是一致的。该查询计划结果如图 5-8 所示。

### 3. 逻辑优化

生成逻辑查询计划后，ODPS SQL 会先对查询计划做一次优化，避免冗余计算，主要包括以下 3 个方面：

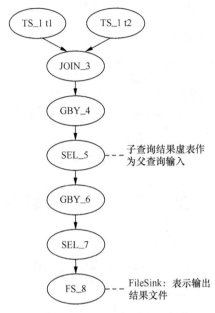

图 5-8　包含子查询的查询计划示例

- 常量表达式的计算

举个例子:

```
SELECT id, 1+2 as sum FROM dual;
```

"1+2" 就是一个常量表达式, 此时, 我们可以将 1+2 的结果先计算出来, 将结果放入查询计划, 避免在执行时, 对每一条记录都去重复计算这个固定结果的表达式。

- 列裁剪

在生成查询计划时, 默认会把全表中所有列都读取出来, 但实际上用户可能只需要其中的某几列做计算, 其他列就变成冗余数据, 耗时耗力读取出来却没有用。在这种情况下, 通过列裁剪优化就可以把不必要的列裁剪掉。

- 谓词下推 ( Predict Push Down )

对于 JOIN 操作, 一种常见的情况是在 JOIN 之后, 还会做一些 WHERE 运算, 此时就要从代数逻辑上分析, WHERE 中谓词 ( 计算条件 ) 是否可以被提前到 JOIN 之前运算, 从而减少 JOIN 运算的数据量, 提升效率。比如对于下面这个查询:

```
SELECT * FROM t1
JOIN t2
ON t1.id = t2.id
```

```
WHERE t1.age>10 AND t2.age>5;
```
一图胜千言，谓词下推的转换如图 5-9 所示。

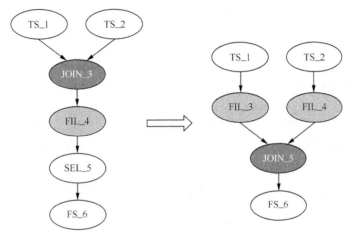

图 5-9 谓词下推

左边是优化前的查询计划，在 FIL_4 中计算了 t1.age>10 AND t2.age>5 这个表达式，右边是优化后的查询计划，将 t1.age>10 放入了 FIL_3 并且将计算提前到 JOIN 之前，将 t2.age>5 放入了 FIL_4 中并同样将计算提前，同时将原有的 FIL_4 计算删除，以此来达到减少 JOIN 输入数据量的目的。

下面再看个更复杂一些的例子，比如下面两个 SQL：

```
SELECT*
FROM a
LEFT OUTER JOIN b ON a.id = b.id
LEFT OUTET JOIN c ON b.id = c.id
WHERE c.age > 10;


SELECT *
FROM a
INNER JOIN b ON a.id = b.id
INNER JOIN
(SELECT * FROM c WHERE age > 10)ASd
ON b.id = d.id;
```

这两个 SQL 实际上是等价的，通过谓词下推，第一个 SQL 可以优化成第二个 SQL（该特性暂未上线），对于一些大表连接，该优化效果会非常明显。有兴趣的读者自己深入分析一下，可能会有很多收获。

至此，逻辑分析就结束了，逻辑查询计划和逻辑优化在所有的 SQL 系统中都差不多，下面来讲讲与底层分布式系统相关的物理分析。

## 5.4.4　物理分析

物理分析要生成物理查询计划和物理优化，由于它和底层分布式系统密切相关，为了避免过于复杂，这里不深入探讨。ODPS 的底层是"飞天"[①]，飞天是阿里云自主研发的分布式存储和计算系统，它提供了一种类 MapReduce 编程框架，通过 DAG（有向无环图）来表示执行的作业流。每个作业都可以通过 DAG 来表示，如图 5-10 所示。

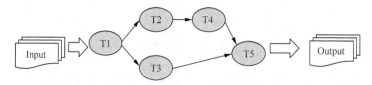

图 5-10　飞天的作业流 DAG 图

从输入到输出之间经过了一些步骤（也称任务 Stage，T1～T5），箭头表示数据流，第一个 Stage 读取源数据，最后一个 Stage 把结果写到目标目录。

和逻辑分析类似，为了生成 DAG，也抽象出一些物理算子，主要包括：

- ReduceSink：也称 Shuffle-Sort（7.1 节 "MapReduce 编程模型" 有较深入说明），在分布式系统上，数据是分散在不同的节点（Worker，机器）上，要实现如 GROUP BY 的操作，就需要把所有相同的 key 放到同一个节点，ReduceSink 就是实现对数据的重新分区和排序，相同 key 的数据都会输出到同一个节点。
- MergeJoin：是最常见的 JOIN 算子，它往往要求输入数据的虚表按照 JOIN 的 Key 分区且有序，所以 MergeJoin 一般在 Shuffle-Sort 之后。
- MapJoin：即 Map side JOIN，是指在 Map 阶段完成 JOIN 运算，它是一种非常常见的 JOIN 优化。用户在执行 JOIN 操作时，如果有一张表数据很小，另一张表数据很大，使用 MapJoin 连接时，MapJoin 算子就会把小表加载到所有 Worker 的内存中，这样大表就可以本地执行和小表的 JOIN 操作，减少一次 Shuffle-Sort，提升执行效率。

---

① 可以通过《飞天开放平台编程指南》一书了解更多。

### 1. 物理查询计划

物理分析的输入是逻辑查询计划，它会按照拓扑序遍历输入的逻辑查询计划上的每个逻辑算子，生成物理算子。如果下一个阶段（物理算子）需要对其虚表（输入数据）重新分区排序时，就会在其之前加入一个 ReduceSink 算子操作。

### 2. 物理优化

生成物理查询计划后，会执行物理优化，它和底层分布式系统密切相关。其主要目标是减少读取的数据量，减少 Shuffle-Sort 网络传输和落地，从而提高执行效率。

- 分区裁剪

  这个比较容易理解，很多数据表是有分区的，通过分析 WHERE 子句，如果有分区字段的查询条件可以只读取部分分区的数据。值得一提的是，分区裁剪是指裁剪读取的源表数据，当 WHERE 条件是在 OUTET JOIN 中，由于不能执行谓词下推，分区裁剪不适用。

- 减少 Shuffle-Sort

  减少物理 I/O（包括磁盘、网络）是分布式系统最重要的优化，没有之一。网络 I/O 优化主要是减少 Shuffle，磁盘优化主要是减少外排（Sort）。当一个算子（如 Group By 操作）要求输入虚表按某个字段分区排序，一般需要执行一次 Shuffle-Sort 操作，而当分析虚表发现已经满足条件时，就会消除该算子，从而减少数据的网络传输和落地。

### 3. 生成飞天的 DAG

最后适配成飞天的 DAG 编程模型，运行在飞天分布式计算环境上。

## 5.5 SQL 调优

### 5.5.1 数据倾斜

数据倾斜是指在作业运行过程中，某个 instance 需要处理的数据远远高于其他

instance，成为作业运行的瓶颈。数据倾斜问题导致无法充分利用分布式系统的并发处理能力，它是 SQL 调优中最常见的一个问题。一般建议用户要了解数据情况，尽量从业务避免。

比如对于下面两个 SQL 查询。

```
SELECT month, count(user_id) as cnt
FROM t1
GROUP BY month;

SELECT month, count(distinct user_id) as cnt
FROM t1
GROUP BY month;
```

第一个查询是计算每个月的购买总次数，第二个 SQL 查询计算每个月的购买人数，当某个月的数据远远超出其他月份时（比如"双十一"大促），第一个查询不会有数据倾斜问题，而第二个查询很可能会出现数据倾斜。为什么 count(distinct)会容易发生数据倾斜呢？下面一起来分析一下这两个 SQL 的内部执行原理。下图通过相同的输入数据（其中 M1,1 分别表示 month 和 user_id 的值），分别展示了两个 SQL 不同的执行过程：

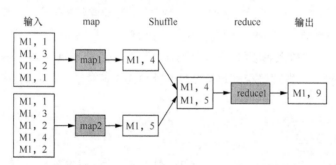

图 5-11　第一个 SQL 执行过程

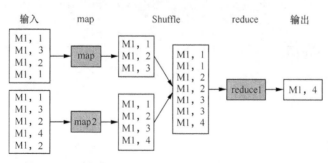

图 5-12　第二个 SQL 执行过程

如图 5-11 所示，在第一个 SQL 中，对每一个 Mapper 的输入数据，会执行 count 计算，对同一个 month 统计记录数，比如第一个 map 读到 month 为 M1 的记录有 4 条，则输出一条 M1,4。因此，在这个 SQL 中，每个 map 输出的记录数和其读取的月份数一致，输出的记录数很少。也就是说，输入数据在 map 层汇总处理后，输出到 Reducer 的数据量已经变得很小。即使 11 月份的数据量很大，假设有 M 个 map 处理，该月份也只会输出 M 条数据到 Reducer。

如图 5-12 所示，在第二个 SQL 中，和第一个处理就完全不一样了。由于 count(distinct) 操作，map 端需要输出 user_id，否则无法做全局 distinct。试想一下，如果 map1 输出购买人数<M1, 3>，map2 也输出购买人数<M1, 4>，那么在 reduce 端，怎么区分 map1 的 3 个用户和 map2 的 4 个用户有多少重复呢？

因此，对于 count(distinct) 操作，实际上在 map 端只是对相同的(month,user_id)进行去重，比如对于 map1，把两条<M1,1>记录去重后输出一条。map 端去重后会执行局部排序，Shuffle 阶段会对多个 map 输入进行归并排序，然后发送给 Reducer。相同 month 的数据会发送给同一个 Reducer，当某个 month 的数据量很大时，对应的 Reducer 扫描一遍数据也会占用很多时间。因此，对于 count(distinct) 操作，时间主要消耗在以下三个步骤：

1. map 对输出结果进行排序。如果一个 Mapper 处理的结果数据超出内存，该排序无法直接在内存中完成，采用"溢出写"（spill）方式排序，会占用较多时间

2. Shuffle 过程需要对多路 map 输出执行归并排序，假设处理的总数据量 N，map 数为 M，其时间复杂度是 O(M*N)

3. reduce 需要扫描其输入数据执行 COUNT 汇总

当数据发生倾斜时，后两个步骤时间会变长，成为瓶颈。

通过 EXPLAIN 命令可以查看 SQL 的执行计划，如图 5-11 所示。

如图 5-13 所示，在这个 SQL 执行计划中，包含一次 map（M1_Stg1）和一次 reduce（R2_1_Stg1）操作。其中"partitions: _col0"表示按照第一个字段（month）进行分区，即相同的 month 的数据会 Shuffle 到同一路 Reducer 中，"group by: t1.month, t1.user_id"表示 map 端按照 month 和 user_id 两个字段进行分组排序，也就是说 SQL 语句中的 count(distinct user_id)中的字段（user_id）也会参与到 GROUP BY 字段（month）一起做分组排序，但不会参与分区。解决数据倾斜的常见方式是多一次数据 Shuffle 操作，这样可以保证第一层 Reducer 数据较均匀，汇总后的结果再发给第二层 Reducer，计算最终结果。因此可以改造 SQL 如下：

```
SELECT month, count(*) as cnt
FROM (
```

```
        SELECT distinct month, user_id
        FROM t1
    ) a
    GROUP BY month;
```

```
odps:sql:odps_book> EXPLAIN SELECT month, count(distinct user_id) as cnt
> FROM t1
> GROUP BY month;
InstanceId: 20140811073020591gu5qh0s4
SQL: ..
job0 is root job

In Job job0:
root Tasks: M1_Stg1
R2_1_Stg1 depends on: M1_Stg1

In Task M1_Stg1:
    Data source: odps_book.t1
    TS: alias: t1
        SEL: t1.month, t1.user_id
        GBY: group by: t1.month, t1.user_id
            UDAF: COUNT
        RS: order: ++
            optimizeOrderBy: False
            valueDestLimit: 0
            keys:
                _col0
                _col1
            values:
                _col2
            partitions:
                _col0

In Task R2_1_Stg1:
    GBY:
        UDAF: COUNT
        SEL: _col0, _col1
            FS: output: None
```

图 5-13　优化前的执行计划

其执行过程如图 5-14 所示。

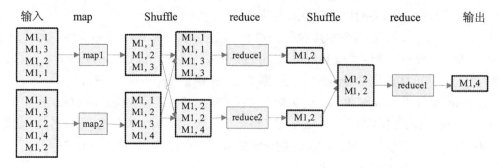

图 5-14　优化后的 SQL 执行过程

通过 EXPLAIN 查看优化后的 SQL 执行计划如图 5-15 所示：

图 5-15 优化后的执行计划

从执行计划可以看出，该 SQL 包含一次 map（M1_Stg1）和两次 reduce（R2_1_Stg1 和 R4_2_Stg2）操作，相比前一个 SQL 多了一次 Reduce 操作。子查询 distinct month, user_id 会先按照（month, user_id）进行分区 Shuffle，可以保证数据较均匀，发送给第一层 Reducer；在第一层 Reducer 上，相同(month, user_id)的数据可以执行 COUNT 汇总操作（如图中 R2_1_Stg1 部分的加框内容 UDAF:COUNT，表示在该层 Reducer 会执行局部汇总操作），极大地减少输出到第二层 Reducer 的结果数据量。在外层 SELECT 查询中按 month 进行 Shuffle，对相同 month 的数据进一步汇总，输出结果。

对于 ODPS SQL 计算而言，由于它是在分布式计算框架上计算的，就是面向海量数据处理，所以数据量大不一定会造成性能问题，但数据倾斜如果处理不当则会严重影响作业性能。

## 5.5.2　一些优化建议

下面给出目前积累的一些优化建议。尽管如此，ODPS SQL 开发团队也正在不断优化，期望后期系统本身可以做到更加智能地识别如何优化。

### 1．数据模型

从业务角度考虑，好的数据模型事半功倍！举个常见的增量计算的例子，比如每天要统计最近 30 天的商品的销量。一种方式是每天直接扫描最近 30 天的数据来计算，而另一个更巧的做法是通过增量计算模式，比如今天统计最近 30 天，和昨天统计最近 30 天的数据，实际上是有 29 天的数据是重复的，假设每天的数据量都很多，通过增量计算方式来实现可以大大减少作业运行时间。

### 2．对大表分 Partition

ODPS 不提供索引的功能，因此加快检索效率一大途径是使用 Partition。这样后面查询条件很可能只需要遍历单个 Partition，而不是整张表。

### 3．大小表连接

尽量用 MAPJOIN，MAPJOIN 可以避免大表数据 Shuffle 操作，而且支持在 JOIN 的 ON 条件中使用不等值表达式、OR 逻辑等复杂的 JOIN 条件。

### 4．作业数太多问题

由于 ODPS SQL 计算很多是生成 MapReduce 作业（一般来说，直接在本地运行的作业也不会造成性能问题），而 MapReduce 作业初始化需要一定的时间，所以如果作业数太大，比如很多 JOIN 和聚合操作，可能也会耗时很长。解决方案是从业务角度减少作业数。

### 5．整体调优

在性能调优中，还应该从整体考虑，单个作业最优不如整体最优。

### 5.5.3 一些注意事项

下面分享一些开发实践注意事项，实际上这些注意点有些并不局限于 SQL 开发，它适用于基于 ODPS 的大数据应用开发的整个过程。

#### 1. 数据表分区管理

前面已经提到对大表分区管理可以优化查询。实际上，数据表分区管理还可以避免由于误操作污染全表数据，比如用户要导入"2011-12-17"这一天的数据，却误导入了 2011-12-12 这一天的数据，如果不采用分区表，会污染全表数据，而采用分区表，只需要删除目标分区并重新导入数据。

#### 2. SELECT 查询建议给出要查询的字段，尽量不要写成 SELECT *

这实际上是标准 SQL 的要求。写成 SELECT *方式会埋下一些隐患，而且很难排查。比如如下 SQL：

```
INSERT OVERWRITE TABLE pv_tmp
SELECT page_view.*
FROM page_view;
```

在写该 SQL 时，由于 pv_tmp 表结构和 page_view 表结构一致，不会有问题。但是，要是某天 page_view 表增加了某个列，就会出错。此外，从计量计费角度看，SELECT *会多出很多用不上的字段参与运算，对用户而言也是不必要的开销。

#### 3. 关键字 ALTER 的使用

ODPS 对标准 SQL 的 ALTER 功能做了很多限制。在 ODPS 中，使用 ALTER 添加列只能添加到尾部，不能删除列；不能改字段类型。支持添加或删除分区（即分区内容），不支持添加或删除分区键。但修改列名、修改注释等操作是支持的。

基于以上对改表的种种限制，离线数据处理时，谋定而后动是很有必要的，需要在开始阶段谨慎建表、做好设计。如果使用时一定要修改表，往往只能删掉原表、重建新表。

#### 4. 数据的产出时间

在数据处理流程（Pipeline）中，数据源往往是依赖上游业务生成的，上游业务的数据产出延迟很可能会影响到整个 Pipeline 结果的产出。

### 5. 数据质量和监控

要有适当的监控措施，比如某天发生数据抖动，要找出原因，及时发现潜在问题。

### 6. 作业性能优化

优化可以给整个 Pipeline 的基线留出更多时间，而且往往消耗资源更少，节约计算开销。

### 7. 理解 ODPS 的计量计费模型

理解计量计费模型，尽可能优化存储、计算开销。

值得一提的是，在分布式环境下，由于系统资源等原因，同一个作业在不同时间点运行，两次运行时间差几十秒可能是很正常的。ODPS 是面向大数据处理服务，期望尽可能缩短大数据作业执行时间，用户在使用 ODPS 处理数据和设计 Pipeline 时，应该充分理解分布式作业和单机环境下运行的区别。比如，在单机环境下（如 MySQL），一个 SQL 命令执行时间可能稳定在 10 小时左右，而在 ODPS 下运行，假设第一次运行时间 10 分钟，第二次运行时间 13 分钟，一般可以认为两次运行是稳定的。

当然，这里给出的只是一些常见的注意事项，难以面面俱到，用户应该结合自己的场景具体分析。

## 5.6　小结

这章内容涵盖了 UDF、SQL 实现原理和调优。实际上，这一章内容比较难，尤其是"SQL 调优"部分，需要较深入了解 MapReduce 编程模型。在内容组织上是为了和第 4 章衔接，所以这样安排（但也许不是最好的）。对于不了解 MapReduce 的同学，可以先跳过本章，等有了一定的 MapReduce 基础（第 7、8 章，也建议看看《Hadoop 权威指南》一书）后，理解起来会简单很多。

值得一提的是，在动手实现 UDF 之前，最好再确定一下：SQL 及其内置函数真地不能满足需求吗?

第**6**章

# 通过 Tunnel 迁移数据

在第 4 章中，我们介绍了如何通过 dship 工具收集海量数据。dship 工具通过命令行方式执行，学习成本很低。但是，由于 dship 工具是处理本地文件，对于某些场景并不适用。举个例子，已有海量数据在 Hadoop 集群上，希望迁移到 ODPS 上，如果使用 dship 工具，需要先下载到本地，再上传到 ODPS，这样处理不但效率太低，而且把 Hadoop 上海量数据下载到本地往往也不可行。

那么，从 Hadoop 迁移到 ODPS，应该怎么做？在这一章中，我们就带着这个问题，一起来了解 ODPS Tunnel，并找出解决方案。

## 6.1  ODPS Tunnel 是什么

ODPS 提供了数据通道服务 Tunnel，它是 ODPS 和外部的统一数据通道，作为服务，其目标在于高吞吐，而正确性和稳定性是基本前提。

作为 ODPS 的一部分，Tunnel 也是以 RESTful API 的方式访问，其 Java SDK 集成在 ODPS SDK 中。实际上 dship 是为了方便用户，通过调用封装 SDK 实现的数据上传下载工具，我们鼓励用户根据自己的场景需求，开发自己的工具。

需要注意的是，上传下载有一方必须是 ODPS。对于上传，目标必须是 ODPS（表或分区）；对于下载，源必须是 ODPS。另一方则可以非常灵活，不受限制，用户可以通过编程方式，上传任意格式的数据到 ODPS，或者从 ODPS 下载数据。

# 6.2　入门示例

## 6.2.1　下载和配置

用户可根据自身情况，选择 Eclipse 或其他工具作为开发环境。由于 Eclipse 是使用最广泛的 Java 集成开发环境，下面我们将介绍如何使用 Eclipse，基于 Java SDK 实现上传下载。

首先，下载 ODPS SDK 的压缩包 odps-sdk-java.zip，解压后会看到目录 odps-sdk-core，下面包含 jar 包 odps-sdk-core-0.12.0.jar（当前版本，可能和你看到的不同）和 lib 目录以及文档 apidocs 目录。

然后，在 Eclipse 中创建 Java 工程，比如 open_tunnel_example，配置路径（Build Path），添加 External JARs，即 SDK JAR 包和其依赖的 lib 目录下的所有 JAR 包。

环境配置好了，下面我们通过示例，一起来探讨如何基于 Tunnel SDK 实现相关功能。

## 6.2.2　准备数据

为了方便读者实践，我们从本地文件开始，先一起来熟悉 SDK 接口。假设数据文件为 tunnel_sample_data.txt，它是一份学生课程成绩表，内容如下：

```
sheldon,computer,90
sheldon,math,90
sheldon,chinese ,60
sheldon,english ,50
emmy,computer,80
…
```

这里把该数据文件保存在 E:\workspace\data\ 目录下。

假设学校每年都把数据上传到 ODPS 中，这是 2008 年 203 班的成绩单，这样我们就创建一张分区表，以年份和班级作为分区，SQL 语句如下：

```
CREATE TABLE tmp_student_score(
    name STRING,
    course STRING,
    score BIGINT
) PARTITIONED BY (year STRING, class STRING);
```

下面一起来实践如何通过 SDK 把数据上传到 ODPS 中。

## 6.2.3　上传数据

### 1.　代码实现和分析

下面实现 FileUpload.java 程序，把数据文件上传到 ODPS 的 tmp_student_score 表的目标分区中，程序 main 函数如下（完整代码请从本书网站获取）:

```java
public static void main(String args[]) {
  try {
    parseArgument(args);
  } catch (IllegalArgumentException e) {
    printUsage(e.getMessage());
    System.exit(2);
  }

  Account account = new AliyunAccount(accessId, accessKey);
  Odps odps = new Odps(account);
  odps.setDefaultProject(project);
  odps.setEndpoint(endpoint);

  BufferedReader br = null;
  try {
    DataTunnel tunnel = new DataTunnel(odps);

    UploadSession uploadSession = null;
    if(partition != null) {
      PartitionSpec spec = new PartitionSpec(partition);
      uploadSession= tunnel.createUploadSession(project, table, spec);
```

```
      }
      else
      {
        uploadSession= tunnel.createUploadSession(project, table);
      }

      Long blockid = (long) 0;
      RecordWriter recordWriter = uploadSession.openRecordWriter(blockid, true);
      Record record = uploadSession.newRecord();

      TableSchema schema = uploadSession.getSchema();
      RecordConverter converter = new RecordConverter(schema, "NULL", null,
null);
      br = new BufferedReader(new FileReader(fileName));
      Pattern pattern = Pattern.compile(fieldDelimeter);

      String line = null;
      while ((line = br.readLine()) != null) {
        String[] items=pattern.split(line,0);
        record = converter.parse(items);
        recordWriter.write(record);
      }
      recordWriter.close();
      Long[] blocks = {blockid};
      uploadSession.commit(blocks);
    } catch (TunnelException e) {
      e.printStackTrace();
    } catch (IOException e) {
      e.printStackTrace();
    }finally {
      try {
        if (br != null)
          br.close();
      } catch (IOException ex) {
        ex.printStackTrace();
      }
```

```
    }
  }
```

下面，我们来分析一下这块代码。该上传示例主要包括以下几个步骤。

（1）参数解析，比如从 odps conf 中获取账号、project 信息等。

（2）初始化，包括账号 Account、Odps 以及 DataTunnel。

（3）通过 createUploadSession 创建一个 UploadSession 实例，服务端会相应创建一个 Upload Session 连接[①]，可以通过 getStatus()查看是否创建成功，通过 getId()获取本次上传的唯一标识 id，比如在创建完 Session 后，可以加入如下代码查看：

```
System.out.println("Session Status is : "
                  + uploadSession.getStatus().toString());
String id = uploadSession.getId();
System.out.println("UploadId = " + id);
```

（4）通过 openRecordWriter()打开一个 RecordWriter，该函数的接收参数 blockid 唯一标识上传到哪个 Block。openRecordWriter()调用会创建一个 Request 请求连接，相当于打开从客户端到服务端的数据通道。

（5）通过 newRecord()创建一个 Record 对象，通过 getSchema()函数，读取在创建上传时服务端返回的 ODPS 表 Schema，在上传操作时要根据 Schema 的字段类型对数据进行转换。

（6）创建一个 RecordConverter 实例，RecordConverter 是个工具类，主要功能是把字符串数组转换成 ODPS Record，以及把 ODPS Record 转换成字符串数组。后面会给出把字符串数组转换成 Record 的 parse()函数的代码实现。

（7）recordWriter 调用 write()函数写 Record，一次 write()调用只写一条 Record，write()函数会对 Record 进行序列化，并加上 checksum 一起发送到网络；服务端接收到数据后，会执行反序列化，校验 checksum，确保数据在网络传输中没有丢失，保证数据正确性。值得一提的是，这时服务端是把数据写到临时目录。

（8）recordWriter 调用 close()，发送所有数据的 checksum 以及总的记录数，服务端会对 checksum 和总记录数进行校验,返回 Response。注意,只有当 recordWriter 调用了 close()方法，数据才会写到另一个临时目录。

（9）在上传完毕后，uploadSession 调用 commit ()函数，该函数的参数是（客户端认为上传成功的）Block 列表，服务端会校验 Block 列表是否都上传成功，如果成功，则把之前

---

① 说明一下 Session 和 Request 的概念：整个上传下载过程称为一个 Session；在一个 Session 中，每个 block 的上传请求，称为一个 Request；一个 Session 包含一个或多个 Request。

写到临时目录的数据 move 到最终目录，即放到结果表所在目录。

在上传时，write()、close()和 commit ()三个操作的数据处理如图 6-1 所示。

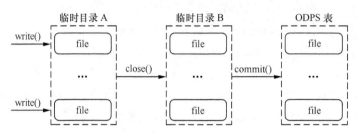

图 6-1　write、close 和 commit 操作的后台数据处理

在 write()操作写临时目录 A，这里的文件是正在写的文件；close()操作写临时目录 B，把 write()操作写完的文件 move 到临时目录 B，commit()操作直接把临时目录 B move 到 ODPS 表的结果目录。对于 commit()操作而言，它看不到临时目录 A 中的文件，所以如果没有执行 close()，commit()这个 Block 数据会失败。

从编程角度看，这里的字符串切分（Split）是有些小技巧的，你注意到了吗？

---

### Pattern.split 和 String.split

String.split 方法很常用，用于切割字符串，split 传入的参数是正则表达式。其内部实现机制是每次都会执行编译正则表达式，再调用 Pattern.split 方法，如下：

```java
public String[] split(String regex, int limit) {
    return Pattern.compile(regex).split(this, limit);
}
public String[] split(String regex) {
    return split(regex, 0);
}
```

如果在代码中频繁调用 String.split，每次重新编译正则表达式会对性能带来影响。因此，最好预编译 Pattern（只执行一次），然后调用 Pattern.split 方法实现切分。

---

关于 Record 的解析，主要代码实现如下：

```java
public Record parse(String[] line){
```

```java
        if (line == null) {
            return null;
        }


        int columnCnt = schema.getColumns().size();
        Column[] cols = new Column[columnCnt];
        for (int i = 0; i < columnCnt; ++i) {
            Column c = new Column(schema.getColumn(i).getName(),
                    schema.getColumn(i).getType());
            cols[i] = c;
        }


        ArrayRecord r = new ArrayRecord(cols);
        int i = 0;
        for (String v : line) {
            if (v.equals(nullTag)) {
                i++;
                continue;
            }
            if (i >= columnCnt) {
                break;
            }
            OdpsType type = schema.getColumn(i).getType();
            switch (type) {
            case BIGINT:
                r.setBigint(i, Long.valueOf(v));
                break;
            case DOUBLE:
                r.setDouble(i, Double.valueOf(v));
                break;
            case DATETIME:
                try {
                    r.setDatetime(i, dateFormater.parse(v));
                } catch (ParseException e) {
                    throw new RuntimeException(e.getMessage());
                }
```

```
            break;
        case BOOLEAN:
            v = v.trim().toLowerCase();
            if (v.equals("true") || v.equals("false")) {
                r.setBoolean(i, v.equals("true") ? true : false);
            } else if (v.equals("0") || v.equals("1")) {
                r.setBoolean(i, v.equals("1") ? true : false);
            } else {
                throw new RuntimeException(
                        "Invalid boolean type, expect: true|false|0|1");
            }
            break;
        case STRING:
            r.setString(i, v);
            break;
        default:
            throw new RuntimeException("Unknown column type");
        }
        i++;
    }
    return r;
}
```

## 2. 运行和结果输出

客户端程序可以直接在本地运行，比如在 Eclipse 中，右击 FileUpload.java，点击 Run as
-> Run Configurations-> Java Application，在 Arguments 标签页中输入参数，如下：

```
-f D:\workspace\data\tunnel_sample_data.txt -c D:\workspace\conf\odps.conf
-t tmp_student_score -p 'year=2008,class=203' -fd ,
```

注意，最后一个逗号（,）表示列分隔符。

点击 Run，即可运行。运行完成后，通过 CLT 查看结果表分区，如图 6-2 所示。
可以看到，数据已经导入到 ODPS 表中了。

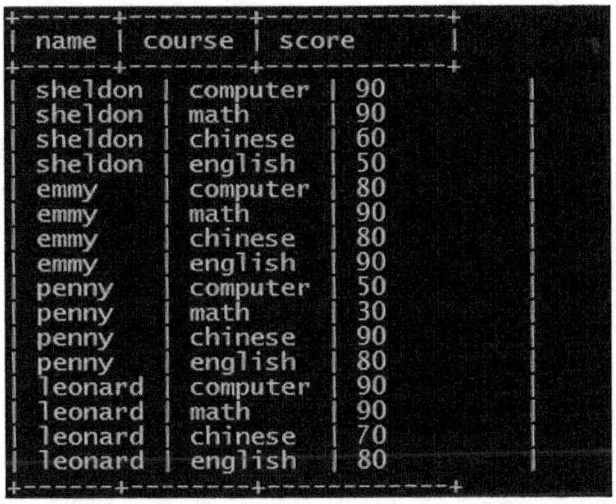

| name | course | score |
|---|---|---|
| sheldon | computer | 90 |
| sheldon | math | 90 |
| sheldon | chinese | 60 |
| sheldon | english | 50 |
| emmy | computer | 80 |
| emmy | math | 90 |
| emmy | chinese | 80 |
| emmy | english | 90 |
| penny | computer | 50 |
| penny | math | 30 |
| penny | chinese | 90 |
| penny | english | 80 |
| leonard | computer | 90 |
| leonard | math | 90 |
| leonard | chinese | 70 |
| leonard | english | 80 |

图 6-2 运行结果

### 6.2.4 下载数据

数据在 ODPS 处理完成后，经常需要导出生成报表或者给其他业务使用。假设要下载刚上传的数据到本地文件，其实现逻辑和上传类似。

首先创建账号，初始化 DataTunnel，创建 DownloadSession 实例，代码如下：

```
DownloadSession session;
if(partition != null) {
  PartitionSpec spec = new PartitionSpec(partition);
  session= tunnel.createDownloadSession(project, table, spec);
}
else
{
  session= tunnel.createDownloadSession(project, table);
}
```

然后打开 RecordReader，每读取一条记录，就转化成 String 数组，并写到结果文件中。这部分代码如下：

```
FileOutputStream out = new FileOutputStream(file);

RecordReader reader = session.openRecordReader(0L, session.getRecordCount());
TableSchema schema = session.getSchema();
```

```
Record record;

RecordConverter converter = new RecordConverter(schema, "NULL", null, null);
String[] items = new String[schema.getColumns().size()];

while ((record = reader.read()) != null) {
  items = converter.format(record);
  for(int i=0; i<items.length; ++i) {
    if(i>0) out.write(fieldDelimeter.getBytes());
    out.write(items[i].getBytes());
  }
  out.write(lineDelimiter.getBytes());
}
reader.close();
out.close();
```

这里重点说明下载数据和上传数据的几点区别：

（1）在调用 createDownloadSession()创建下载时，Tunnel Server 会对要读的 ODPS 表（或 Partition）构建索引，返回总记录数，可以通过 getRecordCount()函数获取。

（2）在调用 openRecordReader()创建 Request 请求连接时，需要指定起始位置和要下载的记录数，起始位置表示从第几条 Record 开始，起始值是 0。

（3）对于下载而言，最后调用 RecordReader 的 close()函数，即完成本次下载，不需要调用 commit()函数。

下载示例的完整代码可以从本书的在线代码获取。

# 6.3　Tunnel 原理

作为数据通道，ODPS Tunnel 主要包括客户端 Client（集成在 ODPS SDK 中）和服务端 Tunnel Server，它们以 RESTful API 形式通信。用户通过调用 SDK 接口，实现数据上传和下载。因此，理解 Tunnel 客户端和服务端数据如何传输以及交互，有助于我们更好地使用 Tunnel。

## 6.3.1 数据如何传输

由于 Tunnel 是结构化数据传输服务，客户端和服务端之间首先需要协定数据格式，保证两端对数据理解一致，最普遍的做法是通过序列化方式。上传数据时，客户端对结构化数据进行序列化（生成二进制流），服务端接收到数据后，（对二进制流）执行反序列化，还原出结构化数据，写到 ODPS 表中。下载数据类似，服务端读取 ODPS 表的结构化数据，执行序列化后发送给客户端，客户端接收后，执行反序列化。

---

### 序列化和 Protocol Buffer

序列化是指把对象或者数据结构转换成特定格式，使其可以在网络上传输，或保存到临时或持久存储区。反之，把对象从序列化数据中还原出来，则称为反序列化。序列化和反序列化这两个过程相结合，一起保证数据更易于存储和传输。序列化后的数据具备和平台无关、语言无关的特性，格式可以是二进制格式、JSON、XML 等。序列化往往应用于远程过程调用（RPC）、Web 服务、文件存储等。

Protocol Buffer（简称 Protobuf）是 Google 实现的序列化结构化数据的机制。它是一种轻量级的数据协议，具有灵活、高效和扩展性高等特点，类似于 JSON，但比 JSON 更小巧和高效，但序列化后的数据可读性不如 JSON。Protobuf 目前被广泛应用，可以从这里获取更多信息: https://developers.google.com/protocol-buffers/docs/overview

---

Tunnel 采用了 Google Protobuf 作为其序列化机制。每次序列化时，除了原始数据外，还包含校验值（Checksum）和记录数，这样服务端接收反序列化后，可以先校验数据的正确性。Tunnel 的数据传输协议以后很可能会公开，鼓励用户开发自己的 SDK 和工具，在阿里内部，已经有团队开发了 Node.js 版的 SDK。

Tunnel 提供了在传输过程中对数据进行压缩，它是个可选项，可以通过函数 UploadSession.openRecordWriter（long blockId, boolean compress）的第二个参数指定。值得一提的是，这个压缩是指网络传输过程中的压缩，而不是存储上的压缩。也就是说，在上传时，如果指定压缩，客户端会对序列化后的数据先压缩，再发送给服务端，服务端接收后，会对数据进行解压缩并反序列化，然后写到 ODPS 表（或分区）中。用户只需要设定 compress 选项，压缩操作的实现对用户是透明的。

什么情况下采取压缩传输？实质上，这是个 CPU 和带宽之间的权衡。压缩消耗 CPU，节省带宽，它本身有额外的开支，不一定会使传输变快。对于轻量级应用，如简单的文本传输（比如日志），压缩往往可以带来很大的性能提升；而对于计算密集型应用，比如图片处理，压缩带来的额外开销可能会严重影响性能，不建议采用。

此外，Tunnel 还支持 HTTPS 加密传输，确保数据安全，和 dship 一样，在 odps.conf 文件中设置 endpoint=https://service.odps.aliyun.com/api 就会以加密方式传输。同样，开启加密传输的速度可能会比不开启加密慢 50%。

### 6.3.2　客户端和服务端如何交互

在上传数据时，客户端和服务端的交互过程可以简单地概括为三部曲："创建上传——上传数据——结束上传"，从 SDK 接口角度，大致如下（请结合前面的上传示例来理解）：

（1）客户端执行 CreateUploadSession，服务端执行用户鉴权和权限检查，完成一些初始化工作如创建临时目录、写 Meta 等，返回 UploadSession 对象（唯一 SessionID）。

（2）客户端打开 RecordWriter，上传指定 Block 数据；服务端通过 SessionID 获取之前创建的临时目录，把数据反序列化后写入临时目录。

（3）客户端执行 commit，结束 UploadSession，服务端把数据从临时目录 Move 到结果表（分区）所在的目录，修改 Meta。

下载数据类似，不再赘述。

---

**什么是 Session？**

HTTP 协议是"一次性单向"协议。服务端不能主动连接客户端，只能被动等待并响应客户端的请求。客户端连接服务器，发出一个 HTTP 请求，服务端处理请求，返回一个 HTTP 响应给客户端，则本轮请求结束。因此，HTTP 协议本身并不支持服务端保存客户端的状态信息。

但是，在很多情况下，Web 服务器需要保存客户端状态信息，比如用户名、密码等信息，便于用户鉴权和权限认证，因此，引入了 Session 的概念。客户端和服务器之间在请求/响应中通过传递 Session ID（不用每次请求都发送用户信息），服务端可以先完成鉴权，再返回响应。

Session 的典型应用是"存放"用户登录信息，比如用户名、密码、权限角色等信息，服务端可以根据这些信息实现身份验证和权限验证。

需要注意的是，"长连接"是 Web 服务器的另一机制，它和 Session 并无关系（却常被混为一谈），长连接往往是为了提升性能，比如要读写很多小图片，每次都创建一个新的连接导致开销很大，这种情况可以采取长连接方式来优化。

### 6.3.3　如何实现高并发

从客户端角度，顾名思义，SessionID 相同的 UploadSession 对象对应一个 Session，一个 RecordWriter 对象即一个 Request。在一个 Session 中，可以（多进程或多线程）创建多个 RecordWriter，实现并发上传不同 Block 的数据。但是，在很多情况下，并发方式对性能的提升影响很小，这是因为单机数据传输的瓶颈往往在于网卡，这种情况下单线程和多线程传输性能区别不大。在分布式环境中，交换机的带宽一般远大于网卡，如果可以在多台机器上执行数据传输，才是真正实现并发。如果从阿里云 ECS 服务器上同步数据到 ODPS，可以有非常高的带宽，并发就很有效。

在上传时，SessionID 可以通过 getId() 方法获取。为了实现高并发上传，常见的做法是获取到 SessionID 后，启动多个进程，每个进程调用 getUploadSession() 函数获取 UploadSession 实例，这些 UploadSession 实例对应同一个 Session，每个进程的上传请求再分别上传不同 Block 的数据（即调用 openRecordWriter(blockid) 时传递不同的 blockid）。通过这种方式，可以实现分布式高并发上传数据。

同理，在下载时，可以对 getRecordCount() 函数获取到的总记录数进行均匀切分，通过多进程方式（每台机器一个进程），每个进程只下载一个区间范围的数据，各个区间之间连续。通过 getId() 方法获取 SessionID，然后调用 getDownloadSession() 函数获取 DownloadSession 实例，每个实例下载一个区间范围的数据，实现并发下载。

## 6.4　从 Hadoop 迁移到 ODPS

是否还记得本章最初提出的"把数据从 Hadoop 迁移到 ODPS"这一应用场景？通过简单的示例实践以及进一步的原理分析，下面我们一起来探讨这个真实的场景。

### 6.4.1　问题分析

把海量数据从 Hadoop 集群迁移到 ODPS，数据在 HDFS 某个目录下，文件数很多。

基本思路是：实现一个 Map Only 程序，在 Hadoop 的 Mapper 中读取 Hadoop 源数据，调用 ODPS SDK 写到 ODPS 中。执行逻辑大致如图 6-3 所示。

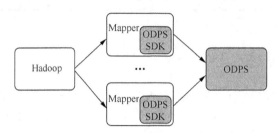

图 6-3　Hadoop 迁移到 ODPS 的实现设计

Hadoop MapReduce 程序的执行逻辑主要包含两个阶段：一是在客户端本地执行，比如参数解析和设置、预处理等，这是在 main 函数完成的；二是在集群上执行 Mapper，多台 worker 分布式执行 map 代码。在 Mapper 执行完成后，客户端有时还会做一些收尾工作，如执行状态汇总。

这里，我们在客户端本地的 main 函数中解析参数，创建 UploadSession，把 SessionID 传给 Mapper，Mapper 通过 SessionID 获取 UploadSession，实现写数据到 ODPS。当 Mapper 执行完成后，客户端判断执行结果状态，执行 Session 的 commit 操作，把成功上传的数据 Move 到结果表中。

默认情况下，Hadoop 会自动根据文件数来划分 Mapper 个数，当文件大小比较均匀时，这种方式没什么问题。当存在大文件时，整个大文件只在一个 Mapper 中执行可能会很慢，造成性能瓶颈，这种情况下，应用程序可以自己对文件进行切分。

## 6.4.2　客户端实现和分析

下面我们实现一个类 Hdfs2ODPS 完成这个功能。首先一起看下主函数 main 代码，如下所示：

```
public static void main(String[] args) throws Exception {
  int res = ToolRunner.run(new Hdfs2ODPS(new Configuration()), args);
  System.exit(res);
}
```

它调用 Hadoop 的 ToolRunner 的 run 函数，ToolRunner 会自动调用类 Hdfs2ODPS 的 Configuration 设置和 run 函数，最后返回调用结果。

类 Hdfs2ODPS 的 run 函数完成了前面提到的主要逻辑，代码如下：

```java
public int run(String[] args) throws Exception {
  try {
    parseArgument(args);
  } catch (IllegalArgumentException e) {
    printUsage(e.getMessage());
    return -1;
  }


  // create ODPS tunnel
  Account account = new AliyunAccount(odpsAccessId, odpsAccessKey);
  Odps odps = new Odps(account);
  odps.setDefaultProject(odpsProject);
  odps.setEndpoint(odpsEndpoint);


  DataTunnel tunnel = new DataTunnel(odps);
  UploadSession upload;
  if(odpsPartition != null) {
    PartitionSpec spec = new PartitionSpec(odpsPartition);
    upload= tunnel.createUploadSession(odpsProject, odpsTable, spec);
  }
  else
  {
    upload = tunnel.createUploadSession(odpsProject, odpsTable);
  }


  String uploadId = upload.getId();
  conf.set("tunnel.uploadid", uploadId);


  // commit all blocks
  int maps = runJob();
  Long[] success = new Long[maps];
  for (int i=0; i<maps; i++) {
    success[i] = (long)i;
  }
```

```
    System.out.println("Job finished, total tasks: " + maps);
    upload.commit(success);


    return 0;
  }
```

在这个函数中，首先调用函数 parseArguments 对参数进行解析（后面会给出），然后初始化 DataTunnel 和 UploadSession，创建 UploadSession 后，获取 SessionID，并设置到 conf 中，在集群上运行的 Mapper 类会通过该 conf 获取各个参数。然后，调用 runJob 函数，其代码如下：

```
  private     int    runJob()     throws     IOException,     InterruptedException,
ClassNotFoundException {
    JobConf conf = new JobConf(this.conf);
    conf.setJobName("hdfs2odps");
    conf.setJarByClass(Hdfs2ODPS.class);
    conf.setMapperClass(LoadMapper.class);
    conf.setOutputKeyClass(Text.class);
    conf.setNumReduceTasks(0);



    FileInputFormat.setInputPaths(conf, this.hdfsFile);
    conf.setOutputFormat(NullOutputFormat.class);
    JobClient.runJob(conf);
    return conf.getNumMapTasks();
  }
```

RunJob 函数设置 Hadoop conf，然后通过 JobClient.*runJob*(conf);会启动 Mapper 类在集群上运行，最后调用 conf.getNumMapTasks() 获取 Task 数，Task 数即上传到 ODPS 的并发数。在 Mapper 中，可以通过 conf.getLong("mapred.task.partition")获取 Task 编号，其值范围为[0, NumMapTasks]，因此在 Mapper 中可以把 Task 编号作为上传的 blockid。客户端在 Mapper 成功返回时，就可以执行如下代码，commit 所有的 Session，如下所示：

```
  Long[] success = new Long[maps];
  for (int i=0; i<maps; i++) {
    success[i] = (long)i;
  }
```

```
        System.out.println("Job finished, total tasks: " + maps);
        upload.commit(success);


        return 0;
```

由于在 Mapper 类依赖 ODPS SDK 这个第三方库文件，在通过./hadoop jar 命令提交 JOB 时，需要通过-libjars 的方式指定第三方库，这样 Hadoop 客户端会自动把这些库上传到集群中。因此，对于参数解析 parseArguments 函数，应该通过 GenericOptionsParser 来解析 Hadoop 自定义的-libjars 参数。对于其他自定义参数，除了指定 Hadoop 数据源、目标表名/分区外，其他信息是通过指定 odps console 的配置文件 odps.conf，通过加载该文件获取 AccessID、AccessKey、Project 和 Endpoint 信息。值得一提的是，对于 AccessID 和 AccessKey，为了防止网络传输密码被窃，传输前对它们进行了加密。Mapper 在接收到参数后，会先进行解密，再做用户鉴权。解析参数的代码如下：

```
    private void parseArgument(String[] allArgs) {
      String[] args = new GenericOptionsParser(conf, allArgs).getRemainingArgs();

      for (int idx = 0; idx < args.length; idx++) {
        if ("-h".equals(args[idx])) {
          if (++idx ==  args.length) {
            throw new IllegalArgumentException("hadoop file not specified in -h");
          }
          this.hdfsFile = args[idx];
        }
        else if ("-t".equals(args[idx])) {
          if (++idx ==  args.length) {
            throw new IllegalArgumentException("ODPS table not specified in -o");
          }
          this.odpsTable = args[idx];
          conf.set("odps.table", odpsTable);
        }
        else if ("-c".equals(args[idx])) {
          if (++idx ==  args.length) {
            throw new IllegalArgumentException(
                "ODPS configuration file not specified in -c");
          }
```

```java
            try {
                InputStream is = new FileInputStream(args[idx]);
                Properties props = new Properties();
                props.load(is);

                DesUtils util = new DesUtils();
                this.odpsAccessId = props.getProperty("access.id");
                this.odpsAccessKey = props.getProperty("access.key");
                this.odpsProject = props.getProperty("default.project");
                this.odpsEndpoint = props.getProperty("endpoint");
                conf.set("odps.accessid", util.encrypt(this.odpsAccessId));
                conf.set("odps.accesskey", util.encrypt(this.odpsAccessKey));
                conf.set("odps.project", odpsProject);
                conf.set("odps.endpoint", odpsEndpoint);
            } catch (IOException e) {
                throw new IllegalArgumentException(
                    "Error reading ODPS config file '" + args[idx] + "'.");
            } catch (GeneralSecurityException e) {
                throw new IllegalArgumentException(
                    "Error initialize DesUtils.");
            }
        }
        else if ("-p".equals(args[idx])){
            if (++idx ==  args.length) {
                throw new IllegalArgumentException(
                    "odps table partition not specified in -p");
            }
            conf.set("odps.partition", args[idx]);
        }
    }


    if (odpsTable == null) {
        throw new IllegalArgumentException(
            "Missing argument -t dst_table_on_odps");
    }
    if (odpsAccessId == null || odpsAccessKey == null ||
```

```
        odpsProject == null || odpsEndpoint == null) {
    throw new IllegalArgumentException(
        "ODPS conf not set, please check -c odps.conf");
    }
}
```

其中 DesUtils 这个工具类即是实现加密和解密功能，这里不再给出。完整的代码请查看本书的在线代码。

## 6.4.3 Mapper 实现和分析

Hadoop MapReduce 框架会自动调用 Mapper 类的 map 函数，每读取一条记录调用一次 map 函数。在执行 map 函数之前，会调用 configure 函数（新版本的 mapreduce 是 setup 函数），它接收参数 JobConf conf，可以从该 conf 中获取从客户端传递来的各个参数。在执行 map 函数之后，会调用 close 函数，完成一些清理工作。

这里 configure 函数的代码实现如下：

```
public void configure(JobConf conf) {

    try {
    DesUtils util = new DesUtils();

    //init & get upload session
    Account account = new AliyunAccount(
        util.decrypt(conf.get("odps.accessid")),
        util.decrypt(conf.get("odps.accesskey")));
    Odps odps = new Odps(account);
    odps.setDefaultProject(conf.get("odps.project"));
    odps.setEndpoint(conf.get("odps.endpoint"));

    DataTunnel tunnel = new DataTunnel(odps);
    UploadSession upload;
    if(conf.get("odps.partition") != null) {
      PartitionSpec spec = new PartitionSpec(conf.get("odps.partition"));
      upload= tunnel.getUploadSession(
```

```
                conf.get("odps.project"),
                conf.get("odps.table"),
                spec,
                conf.get("tunnel.uploadid"));
        }
        else
        {
          upload = tunnel.getUploadSession(
                conf.get("odps.project"),
                conf.get("odps.table"),
                conf.get("tunnel.uploadid"));
        }


        recordWriter = upload.openRecordWriter(conf.getLong("mapred.task.partition",
-1L), true);
        tableSchema = upload.getSchema();
        record = upload.newRecord();


        }catch (Exception e) {
          throw new RuntimeException(e);
        }
    }
```

在 configure 函数中，首先对获取到的 id 和 key 进行解密，创建一个 Account，初始化并通过 getUploadSession 获取 UploadSession，注意这里传递了参数 uploadID：conf.get("tunnel. uploadid")。在打开 RecordWriter 时，

```
recordWriter = upload.openRecordWriter(conf.getLong("mapred.task.partition",
-1L), true);
```

把 task 编号作为 blockid，第二个参数 true 表示在网络传输时采用压缩。

此外，在 configure 函数中获取 TableSchema，以及创建 Record 对象。为什么不在 map 函数创建 Record 对象，你能想到吗？Hadoop 框架默认处理方式是每读取一条记录就会调用一个 map 函数，如果在 map 中执行创建 Record 对象，就会频繁创建，当数据量大时，会很影响程序性能。实际上，从性能优化角度，对象创建（如常见的 String）都应该放在 map 函数外面，这样就只需要执行一次对象创建。

对于 map 函数，这里只给出最简单的实现，把每条记录写到 ODPS 的一个 String 字段

中，代码实现如下：

```
public void map(LongWritable key,
                Text value,
                OutputCollector<Text, IntWritable> output,
                Reporter reporter)
                throws IOException{
    if (tableSchema.getColumn(0).getType() == OdpsType.STRING) {
        record.setString(0, value.toString());
        recordWriter.write(record);
    }
}
```

由于在 6.2.3 "上传数据" 一节中，已经给出了如何解析文本并生成 ODPS Record 的代码实现，这里就不再重复说明，有兴趣的读者可以自己实践。

最后，在 close 函数中，执行 recordWriter.close();，代码如下：

```
public void close() throws IOException{
    recordWriter.close();
}
```

## 6.4.4　编译和运行

在 Linux 上，Ant 是常用的 Java 编译工具（此外 Maven 使用也很广泛），这里也采用它，其中 build.xml 如下：

```
<project name="hadoop2odps" basedir="." default="dist">
    <property name="version" value="0.1"/>
    <property name="prj.name" value="hadoop2odps"/>
    <property name="build.dir" value="build"/>
    <property name="classes.dir" value="${build.dir}/classes"/>
    <property name="dist.dir" value="${build.dir}/${prj.name}"/>

    <path id="classpath">
        <fileset dir="lib" includes="*.jar"/>
    </path>
```

```
    <target name="clean">
        <delete dir="${build.dir}"/>
    </target>


    <target name="compile">
        <exec executable="hostname" outputproperty="computer.hostname"/>
        <echo message="Building on host: ${computer.hostname}"/>
        <mkdir dir="${classes.dir}"/>
        <javac srcdir="src"
                destdir="${classes.dir}"
                classpathref="classpath"
                debug="on"
                includeantruntime="false"/>
    </target>


    <target name="jar" depends="compile">
        <jar destfile="${build.dir}/${prj.name}-${version}.jar" basedir="$
{classes.dir}">
            <manifest>
                <attribute name="Main-Class" value="example.hadoop.Hdfs2ODPS"/>
            </manifest>
        </jar>
    </target>


</project>
```

编译完成后，由于运行时需要指定 JAR 包等，参数较复杂，我们可以写个简单的运行脚本 run.sh：

```
#!/bin/bash


source ./env.sh


for jarf in $(ls lib/*.jar);do
    libjars=$workdir/$jarf,$libjars
```

```
    done
    libjars=${libjars%,}

    path=$1
    table=$2
    conf=$3

    hadoop jar  build/hdfs2odps-0.1.jar \
    -libjars $libjars\
     -h $path\
     -t $table\
     -c $conf
```

其中，env.sh 是配置 HADOOP_PATH。

这里在 Hadoop 伪分布式（hadoop-0.20.2 版本）下执行测试数据并输出结果如下（其中 hdfs://<endpoint>:<point>/<path>/请给出你自己的 hdfs 路径）：

```
    [admin@localhost hadoop2odps]$ sh run.sh hdfs://<endpoint>:<point>/<path>/
hadoop_tunnel_test /home/admin/odps_book/console/clt/conf/odps.conf
    14/06/02 01:36:42 INFO mapred.FileInputFormat: Total input paths to process : 4
    14/06/02 01:36:42 INFO mapred.JobClient: Running job: job_201405231205_0011
    14/06/02 01:36:43 INFO mapred.JobClient:  map 0% reduce 0%
    14/06/02 01:36:52 INFO mapred.JobClient:  map 20% reduce 0%
    14/06/02 01:36:55 INFO mapred.JobClient:  map 60% reduce 0%
    14/06/02 01:36:58 INFO mapred.JobClient:  map 100% reduce 0%
    14/06/02 01:37:00 INFO mapred.JobClient: Job complete: job_201405231205_0011
    14/06/02 01:37:00 INFO mapred.JobClient: Counters: 7
    14/06/02 01:37:00 INFO mapred.JobClient:   Job Counters
    14/06/02 01:37:00 INFO mapred.JobClient:     Launched map tasks=5
    14/06/02 01:37:00 INFO mapred.JobClient:     Data-local map tasks=5
    14/06/02 01:37:00 INFO mapred.JobClient:   FileSystemCounters
    14/06/02 01:37:00 INFO mapred.JobClient:     HDFS_BYTES_READ=33
    14/06/02 01:37:00 INFO mapred.JobClient:   Map-Reduce Framework
    14/06/02 01:37:00 INFO mapred.JobClient:     Map input records=6
    14/06/02 01:37:00 INFO mapred.JobClient:     Spilled Records=0
    14/06/02 01:37:00 INFO mapred.JobClient:     Map input bytes=29
```

```
   14/06/02 01:37:00 INFO mapred.JobClient:    Map output records=0
 Job finished, total tasks: 5
```

### 6.4.5　进一步探讨

在这个例子中，我们通过 Hadoop MapReduce 编程，在 Hadoop Mapper 中调用 ODPS SDK，实现把 Hadoop 数据迁移到 ODPS，是否还有其他的方式？

Hadoop 还提供了工具 Hadoop Streaming，可以由简单的可执行文件作为 Mapper 和 Reducer，Mapper 从标准输入读数据，把计算结果写到标准输出。因此，也可以实现一个 Mapper，完成这样的功能：调用 ODPS SDK，从标准输入读数据，写到 ODPS。有兴趣的同学可以试试。

## 6.5　一些注意点

上传数据时，客户端需要了解并注意以下几点：

（1）Tunnel 上传数据只支持 Append 模式，也就是每次上传的数据会追加到已有的数据中，这一点需要特别注意，Tunnel 保证如果上传失败不会污染原始数据，但用户自己需要保证没有执行误上传操作，比如同一份数据上传两次，则会导致结果表中有两份数据。

（2）一个 Session 的有效期目前是 24 小时，该有效期是在每个 Request 请求开始时检查，如果超时，该 Session 下的所有操作都是无效的。

（3）blockid 的取值范围目前是[0,20000]，这个范围线上可能会根据情况进行调整。

（4）一个 blockid 数据上传上限是 100GB（序列化后的），大文件要切分成多个 block 上传。

（5）同一个 blockid 可以重复上传，有效数据是最后一次成功 upload 的数据，如果最后一次上传没有成功，不会覆盖之前成功上传的。

（6）由于上传数据是先写到临时目录，最后确定成功后（客户端调用 complete 函数）才写到结果目录，所以在上传过程中，客户端或服务端挂掉，都不会污染结果表原始数据。

（7）上传结束后，不会执行对小文件执行 merge 操作，如果文件过小，可能会导致后面的查询处理变慢，因此，需要适当设置 Block 数。

对于下载数据，需要注意以下几点：

（1）创建下载的 Session 是一个较重量型（heavy weight）的操作，对于同一份数据，尽量避免多次创建，可以一次创建，给多个下载实例读取数据。

（2）在执行 createDownloadSession()时，Tunnel 服务器会扫描要读取的文件，并在 Meta 中保存当前数据的更新时间，每次下载请求都会先判断数据的更新时间。因此在这个 Session 期间，如果数据被更改，为了保证数据版本一致性，下载会失败。

Tunnel 的 Reader/Writer 读写数据是批处理模式，尽量不要在 read()/write()函数内执行过于耗时的操作，防止 HTTP 连接超时（目前默认是 300s）。

由于网络原因，数据上传下载的各个步骤很可能因为网络不稳定而失败，代码实现时可以添加重试逻辑。创建 Session 失败的话可以重试，上传时 Writer 抛异常需要整个 Block 重新上传，下载时 Reader 抛异常可以从本次下载的 Offset 重新执行。

# 6.6 小结

本章介绍了如何通过 Tunnel 上传下载海量数据，在探讨了 Tunnel 原理后，我们详细分析如何从 Hadoop 迁移数据到 ODPS 这个具体的应用场景。第 3 章介绍了如何通过 dship 收集 Web 日志，源数据是 access.log.20140212.gz 这样的格式。假设历史数据量非常大，由于磁盘空间有限，如果不想在本地解压并解析格式化，可以采用 SDK 直接读取并解析源数据，流式写到 ODPS。同样，也可以通过 SDK 直接读取 MySQL 写到 ODPS，和使用 dship 相比，可以少一次数据落地。

# 第7章
# 使用 MapReduce 处理数据

ODPS MapReduce 是 ODPS 提供的 Java MapReduce 编程模型。用户可以通过 MapReduce 接口编写 MapReduce 程序处理 ODPS 中的数据。

## 7.1　MapReduce 编程模型

MapReduce 最早是由 Google 提出的分布式数据处理模型，旨在并行计算处理大规模海量数据，把工作流划分到大量的机器上并发执行。它借鉴了函数式编程（http://en.wikipedia.org/wiki/Functional_programming）的思想：在输入数据的逻辑记录上执行 Map 操作，输出中间键值对（key/value pair）集合，然后在所有相同 key 值的 value 上执行 Reduce 操作，合并中间结果，得到最终结果。Map 和 Reduce 的内部处理逻辑由用户自定义实现，从而解决不同的应用场景。

Map 和 Reduce 是两个独立的进程，每个任务所处理的记录和其他记录无关。试想一下，如果节点之间任意共享数据，在大规模环境下，节点之间数据同步产生的通信开销会使系统变得效率低下甚至不可用。

MapReduce 处理流程大概如图 7-1 所示。

首先，会对源数据（分布式存储）进行切分，生成不同的"分片"（Split）。数据分片是指把输入数据切分成大小相同的数据块（Block），每个分片作为单个 Map Worker 的输入，这样多个 Map Worker 就可以并发处理不同的分片。

Map 读取数据是面向记录（Record）的。对于数据分片，是否会存在一条记录被切分到不同的分片呢？分片的实质如图 7-2 所示，数据块按大小进行物理切分（比如 64MB），这种切分很可能会把一条 Record 切成两部分（比如下面第一个 Block），在这种情况下，第一个 Split 会一直读到该 Record 结束，而第二个 Split 会从下一个 Record 开始读，因此分片 Split 并不是严格和数据块大小一致，它会进一步按 Record 进行逻辑切分。

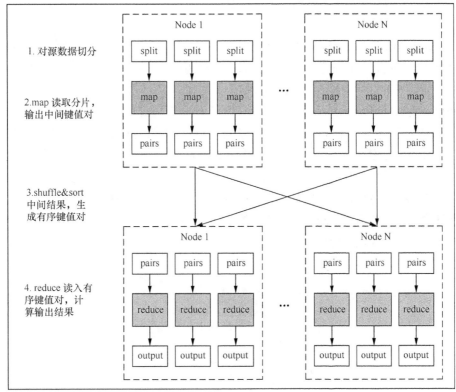

图 7-1　MapReduce 处理流程

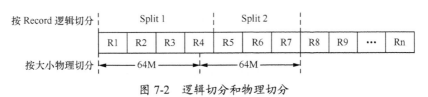

图 7-2　逻辑切分和物理切分

其次，每个 Mapper 通过 map()方法，读取自己的分片，生成键值对<key,value>形式的中间结果。Map()方法读取一条记录，可以生成零个或多个键值对，其中键值决定这条结果会被发送给哪一个 Reducer。每个 Mapper 实例都是在独立的进程中运行，Mapper 之间不能相互通信，这样每个 map 任务的可靠性不会受到其他 map 的影响。

从优化角度，对于哪个节点（机器）处理哪个分片这一问题，系统会尽可能利用 Data Locality（数据局部性，也称本地性）原理，也就是说，数据在哪台机器上，就在那台机器上启动 map。这就是我们所熟悉的移动计算，把计算移动到数据所在的节点，避免移动数据带来的额外数据传输开销。此外，map 执行的中间结果会尽可能写在本地，避免网络传输开销。

Shuffle & Sort 是 MapReduce 框架的核心，通常被认为是"奇迹发生的地方"。Reducer 的输入要求按键排序，系统把相同 key 的 map 输出传给同一路 Reducer，并对不同 Mapper 的输出进行排序的过程，称为 Shuffle & Sort。

可以认为，Shuffle & Sort 是由 map 端和 reduce 端共同完成的。在 map 端，每次通过 partition（执行哈希操作生成 key）产生键值对形式的中间结果时，不是简单地写到磁盘。实际上，每个 map 任务都有一个内存缓冲区（环形队列），保存 Map 的输出结果，当缓冲区快满时，后台线程会把缓冲区的数据写到磁盘中的临时文件，这个过程称为"spill（溢出写）"。在执行溢出写时，会对中间结果的 key 进行排序，如果指定了 Combiner，则在这个过程还会执行合并操作，减少写到磁盘的数据量，因而也就减少了传给 Reducer 的数据量。在 map 任务结束时，会把前面生成的临时文件合并成一个排序好的最终文件，这个过程如图 7-3 所示。

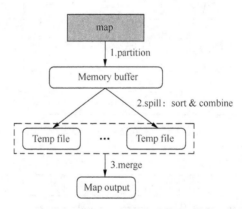

图 7-3　Shuffle 的 map 端执行原理

在 Reduce 端，其输入可能来自不同的 map 输出，不同 map 任务完成时间不同，只要有一个任务完成，reduce 就会拷贝其输出，这个过程称为"复制阶段（copy phase）"。和 map 端类似，每个 reduce 也持有一个内存缓冲区，如果 map 输出较小，会写到内存中，再溢出写（即内存快满时）到磁盘，如果 map 输出很大，则直接写临时文件。后台还会维护一个线程，当临时文件太多时，会对磁盘文件进行合并，合并的结果文件可能是多个。最后，并不会合并生成一个最终文件，而是把前面合并后的一个或多个磁盘文件以及内存中的数据直接作为 reduce 的输入，这样可以减少一次数据落地的过程，如图 7-4 所示：

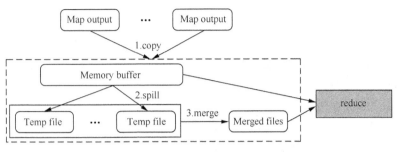

图 7-4　Shuffle 的 Reduce 端执行原理

　　Reducer 接收多个 Mapper 的输出，通过前面的 Shuffle & Sort 后，相同 key 的数据会给同一个 Reducer，实际上是 Reducer 去拉这些数据。reduce()函数是用户自定义的，实现对相同 key 的数据进行规约（reduce）。

　　以上就是 MapReduce 的整个过程的扼要概述，由于很多读者可能对 Hadoop MapReduce 比较熟悉，这部分原理和实现机制是基于 Hadoop MapReduce 介绍的。如果想了解更多，可以查阅《Hadoop 权威指南》[①]这本书。飞天底层的分布式编程模型在原理上类似，但在具体的实现机制上有很大不同，做了很多优化，比如采用 DAG 编程模式，提出增量资源管理协议，避免不同节点之间不必要的消息通信，如果想了解更多，可以查看其在 VLDB 上发表的一篇论文 *Fuxi: a Fault-Tolerant Resource Management and Job Scheduling System at Internet Scale*（http://www.vldb.org/pvldb/vol7/p1393-zhang.pdf）。

# 7.2　MapReduce 应用场景

　　可以说，MapReduce 编程模型是云计算的一颗明星，分布式 SQL 底层也可以通过 MapReduce 编程模型的思想来实现并行计算。目前，MapReduce 被广泛应用于 Web 日志分析、文档分析处理、搜索引擎（如文档倒排索引、网页链接图分析、PageRank 等）、机器学习、基于统计的机器翻译、数据挖掘、信息提取、生物学的基因组序列分析等。

　　MapReduce 适用于大规模分布式并行计算，核心是数据全局相关性小，可以划分数据的计算任务，比如以下一些算法问题。

- 分布式排序和分布式 GREP（如文本匹配查找）。
- 词频统计（WordCount）、词频重要性分析（TFIDF）、单词共线性分析（如基因交

---

[①]　[美] Torn White 著. 周敏奇等译.《Hadoop 权威指南（第 2 版）》，清华大学出版社，2011.

互关系）。

- 关系代数操作（如选择、投影、交集、并集、连接、分组聚合）。
- 矩阵相乘、矩阵向量相乘。

实际的一些应用场景包括以下几种：

- 搜索：网页爬取、倒排索引、PageRank。
- Web 访问日志分析：分析和挖掘用户在 Web 上的访问、购物行为特征，实现个性化推荐；分析用户访问行为，spam 攻击分析。
- 文本统计分析：莫言小说的 WordCount、词频 TFIDF 分析；学术论文、专利文献的引用分析和统计；维基百科数据分析；基于最大期望（EM）、隐马科夫统计模型的分析。
- 海量数据挖掘：非结构化数据、时空数据、图像数据的挖掘。
- 机器学习：监督学习、无监督学习、分类算法如决策树、SVM 等。
- 自然语言处理：基于大数据的训练和预测；基于语料库构建单词同现矩阵，频繁项集数据挖掘、重复文档检测。
- 广告推荐：用户点击（CTR）和购买行为（CVR）预测。
- 生物信息处理：DNA 序列分析比对算法 Blast；双序列、多序列比对，生物网络功能模块（Motif）的查找和比对。

尽管如此，当数据量小时，并不适合采用 MapReduce，另外对于实时处理场景，也不适合。

## 7.3 初识 ODPS MapReduce

ODPS MapReduce 的输入输出是 ODPS 表（或分区）。下面以 WordCount 为例，详解 ODPS MapReduce 的执行过程。假设输入表只有一列，每条记录是一个单词，要统计单词计数，写到另一张表中（两个列，一个列是单词，另一列是计数）。其执行过程如图 7-5 所示。

（1）对源表切分生成多个分片（这里是 3 个），每个分片作为一个 map 的输入。

（2）在 map 阶段，读取记录（word），每个单词计数 count 置为 1，输出<word, count>形式的键值对。

（3）在 Shuffle & Sort 阶段，对同一个 map 的输出，执行 combine 操作，对相同单词的计数进行合并，比如 map2 的输出<c,1>和<c,1>合并为<c,2>，其他类似。对不同 map 的相同 key 的输出进行排序，比如 map1 的输出<a,1>和<b,2>都输出到同一路 reduce1，map2

的输出<a,1>也输出到 reduce1，map1 和 map2 的输出在排序前和排序后分别如图 7-6 所示。

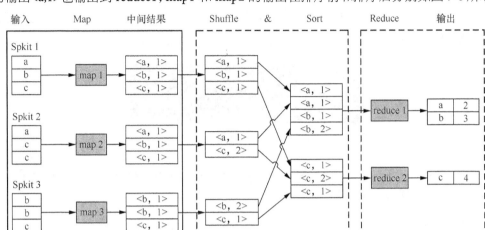

图 7-5　ODPS MapReduce 执行逻辑

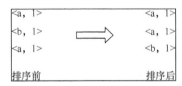

图 7-6　Map 输出排序前后示例

注意，对于相同 key，不会对其 value 进行排序，即同一个 key 哪个 value 在前面，和 map 任务的执行完成先后顺序有关，因此是不可预测的。

（4）在 reduce 阶段，也执行和前面类似的 Combine 操作，对相同单词计数累加，但是其输出是 ODPS Record，而不是键值对。因此，在 ODPS MapReduce 中，Reducer 和 Combiner 的输出不同，不能把 Reducer 作为 Combiner。

# 7.4　入门示例

下面，我们先通过经典的 WordCount 示例，熟悉 ODPS MapReduce 编程。

## 7.4.1　准备工作

首先，下载 ODPS MapReduce jar 包 odps-sdk-mapred-0.12.0.jar 以及其依赖的 jar 包。然后，

在 Eclipse 中创建 Java 工程，如 open_mr_example，把前面的 jar 包添加到 Build Path 下。

假设源表 mr_wc_in 的数据关于是从文本文件导入的，由于数据是非结构化的，每行数据导入成一个字段，源表如图 7-7 所示。

```
+----------+
| content |
+----------+
| odps is an open data processing service |
| welcome to odps |
| enjoy it |
+----------+
```

图 7-7　源表

希望统计每个单词出现的词频，把结果写到目标表 mr_wc_out 表中，它包含两个字段 word 和 count，建表语句如下：

```
CREATE TABLE mr_wc_out(word string, count bigint);
```

## 7.4.2　问题分析

在 Mapper 中，被字段 content 的文本切分成各个单词，每个单词计数值设为 1，输出如<word，1>这样的键值对，如下所示。

```
odps, 1
is, 1
an, 1
open, 1
data, 1
processing, 1
service, 1
welcome, 1
to, 1
odps, 1
…
```

在 Reducer 中，对相同 key 进行合并，对其计数值累加，生成结果 Record 并输出到 ODPS 表中。举个例子，在上面的 Mapper 输出中，<odps, 1>这样的键值对有 2 条，Reducer 归并后，得到键 odps 的计数值为 2，把结果赋给 Record 记录的第一个列和第二列，然后输出 Record。

MapReduce 的数据流逻辑如图 7-8 所示。

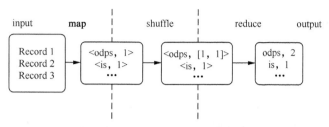

图 7-8  MapReduce 执行的逻辑数据流

### 7.4.3  代码实现和分析

首先创建一个 Java 文件 WordCount.java，然后分别实现以下三部分代码逻辑 Mapper、Reducer 和 main 函数。

#### 1. Mapper 实现

```java
public static class WCMapper extends MapperBase {
  private Record word;
  private Record one;
  private Pattern pattern;

  @Override
  public void setup(TaskContext context) throws IOException {
    word = context.createMapOutputKeyRecord();
    one = context.createMapOutputValueRecord();
    one.setBigint(0, 1L);
    pattern = Pattern.compile("\\s+");
  }

  @Override
  public void map(long recordNum, Record record, TaskContext context)
      throws IOException {
    for (int i = 0; i < record.getColumnCount(); i++) {
      String[] words = pattern.split(record.get(i).toString());
      for (String w : words) {
        word.setString(0, w);
```

```
          context.write(word, one);
        }
      }
    }
  }
```

在这段代码中，WCMapper 先通过 setup()函数初始化 Record 实例和 Pattern，setup 只执行一次。map 函数对输入的每条 Record 都会调用一次，在这个函数内，它循环遍历 Record 的字段，对每个字段的内容通过正则切分，然后输出<word,one>这样的键值对。

在 setup 和 map 方法中，都传入一个 TaskContext 实例，TaskContext 保存 MapReduce 任务运行时的上下文信息，比如通过它可以获取当前任务的 TaskID，也可以获取并设置 Counter 值，在后面会给出如何使用 Counter。Mapper 输出中间结果以及 Reducer 输出最终 Record 时，都需要调用 TaskContext.write()方法输出。

从代码实现优化角度考虑，应该尽可能把一次性初始化工作放在 setup 函数中，比如这里如果没有 setup 函数，直接把 setup 的实现逻辑放在 map 中，则每读取一条源数据 Record，都会执行这些初始化工作，数据量大时会带来很大的性能影响。

除了 setup 和 map 方法外，Mapper 还提供 cleanup 方法，可以执行一些收尾工作。

## 2. Reducer 实现

```java
public static class WCReducer extends ReducerBase {
  private Record result = null;

  @Override
  public void setup(TaskContext context) throws IOException {
    result = context.createOutputRecord();
  }


  @Override
  public void reduce(Record key, Iterator<Record> values, TaskContext context)
      throws IOException {
    long count = 0;
    while (values.hasNext()) {
      Record val = values.next();
      count += (Long) val.get(0);
```

```
    }
    result.set(0, key.get(0));
    result.setBigint(1, count);
    context.write(result);
  }
}
```

同样，reduce 也提供了 setup 和 cleanup 方法，分别完成初始化和收尾工作。reduce 函数是对每个 key 调用一次，在函数内，它遍历同一个 key 的不同值，对其进行累加操作，然后生成结果 Record 并输出。

注意，map 和 reduce 在输出上的区别。reduce 调用 context.write(result)输出结果 Record，而前面的 map 方法是调用 context.write(word, one)输出键值对形式，其中键和值也都是 Record 类型。

## 3. main 函数实现

```
public static void main(String[] args) throws Exception {
  if (args.length != 2) {
    System.err.println("Usage: WordCount <in_table> <out_table>");
    System.exit(2);
  }

  JobConf job = new JobConf();

  job.setMapperClass(WCMapper.class);
  job.setReducerClass(WCReducer.class);

  job.setMapOutputKeySchema(SchemaUtils.fromString("word:string"));
  job.setMapOutputValueSchema(SchemaUtils.fromString("count:bigint"));

  InputUtils.addTable(TableInfo.builder().tableName(args[0]).build(), job);
  OutputUtils.addTable(TableInfo.builder().tableName(args[1]).build(), job);

  JobClient.runJob(job);
}
```

在 main 方法中，先执行参数检查，初始化一个 JobConf 实例。JobConf 描述了一个 MapReduce

作业的配置，它是用户向 ODPS 描述如何执行一个 MapReduce 作业的重要接口。ODPS MapReduce 框架会按照 JobConf 的描述来运行作业。比如指定要运行的 Mapper、Reducer 类：

```
job.setMapperClass(WCMapper.class);
job.setReducerClass(WCReducer.class);
```

设置 map 的输出 key 和 value 的类型：

```
job.setMapOutputKeySchema(SchemaUtils.fromString("word:string"));
job.setMapOutputValueSchema(SchemaUtils.fromString("count:bigint"));
```

这里 setMapOutputKeySchema 的参数是 Column 数组，通过工具类 SchemaUtils 生成，"word:string"表示只有一个字段，名称为 word，类型为 String，如果要设置多个字段，可以通过逗号分隔。setMapOutputValueSchema 类似。MapReduce 框架会对 map 输出的 Key 进行排序，它默认是对 Key 的所有字段进行排序，先按第一个字段排序，再按第二个字段排序，依次类推。用户可以通过方法 setOutputKeySortColumns(String[]) 和 setOutputGroupingColumns(String[]) 指定要对哪些字段进行排序和分组，其中参数 String 数组即 Map 输出 key 的各个字段的名称。

值得一提的是，setMapOutputKeySchema 和 setMapOutputValueSchema 是设置 map 的输出，其字段名称和类型和 reduce 输出结果表的列名称和类型并没有关系，比如这里 "word:string"也可以写成"query:string"或者其他。

然后，通过 InputUtils 和 OutputUtils 为 JobConf 配置输入输出表。

最后，执行 JobClient.*runJob*(job)，把作业提交给 MapReduce 框架执行。注意，在这之前，main 函数的代码都是在客户端本地运行的。JobClient 提供两种方式来提交 MapReduce 作业：

- 同步方式：runJob(JobConf)，提交作业并等待作业结束。
- 异步方式：submitJob(JobConf)，提交作业后立即返回。

同步方式提交 MapReduce 作业后，会一直等待作业执行结束才返回。异步方式提交 MapReduce 作业后，会立即返回作业运行时对象 RunningJob，后期可以通过 RunningJob 对象轮询作业运行状态。

至此，基于 ODPS MapReduce 编程框架的 WordCount 示例的代码实现就完成了。其实 MapReduce 编程并不复杂，就像看福尔摩斯探案，了解了如何分析之后，一切就不再那么神秘了。

下面，我们一起来逐步调试运行该代码。

### 7.4.4 运行和输出分析

一般而言，ODPS MapReduce 程序开发完成后，先以本地模式运行通过后，再在集群上运行。

无论是本地模式还是集群上运行，都需要在 CLT 中执行 jar 命令运行。因此，先打包生成 wordcount.jar（可以通过 Eclipse 的 Export 功能打包，也可以通过 Ant 或其他工具生成）。

## 1. 本地运行

执行如下命令：

```
jar -local -classpath /home/admin/book2/mapreduce/wordcount.jar example.
Wordcount.WordCount mr_wc_in mr_wc_out
```

其中：-local 表示本地模式运行，-classpath 指定本地执行的 classpath，即 main 函数所在的 jar 包地址，example.wordcount.WordCount 是 main class，后面的 mr_wc_in 和 mr_wc_out 是参数，表示输入输出表。如果要设置一些 JRE 运行时属性，可以通过参数-D <name>=<value>的形式设置，比如-D config="/home/admin/wc.conf"，在代码中就可以通过 System.getProperty（"config"）来获取。

注意，本地模式运行不会输出到结果表中。执行后，输出结果如图 7-9 所示。

```
odps:odps_book> jar -local -classpath /home/admin/book2/mapreduce/wordcount.jar example.wordcount.WordCount mr_wc_in m
r_wc_out
[INFO] LocalJobRunner - run mapreduce job in local mode
[INFO] LocalJobRunner - job id: mr_20140612111239_117_20638
[INFO] LocalJobRunner - Processing input: mr_wc_in
[INFO] LocalRunUtils - Start to download table: odps_book.mr_wc_in partSpec: null to /home/admin/book2/new_clt/warehou
se/odps_book/mr_wc_in
[INFO] JobClient - generate schema file, content: odps_book.mr_wc_in,content:STRING, file: /home/admin/book2/new_clt/w
arehouse/odps_book/mr_wc_in/__schema__
[INFO] JobClient - generate schema file, content: odps_book.mr_wc_out,word:STRING,count:BIGINT, file: /home/admin/book
2/new_clt/temp/mr_20140612111239_117_20638/output/__default__/__schema__
[INFO] LocalJobRunner - Start to run mappers, num: 1
[INFO] MapDriver - Map M_000000: input: warehouse/odps_book/mr_wc_in/data:0+65
[INFO] MapDriver - start to create record reader
[INFO] MapDriver - create record reader: finished
[INFO] MapDriver - start to run mapper
[INFO] MapDriver - run mapper: finished
[INFO] LocalJobRunner - Start to run reduces, num: 1
[INFO] ReduceDriver - start to run reducer
[INFO] ReduceDriver - ReduceDriver: finished
[INFO] LocalJobRunner - Copy output to warehouse: label=__default__ -> /home/admin/book2/new_clt/warehouse/odps_book/m
r_wc_out
Summary:
counters: 8
        map-reduce framework
                map_input_bytes=65
                map_input_records=3
                map_output_records=12
                map_output_[mr_wc_out]_bytes=0
                map_output_[mr_wc_out]_records=0
                reduce_input_groups=11
                reduce_output_[mr_wc_out]_bytes=82
                reduce_output_[mr_wc_out]_records=11
OK
InstanceId: mr_20140612111239_117_20638
```

图 7-9　本地模式运行输出结果

从输出信息可以看出执行过程：先由框架的 LocalJobRunner 启动生成作业 id，本地运行工具会在当前目录下创建 warehouse 目录，拷贝输入表的一小部分数据（目前是 100 行）到该目录下 warehouse/odps_book/mr_wc_in/，并生成 Schema 文件，如图 7-10 所示。

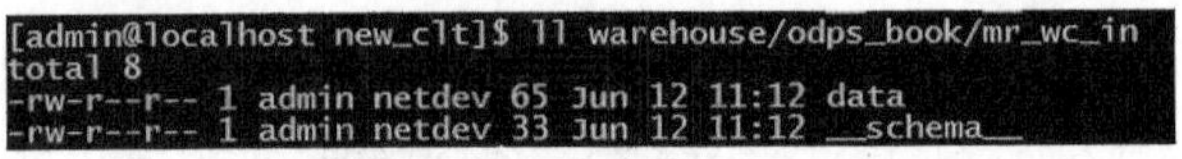

```
[admin@localhost new_clt]$ ll warehouse/odps_book/mr_wc_in
total 8
-rw-r--r-- 1 admin netdev 65 Jun 12 11:12 data
-rw-r--r-- 1 admin netdev 33 Jun 12 11:12 __schema__
```

图 7-10 生成 warehouse 目录

然后 LocalJobRunner 启动开始运行 Mapper（MapDriver），其输入是之前拷贝到本地的数据文件 warehouse/odps_book/mr_wc_in/data，在 Mapper 内部，先创建 RecordReader，读取数据，运行结束后，LocalJobRunner 启动运行 Reducer（ReducerDriver），执行 Reduce 计算。最后 LocalJobRunner 会把结果拷贝到目录 warehouse/odps_book/mr_wc_out 下。

最后，给出汇总信息 Summary，输出系统自定义的 Counters 信息。如果用户在代码中自定义了 Counter，在这里也会输出。Counters 是非常有用的信息，可以了解作业运行状况。当作业很复杂运行时间很长时，可以自定义 Counters 帮助实现作业调优。

### 2. 集群上运行

在集群上运行，主要包含以下两个步骤。

（1）通过 CLT 上传 wordcount.jar 包作为资源，执行如下命令：

```
create resource jar /home/admin/book2/mapreduce/wordcount.jar -f;
```

其中参数-f 表示如果资源已存在，则覆盖。执行 help create; 可以查看创建资源的命令帮助。

（2）使用 jar 命令运行 WordCount 作业，如下：

```
jar -resources wordcount.jar -classpath /home/admin/book2/mapreduce/wordcount.jar
example.wordcount.WordCount mr_wc_in mr_wc_out;
```

这里-resources 指定 mapreduce 作业在集群上运行所使用的资源，资源都是通过步骤一保存在 ODPS 上的。注意是-resources 是复数。其他和本地运行一致，不赘述。运行结果如图 7-11 所示。

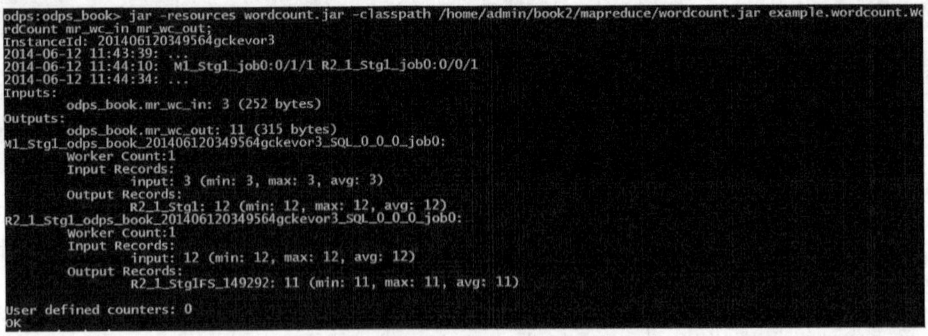

```
odps:odps_book> jar -resources wordcount.jar -classpath /home/admin/book2/mapreduce/wordcount.jar example.wordcount.Wo
rdCount mr_wc_in mr_wc_out;
InstanceId: 201406120349564gckevor3
2014-06-12 11:43:39: ...
2014-06-12 11:44:10:  M1_Stg1_job0:0/1/1 R2_1_Stg1_job0:0/0/1
2014-06-12 11:44:34: ...
Inputs:
        odps_book.mr_wc_in: 3 (252 bytes)
Outputs:
        odps_book.mr_wc_out: 11 (315 bytes)
M1_Stg1_odps_book_201406120349564gckevor3_SQL_0_0_0_job0:
        Worker Count:1
        Input Records:
                input: 3 (min: 3, max: 3, avg: 3)
        Output Records:
                R2_1_Stg1: 12 (min: 12, max: 12, avg: 12)
R2_1_Stg1_odps_book_201406120349564gckevor3_SQL_0_0_0_job0:
        Worker Count:1
        Input Records:
                input: 12 (min: 12, max: 12, avg: 12)
        Output Records:
                R2_1_Stg1FS_149292: 11 (min: 11, max: 11, avg: 11)

User defined counters: 0
OK
```

图 7-11 在集群上运行输出结果

它会输出 map 数和 reduce 数（Worker Count）。同上，如果有用户自定义 counters，也会输出。

最后查看结果表，结果和预期一致，如图 7-12 所示。

```
odps:sql:odps_book> select * from mr_wc_out;
InstanceId: 20140612035931217ge3x4ra
SQL: .
+------+------------+
| word | count      |
+------+------------+
| an   | 1          |
| data | 1          |
| enjoy | 1          |
| is   | 1          |
| it   | 1          |
| odps | 2          |
| open | 1          |
| processing | 1          |
| service | 1          |
| to   | 1          |
| welcome | 1          |
+------+------------+
```

图 7-12 结果表

## 7.4.5 扩展：使用 Combiner?

这个 WordCount 示例其实可以应用于很多真实场景中，比如统计查询检索词（Query）词频等。

对于这些场景，可以进一步思考，当输入数据量非常大时，可能存在以下两种情况：

（1）假设有 1000 亿条的数据，Mapper 产生 1000 亿的键值对，从 Mapper 到 Reducer 的 Shuffle 过程是网络通信，存在很大的网络开销。

（2）数据倾斜问题，Mapper 产生的键值对可能存在严重的数据倾斜，某个 key 的结果非常多（比如对于检索词，比如最近“世界杯”很火，检索词有上亿条），由于相同 key 会发送给同一个 Reducer，导致该 Reducer 处理的数据量远大于其他 Reducer，成为系统瓶颈。

Combiner 的目的是为了减少 Map 任务到 Reducer 任务之间网络传输的数据量，从而减轻网络压力和 Reducer 负载。

在 ODPS MapReduce 编程模型中，包含 Combiner 的数据格式转换如下：

| | | | |
|---|---|---|---|
| Map: | Records | → | list(k1, v1) |
| Combine: | ( k1, list<v1> ) | → | list(k2, v2) |
| Reduce: | ( k2, list<v2> ) | → | Records |

关于 Combiner，其中有几点注意：

（1）ODPS MapReduce 编程模型和 Hadoop 有区别，Reducer 的最后输出是 ODPS Record，

所以 Reducer 不能作为 Combiner，必须分别独立实现。

（2）Combiner 本身也是有代价的，当减少的数据量很小时（比如 key 非常分散，相同 key 的值不多），Combiner 操作可能并不会带来明显性能提升，甚至反而影响性能。这种情况可能更适合直接输出 map 中间结果给 Reducer，在 Reducer 中再做合并操作。

（3）并不是所有场景都适用 Combiner，只有满足结合律操作的才可以用 Combiner，比如求和（sum）、最大值（max）操作，而对于求平均值，不适合"直接"使用 Combiner。比如下面这个例子。假设输出如下键值对，要对相同 key 的 value 求平均值，如下：

<key,1>，<key,5>，<key,8>，<key,6>，<key,11>，<key,35>

假设 map 输出两路<key,1>，<key,5>和<key,8>，<key,6>，<key,11>，<key,35>，如果不用 Combiner，最后在 Reducer 归并求平均值，计算结果如下：

```
( 1 + 5 + 8 + 6 + 11 + 35 ) / 6 = 11
```

如果使用 Combiner，先对各路求平均值，最后再 Reducer 再求平均，计算如下：

```
( 1 + 5 ) / 2 = 3
( 8 + 6 + 11 + 35 ) / 4 = 15
( 3 + 15 ) / 2 = 9
```

也就是说，对于平均值计算，直接使用 Combiner 会改变最终 Reducer 的输出，后面会介绍如何灵活使用 Combiner 来计算平均值。

通过上面的分析，显然，在之前的 WordCount 示例中，当数据量很大时，可以添加 Combiner，代码如下：

```
public static class WCCombiner extends ReducerBase {
  private Record count;

  @Override
  public void setup(TaskContext context) throws IOException {
    count = context.createMapOutputValueRecord();
  }

  @Override
  public void reduce(Record key, Iterator<Record> values, TaskContext context)
      throws IOException {
    long c = 0;
    while (values.hasNext()) {
      Record val = values.next();
      c += (Long) val.get(0);
```

```
        }
        count.setBigint(0, c);
        context.write(key, count);
    }
}
```

其逻辑和 Reducer 非常类似，最大区别在于最后输出时，是调用 context.write(key, count) 输出键值对形式。

然后，还需要在 main 函数中添加如下代码，显式指定 Combiner：

```
job.setCombinerClass(WCCombiner.class);
```

你可以把这些代码添加到之前的 WordCount.java 中并运行。

前面已经提到，Combiner 不适合求平均值操作。当中间数据量很大时，是否有某种方式可以对每个 map 输出 combine 呢？

假设有两个 map，显然下面的计算是成立的：

```
avg(all) = sum(all) / cnt(all)
         = sum(map1 + map2) / cnt(map1 + map2)
```

因此，在中间 Combiner 时，不是输出每个 map 的平均值，可以输出其<sum,cnt>，然后在 Reducer 中再求平均值即可，伪代码[1]如下：

```
class Mapper
    method Map(string t, integer r)
        Emit(string t, integer r)
class Combiner
    method Combine(string t, integers [r1, r2, . . .])
        sum ← 0
        cnt ← 0
        for all integer r ∈ integers [r1, r2, . . .] do
            sum ← sum + r
            cnt ← cnt + 1
        Emit(string t, pair (sum, cnt)) _ Separate sum and count
class Reducer
    method Reduce(string t, pairs [(s1, c1), (s2, c2) . . .])
        sum ← 0
```

───────────────

[1] 注：这段伪代码引自《Data-Intensive Text Processing with MapReduce》一书，Emit 表示输出。

```
cnt ← 0
for all pair (s, c) ∈ pairs [(s1, c1), (s2, c2) . . .] do
    sum ← sum + s
    cnt ← cnt + c
ravg ← sum/cnt
Emit(string t, integer ravg)
```

这段伪代码非常清晰，实现逻辑也不复杂，感兴趣的读者可以自己实践一下。

## 7.5　TopK 查询

TopK 问题是经典的海量数据处理问题，在 4.3.4 "TopK 查询"一节已经提及一些，这里再简单列举几个场景：

（1）网站的海量日志数据，查询访问某个 URL 次数最多的 IP，或者 4.3.4 节提到的每个 IP 访问次数最多的 URL。

（2）搜索引擎会保存用户的查询检索词 Query，比如百度搜索或淘宝主站搜索，希望生成搜索排行榜，统计最热门的 10 个 Query。

（3）语料库分析处理，从大量的文本文件中搜索出 k 个关键字（即出现最频繁的 k 个单词）。

这些场景看似属于不同领域，其实质都是 TopK 问题。在 MapReduce 编程模型之前，TopK 问题是经典的算法问题，因为数据量非常大时，单机加载到内存中计算变得不可能，通常采用"分而治之"的方式，即先通过哈希，把大数据集切分成一个个小数据集，查找每个小数据集的 TopK，最后汇总每个数据集的 TopK，计算出最终的 TopK。在这种情况下，好的算法可以带来明显的性能提升。

对于 TopK 查找，一个较好的算法是小顶堆，即任意非叶子节点的值不大于其左右孩子节点的值，根节点值最小。当有新的值时，就和根元素比较，如果比根元素小则忽略，如果比根元素大，则用新值替换根元素，并进行堆调整。对于堆数据结构，其查找和堆调整的时间复杂度是 log 级别。因此，对于检索词的 TopK 问题，可以维护一个包含 K 个元素的小顶堆，遍历 Query 数 N，分别和根元素进行比较，其时间复杂度是 $N*O(\log_2 K)$。

在分布式环境下，TopK 问题很适合用 MapReduce 编程模型来解决，通过多并发方式，充分发挥分布式多机多核的优势。TopK 问题可以看成是世界选美，要选取世界小姐，可以分解为世界选美→国家选美→地方选美，把问题分解成更小的粒度执行再汇总。

由于 TopK 问题普遍存在，这一节将继续深入这一问题，探讨如何通过 MapReduce 来解决。

## 7.5.1 场景和数据说明

这里，我们以场景 3 "语料库分析处理" 为例，分析如何从大量文本中获取 TopK 关键字。这里只是基于小数据集来测试运行。数据来源是关于哈佛大学的介绍（http://www.harvard.edu/about-harvard）。

首先创建一张源表 mr_topk_in，执行 SQL 如下：

```
CREATE TABLE mr_topk_in(content STRING);
```

通过 dship 工具，把文本每行作为一条记录导入，结果如图 7-13 所示。

```
| content |
| Harvard University is devoted to excellence in teaching, learning, and research, and to developing leaders in many
nes who make a difference globally. Harvard faculty are engaged with teaching and research to push the boundaries of
owledge. For students who are excited to investigate the biggest issues of the 21st century, Harvard offers an unpara
tudent experience and a generous financial aid program, with over $160 million awarded to more than 60% of our underc
students. The University has twelve degree-granting Schools in addition to the Radcliffe Institute for Advanced Study
ng a truly global education. |
| Established in 1636, Harvard is the oldest institution of higher education in the United States. The University, wh
ased in Cambridge and Boston, Massachusetts, has an enrollment of over 20,000 degree candidates, including undergradu
duate, and professional students. Harvard has more than 360,000 alumni around the world. |
```

图 7-13 导入结果

要求查询 Top10 关键字，把结果写到 mr_topk_out 中，其建表语句如下：

```
CREATE TABLE mr_topk_out(keyword STRING, cnt BIGINT);
```

## 7.5.2 问题分析

查询 TopK 关键字问题，对数据进行切分后，在 Mapper 中实现统计词频（类似 WordCount），输出如<word,1>这样的中间结果，Combiner 汇总每个 map 输出的词频，输出<word, cnt>，Reducer 统计词频最高的 k 项，输出 TopK 结果。

试想一下，这里 Combiner 可以只输出计数值最大的 k 个中间结果吗？

但是，问题还没有结束。如果数据量不大时，可以显式指定 Reducer 数为 1，则前面 Reducer 的输出结果即最终的 TopK 结果。而当数据量很大时，Reducer 很可能有多个（如果显式指定 1 个则所有数据都在一个 Reducer 执行，可能会很慢，甚至会内存爆掉导致 Job 失败），假设有 N 个 Reducer，每个输出 TopK 结果，实际结果表会有 N*k 条结果。因此，需要进一步 MapReduce，在 map 中读取 N*k 条结果，显式指定只有一个 Reducer，得到最终的 TopK 结果。

简而言之，对于海量数据，数据往往呈长尾分布（计数值较小的 word 非常多，因而 map 输出的 key 很多），TopK 问题应该分解成两个 MapReduce 作业，其执行流程如图 7-14 所示。

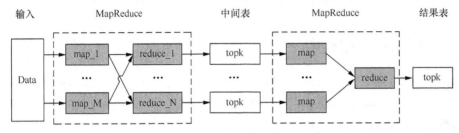

图 7-14　TopK 执行流程

也就是说，TopK 问题可以分解成两个步骤来完成。

步骤一：Mapper 读取数据，Combiner 汇总本地数据，Reducer 对不同 Mapper 的相同的 key 进行汇总，维护一个 k 个元素的小顶堆，根据 Word 计数统计 TopK 结果，把结果输出到中间表。

步骤二：Mapper 读取步骤一输出的中间结果表，由于其输入的每个 key 只有一条记录，所以这里不需要执行 Combiner，最后指定 Reducer 数为 1，同步骤一，统计 TopK 结果，输出最终 top 到结果表。

因此，还需要创建一张中间表 tmp_mr_topk_out，建表语句如下：

```
CREATE TABLE tmp_mr_topk_out(keyword STRING, cnt BIGINT);
```

**长尾分布**

　　1932 年，哈佛大学的语言学家 Zipf 在研究英文单词出现的频率时，发现如果把单词出现的频率按由大到小的顺序排列，则每个单词出现的频率与它的排名的常数次幂存在简单的反比关系，这种分布称为 Zipf 定律。它表明在英语单词中，只有极少数的词被经常使用，而绝大多数词很少被使用。长尾分布如图 7-15 所示。

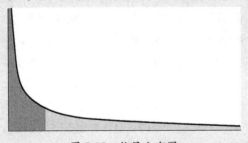

图 7-15　长尾分布图

> 其中横轴表示不同单词，纵轴表示出现频率。
>
> 关于长尾分布的另一个有趣的例子是，19 世纪意大利经济学家 Pareto 研究了个人收入的统计分布，发现少数人的收入要远大于大多数人的收入，提出了著名的 80/20 法则，即 20%的人拥有 80%的社会财富，而其余 80%的人只有 20%的财富。

### 7.5.3 具体实现分析

#### 1. 步骤 1：多个 Reducer 输出多个 TopK 结果

通过前面的分析，Mapper 和 Combiner 的实现和之前的 WordCount 示例相同，不再赘述。对于 Reducer，其难点在于从输入中获取 TopK 结果，比如对于求 Top3 结果，如图 7-16 所示。

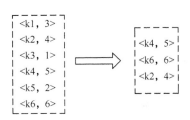

图 7-16 TopK 结果示例

其中<k1,1>表示 word 为 k1，count 值为 1。通过小顶堆的方式，求 top3 过程如图 7-17 所示。

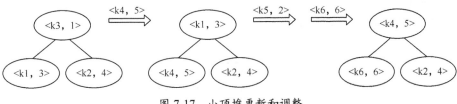

图 7-17 小顶堆更新和调整

首先通过前 3 个节点构建节点数为 3 的小顶堆，对于新节点<k4,5>，则替换根节点<k1,3>，并调整堆；对于新节点<k5,2>，比根节点值小，忽略；对于新节点<k6,6>，替换根节点并调整。因此，最后 TopK 的三个节点是<k4,5>、<k6,6>和<k2,4>。

### 小顶堆

小顶堆是指每个非叶子节点的值一定不大于其孩子节点的值，因而可以通过小顶堆保存当前最大的 TopK 值。小顶堆的根节点值最小。当有新节点时，如果新节点的值比根节点值小，则直接忽略；如果新节点的值比根节点值大，则把根节点替换为新节点，并调整堆，维持小顶堆结构。对于 K 个节点的堆，每次堆调整的时间复杂度是 $O(\log_2 K)$。这里假定数据量是 N，则时间复杂度是 $O(N * \log_2 K)$，由于 $\log_2 K$ 是常数，即 $O(N)$。

从上面的分析可以看出，堆的每个节点是个二维的<key,value> 对，因此定义和实现类 Pair，作为堆节点的数据结构，如下所示：

```
public class Pair<L,R> implements Comparator<Pair<L,R>> {

  private final L left;
  private final R right;

  public Pair(L left, R right) {
    this.left = left;
    this.right = right;
  }

  public L getLeft() { return left; }
  public R getRight() { return right; }

  public int compare(Pair<L,R> a, Pair<L,R> b) {
    return ((Comparable)a.getRight()).compareTo((Comparable)b.getRight());
  }
}
```

小顶堆获取 TopK 结果的代码实现如下（其他关于堆调整的完整代码请查看本书的在线源码）：

```
    // get topk results
    public void getTopK(Pair<String, Long> p, int k) {
      if(this.array_.size() < k) {
        this.array_.add(p);
        return;
      }
      if(!this.isFull()){
        this.build();
```

```
    }

  if (p.getRight() > this.min()) {
    this.replace(p);
    this.heapify(0);
  }
}
```

这里堆的底层存储是数组，当节点个数小于 k 时，该节点加入数组并返回；如果数组节点数达到 K 个，则开始构建堆（注意堆构建只执行一次）；当堆满了，并有新的节点加入，则比较该节点值和堆的最小值（即根节点值）并处理。

现在，来看看 Reducer 的代码实现，如下所示：

```java
/**
 * A reducer class that emits the topk results
 **/
public static class TopkReducer extends ReducerBase {
  private Record result = null;

  List<Pair<String, Long>> array = new ArrayList<Pair<String, Long>>();
  MinHeap heap;
  int k = 0;

  @Override
  public void setup(TaskContext context) throws IOException {
    result = context.createOutputRecord();
    k = Integer.parseInt((context.getJobConf().get("k")));
    heap = new MinHeap(array);
  }

  @Override
  public void reduce(Record key, Iterator<Record> values, TaskContext context)
      throws IOException {
    long count = 0;
    while (values.hasNext()) {
      Record val = values.next();
      count += (Long) val.get(0);
    }
    Pair<String, Long> pair= new Pair(key.get(0), count);
    heap.getTopK(pair,k);
```

```
    }

    public void cleanup(TaskContext context) throws IOException {
      for(Pair<String, Long> p: heap.get()) {
        result.set(0, p.getLeft());
        result.setBigint(1, p.getRight());
        context.write(result);
      }
    }
  }
```

首先，TopK 的 k 值是从客户端输入获取的，在 main 中通过 JobConf 传给 Reducer，如下：

```
job.set("k", args[2]);  // 在 main 中增加这行代码
```

在 Reducer 中的 setup 函数中通过 TaskContext 获取该 k 值，如下：

```
k = Integer.parseInt((context.getJobConf().get("k")));
```

同时初始化结果 Record 和 MinHeap 实例。

在 reduce 方法中，同 wordcount 对相同 key 的计数值累加后，调用 heap.getTopK(pair,k); 获取当前的 TopK 结果。

最后，在 cleanup 方法中输出该 reduce 的 TopK 结果。

### 2. 步骤 2：单 Reducer 输出最终 TopK 结果

对于步骤 2，在 map 阶段读取 Record，不做任何处理，分别把 Record 的两个字段赋给键值<word,cnt>并输出；在 reduce 阶段，其处理逻辑和之前的 Reducer 一致，也是通过堆获取 TopK。

在 main 方法中，需要设置 Reduce 的个数为 1，如下：

```
job.setNumReduceTasks(1);
```

这样步骤 2 就完成了。

进一步思考一下，步骤 2 的 MapReduce 处理是否还有其他方式？

由于步骤 2 只有一个 Reduce，我们知道 MapReduce 框架会保证其输入的 key 是有序的，因此，对于<word,count>键值对，如果可以把 count 作为 key，并按照 key 降序排序，则在 Reducer 中只需要输出前 K 个结果就可以了，岂不妙哉？

ODPS MapReduce 目前只支持按自然序（对数值即升序）排序，因此这里的小 trick 是在 map 输出 count 值时，对它取负值-count，在 reduce 输出时，再取一次负值-(-count)，输出前 K 个 Record 即最终 TopK 结果。

Mapper 的代码实现如下：

```
public static class TopkMapper extends MapperBase {
  private Record word;
  private Record cnt;

  @Override
  public void setup(TaskContext context) throws IOException {
    cnt = context.createMapOutputKeyRecord();
    word = context.createMapOutputValueRecord();
  }

  @Override
  public void map(long recordNum, Record record, TaskContext context)
      throws IOException {
    word.set(0, record.get(0));
    cnt.set(0, 0 - record.getBigint(1));  // -cnt
    context.write(cnt, word);
  }
}
```

在 setup 函数中，把 cnt 作为 map 输出的 key：

```
cnt = context.createMapOutputKeyRecord();
```

在 map 函数中，对 cnt 取负：

```
cnt.set(0, 0 - record.getBigint(1));  // -cnt
```

Reducer 的 reduce 函数代码实现如下：

```
public void reduce(Record key, Iterator<Record> values, TaskContext context)
    throws IOException {
  while (count++ < k && values.hasNext()) {
    Record val = values.next();
    result.set(0, val.get(0));
    result.set(1, 0 - key.getBigint(0));
    context.write(result);
  }
}
```

在 while 循环中，判断输出结果是否达到 k 个。对于前 k 条记录，不同记录的 word（value）是不同的，其计数值（cnt）key 可能是相同的，只需要把 value 赋给结果记录的第一列，把 key 取负值赋给第二列，输出结果即可。

在 main 函数中，注意要设置 Map 输出的 key 和 value，如下：

```
job.setMapOutputKeySchema(SchemaUtils.fromString("count:bigint"));
job.setMapOutputValueSchema(SchemaUtils.fromString("word:string"));
```

## 7.5.4 运行和结果输出

代码实现完成后，通过 Eclipse（也可以用其他工具）打包，生成包 topk.jar。对于本地运行（测试）和在集群上运行，分别在 CLT 中执行如下命令即可（注释是为了便于理解，CLT 不支持注释）：

```
# run local
jar -local -classpath /home/admin/book2/mapreduce/topk.jar example.topk.TopkQuery
mr_topk_in tmp_mr_topk_out 10;


# run on cluster
create resource jar /home/admin/book2/mapreduce/topk.jar -f;
jar -resources topk.jar -classpath /home/admin/book2/mapreduce/topk.jar example.
topk.TopkQuery mr_topk_in tmp_mr_topk_out 10;


jar -resources topk.jar -classpath /home/admin/book2/mapreduce/topk.jar example.
topk.GetFinalTopk tmp_mr_topk_out mr_topk_out 10;
# another method for step 2
jar -resources topk.jar -classpath /home/admin/book2/mapreduce/topk.jar example.
topk.GetFinalTopk2 tmp_mr_topk_out mr_topk_out 10;
```

结果表数据如图 7-18 所示。

| keyword | cnt |
|---------|-----|
| are | 2 |
| is | 3 |
| has | 3 |
| Harvard | 5 |
| a | 3 |
| in | 6 |
| to | 6 |
| the | 7 |
| and | 6 |
| of | 5 |

图 7-18　TopK 运行结果

### 7.5.5 扩展：忽略 Stop Words

从前面的输出结果中，可以看到 the、and、in、to 这些单词出现的词频很高，而这些单词属于功能词，并没有实际含义，它们通常称为 "Stop Words"（停用词）。在信息检索中，为了节省存储空间和提高检索效率，在处理自然语料时，往往会自动忽略 Stop Words。Stop Words 往往是人工生成的。这里，我们也希望过滤掉这些停用词，维护了如图 7-19 所示的一张停用词表。

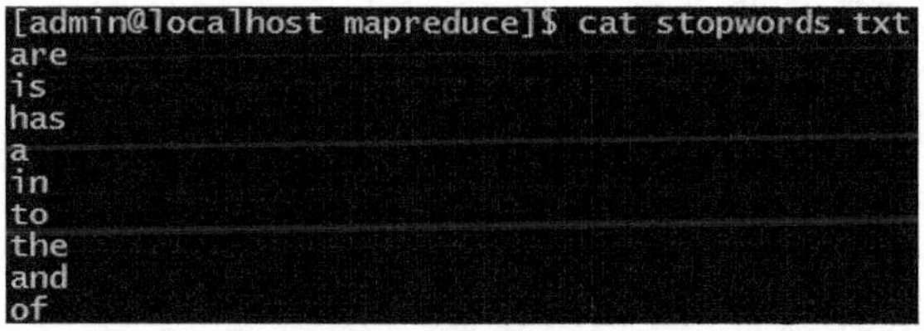

图 7-19  停用词表

现在，需要在 MapReduce 处理中过滤掉这些停用词。实际上，也就是在前面分析的步骤一的 Mapper 中添加是否是停用词的检查，其他处理逻辑不变。对于停用词表 stopwords.txt，可以作为 ODPS 资源，执行命令如下：

```
create resource file /home/admin/book2/mapreduce/stopwords.txt -f;
```

客户端指定资源文件名称，在 main 函数中添加如下代码（用户输入的第 4 个参数）：

```
job.set("stopwords", args[3]);
```

在 Mapper 的 setup 方法中，可以通过 TaskContext 获取资源文件，如下：

```
String file = context.getJobConf().get("stopwords");
```

在 Mapper 中，可以维护一个字典 Map，在 setup 方法中把停用词表内容保存到该 Map 中，在 map 方法中判断不是停用词，才输出。完整的 Mapper 代码实现如下：

```java
public static class TopkMapper extends MapperBase {
    private Record word;
    private Record one;
    private Pattern pattern;
    Map stopMap = new HashMap<String,Integer>();

    @Override
    public void setup(TaskContext context) throws IOException {
```

```
        word = context.createMapOutputKeyRecord();
        one = context.createMapOutputValueRecord();
        one.setBigint(0, 1L);
        pattern = Pattern.compile("\\s+");

        // read resource
        BufferedInputStream  stream= null;
        DataInputStream dstream = null;

        String file = context.getJobConf().get("stopwords");
        stream = context.readResourceFileAsStream(file);
        dstream = new DataInputStream(stream);

        while(dstream.available() != 0) {
          stopMap.put(dstream.readLine(), 1);
        }

        stream.close();
        dstream.close();
    }

    @Override
    public void map(long recordNum, Record record, TaskContext context)
        throws IOException {
      for (int i = 0; i < record.getColumnCount(); i++) {
        String[] words = pattern.split(record.get(i).toString());
        for (String w : words) {
          if(!stopMap.containsKey(w)) {
            word.setString(0, w);
            context.write(word, one);
          }
        }
      }
    }
```

执行命令如下:

```
jar -resources stopwords.txt,topk.jar  -classpath /home/admin/book2/mapreduce/
topk.jar  example.topk.TopkQueryWithResource  mr_topk_in  tmp_mr_topk_out  10
stopwords.txt;
```

　　注意-resources 中需要指定 stopwords.txt,另外多个资源(stopwords.txt,topk.jar)之间是逗号分隔,且不能有空格。

结果表数据如图 7-20 所示。

| keyword | cnt |
|---|---|
| with | 2 |
| over | 2 |
| who | 2 |
| University | 2 |
| more | 2 |
| students. | 2 |
| than | 2 |
| Harvard | 5 |
| The | 2 |
| an | 2 |

图 7-20 忽略 stopwords 的 TopK 结果

可以看到之前的 the、and 已经不在结果表中了。不过还是有很多方面可以改进：比如停用词表继续扩展，添加 an 等。另外，在判断是否为停用词时，可以忽略大小写，改成：

```
if(!stopMap.containsKey(w.toLowerCase()))
```

诸如此类，有兴趣可以进一步实践。

### 7.5.6 扩展：数据和任务统计

对于数据处理，往往会涉及数据统计功能。比如在该文本处理中，假设如果单词首字符不是字母，则认为是脏数据，希望 MapReduce 执行完成后能够得到脏数据数、Stopwords 数以及 Mapper、Combiner 和 Reducer 个数。

在 MapReduce 程序中，main 函数代码是在客户端本地运行，在调用 JobClient.*runJob*(job) 后，开始启动 Mapper 和 Reducer 的执行。Mapper、Combiner（如果有）和 Reducer 的代码是在集群上运行的，因此，如果在这些代码逻辑中执行写标准输出或者写 log，实际上对用户而言，这些输出都是不可见的。

对用户而言，如果想对作业执行情况了解更多或者统计结果数据情况，可以添加 Counter。Counter 是计数器，要改变其值，只能通过 increment 和 setValue 两种方式，大多数情况下使用第一种方式。

可以在代码的开头定义两类 Counter，如下所示：

```
enum DataCounter {
  STOP_WORDS,
  DIRTY_WORDS
}
```

```
enum TaskCounter {
    MAP_TASKS,
    COMBINE_TASKS,
    REDUCE_TASKS
}
```

在 Mapper 中初始化两个 counter：

```
// data counters
Counter stopCounter;
Counter dirtyCounter;
```

在 setup 函数中添加如下代码：

```
// data counters
stopCounter = context.getCounter(DataCounter.STOP_WORDS);
// if a word not start with letter, consider it dirty
dirtyCounter = context.getCounter(DataCounter.DIRTY_WORDS);

// task counter
Counter taskCounter = context.getCounter(TaskCounter.MAP_TASKS);
taskCounter.increment(1);
```

taskCounter 统计 Mapper task 个数，只需要在 setup 中执行一次 increment。

在 map 函数中添加脏数据和停用词的个数统计，代码修改如下：

```
for (String w : words) {
    if(!stopMap.containsKey(w) && Character.isLetter(0)) {
        word.setString(0, w);
        context.write(word, one);
    }
    else if(stopMap.containsKey(w)){
        stopCounter.increment(1);
    }
    else {
        dirtyCounter.increment(1);
    }
}
```

Combiner 和 Reducer 中只需要统计 Task 个数，都只需要在 setup 函数中执行一次 increment。

执行命令如下：

```
jar -resources stopwords.txt,topk.jar  -classpath /home/admin/book2/mapreduce/
topk.jar example.topk.TopkQueryWithCounter mr_topk_in tmp_mr_topk_out 10 stopwords.txt;
```

输出结果如图 7-21 所示。

```
Inputs:
        odps_book.mr_topk_in: 2 (735 bytes)
Outputs:
        odps_book.tmp_mr_topk_out: 0 (0 bytes)
M1_Stg1_odps_book_20140617073908369gjzawl64_SQL_0_0_0_job0:
        Worker Count:1
        Input Records:
                input: 2 (min: 2, max: 2, avg: 2)
        Output Records:
                R2_1_Stg1: 0 (min: 0, max: 0, avg: 0)
R2_1_Stg1_odps_book_20140617073908369gjzawl64_SQL_0_0_0_job0:
        Worker Count:1
        Input Records:
                input: 0 (min: 0, max: 0, avg: 0)
        Output Records:
                R2_1_Stg1FS_1039649: 0 (min: 0, max: 0, avg: 0)

User defined counters: 5
        example.topk.TopkQueryWithCounter$DataCounter
                DIRTY_WORDS=104
                STOP_WORDS=41
        example.topk.TopkQueryWithCounter$TaskCounter
                COMBINE_TASKS=1
                MAP_TASKS=1
                REDUCE_TASKS=1
OK
```

图 7-21　添加 stopwords 处理的输出结果

如上，可以看到 MapReduce 框架会自动输出用户定义的 Counter 结果（用户自己并不需要在 main 函数中执行输出）。

如果用户想获取这些统计结果，进一步做逻辑判断处理（比如若脏数据数超过 100，则调用报警程序），在 main 函数中，可以如下执行启动作业并获取 Counter 结果：

```
RunningJob rjob = JobClient.runJob(job);
Counters counters = rjob.getCounters();
long dirtyCnt = counters.findCounter(DataCounter.DIRTY_WORDS).getValue();
……
```

## 7.5.7　扩展：MR² 模型

传统的 MapReduce 编程模型要求每一轮 Map/Reduce 操作之后，数据必须落地到分布式文件系统上（比如 HDFS 或 ODPS 表）。一般的 MR 应用（比如这里的 TopK 查询）通常由多个 MapReduce 作业组成，每个作业结束之后需要写入磁盘，而下一个 Map 任务很多只是读一遍数据，为后续的 Shuffle 做准备，这样实际上多了两次 IO 操作（一次写，一次读）。

ODPS MapReduce 编程模型底层基于飞天的 DAG 作业执行模型，支持 Reduce 后面直接执行 Reduce 操作，即 Map-Reduce-Reduce，而不是 Map-Reduce-Map-Reduce，中间不需要多一层 Map 操作。因此，ODPS 实现了扩展的 MapReduce 模型 MR²，可以支持 Map 和 Reduce 操作的任意组合，比如 Map-Reduce-Reduce，第一个 Reduce 之后直接把数据 Shuffle 给第二个 Reduce。

基于 MR² 模型，TopK 数据处理流程如图 7-22 所示。

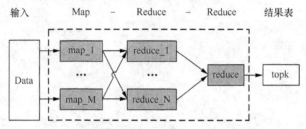

图 7-22　基于 MR² 的 TopK 数据处理流程

MR² 提供了 Pipeline 类，把 Map-Reduce-Reduce 连起来，main 函数主要代码逻辑如下：

```
JobConf job = new JobConf();

// Pipeline set mapper and reducer: map -> reduce1 -> reduce2
Pipeline pipeline = Pipeline
        .builder()
        // map
        .addMapper(TopkMapper.class)
        .setOutputKeySchema(SchemaUtils.fromString("word:string"))
        .setOutputValueSchema(SchemaUtils.fromString("count:bigint"))
        // reduce1
        .addReducer(MidReducer.class)
        .setOutputKeySchema(SchemaUtils.fromString("word:string"))
        .setOutputValueSchema(SchemaUtils.fromString("count:bigint"))
        // reduce2
        .addReducer(TopkReducer.class)
        .setTaskNum(1)
        .createPipeline();

InputUtils.addTable(TableInfo.builder().tableName(args[0]).build(), job);
OutputUtils.addTable(TableInfo.builder().tableName(args[1]).build(), job);

job.set("k", args[2]);
```

```
JobClient.runJob(job, pipeline);
```

值得一提的是，中间 Reducer（这里即 MidReducer）的输出是<key, value>形式，和最后一个 Reducer 输出不同。实际上，从用户角度，中间 Reducer 在使用上类似于 Combiner，只是 Combiner 是局部性的，而中间 Reducer 是全局的，相同 key 都在同一个 Reducer。

最后在启动作业时，执行 JobClient.runJob(job, pipeline); 需要把 pipeline 也传给 runJob 函数。

## 7.6  SQL 和 MapReduce，用哪个？

也许你会有这样的疑问：SQL 和 MapReduce 都用于海量数据处理，应该用哪个？

由于 SQL 更简单易用，建议只要能通过 SQL（含内建函数）解决，就用 SQL。当很难通过 SQL 解决（比如源数据是 Protobuf 序列化格式）时，是写 UDF 还是通过 MapReduce 处理呢？从编程难度考虑，UDF 和 MapReduce 差不多，使用哪个主要取决于个人偏好。一般来说，如果问题可以抽象成一个比较通用的功能，则建议用 UDF（比如解析 json），这样函数可以多处调用。否则，使用 MapReduce 编程在处理数据时会相对更灵活些。

熟悉 Hadoop/Hive 的读者可能会认为从性能角度，由于 Hive SQL 最终是转换成 MapReduce 作业运行，所以 MapReduce 性能上更优。对于 Hadoop/Hive 确实如此，但这个理解并不适用于 ODPS。

实际上，在 ODPS 中，MapReduce 作业是基于 SQL UDF 框架实现的，即"MR on SQL"，所以并不存在"MapReduce 性能优于 SQL"这一说。ODPS SQL 已经实现了"准实时 SQL"功能（暂未开放，在 13.4 节"准实时 SQL"会提及），通过内存计算方式，可以较大程度降低小 SQL 作业的执行时间，而 MapReduce 目前还不支持准实时。

## 7.7  小结

这一章介绍了 MapReduce 编程模型并给出了一些示例，通过 WordCount 和 TopK 查询示例的逐步扩展，初步了解如何实现 MapReduce 程序，什么时候使用 Combiner 进行优化，如何使用 Resource，以及如何通过 Counters 统计数据等。

# 第8章
# MapReduce 进阶

在前一章的 WordCount 示例以及延伸的 TopK 示例中，其中 map 和 reduce 的处理逻辑比较明了，很容易想到。然而，MapReduce 经常用于比较复杂的数据处理场景，在某些场景下，可能没有那么简单。比如，来往[①]有很多好友关系数据，如何基于 MapReduce 编程模型实现好友推荐？基于淘宝用户和商品之间的关系（购买、点击、收藏商品），如何挖掘淘宝用户的共同特征？挖掘出很多特征后，如何通过 MapReduce 实现决策树，生成规则用于预测？

在这一章中，我们将介绍几个较复杂的场景，进一步熟悉 MapReduce 编程。

## 8.1  再谈 Shuffle & Sort

对于复杂的数据场景，深入理解 MapReduce 编程模型是一切的基础。一般来说，可以把问题抽象分解成两个阶段，即 map 和 reduce，分析 map 阶段和 reduce 阶段分别实现什么逻辑。map 和 reduce 之间的 "枢纽" 是 Shuffle & Sort 中间数据。从某种程度上，可以说 MapReduce 应用开发的核心在于设计 Mapper 的输出和 Reducer 的输入，也就是说定制 Mapper 如何输出，以及中间数据如何 Shuffle & Sort。

默认情况下，Shuffle & Sort 是根据 Mapper 输出的键（称为 "组合键"）来分区（partition，决定输出到哪个 Reducer）、分组（group，决定对于同一路 Reducer 的数据，按哪个 key 进行分组）和排序的（sort，决定同一路 Reducer 的数据如何排序）。实际上，MapReduce 框架非常灵活，用户可以定制如何分区、排序和分组。下面我们通过二级排序示例来说明如何定制分区键、分组键和排序键。

---

[①] 还没用 "来往"？你 out 啦。它是阿里推出的为方便保留生活精彩时刻、方便和好友联系来往的社交软件，官方网址是：https://www.laiwang.com/。

二级排序（SecondarySort）是分析数据如何 Shuffle & Sort 的经典案例。比如在前面的网站访问日志中，希望能够实现按访问 ip 排序，相同 ip 按其访问时间 time 排序，生成结果如下：

```
192.123.1.1, 2014-03-01 00:00:01, [other_info]
192.123.1.1, 2014-03-01 03:01:00, [other_info]
192.123.1.1, 2014-03-01 12:00:01, [other_info]
192.123.5.2, 2014-03-01 02:07:00, [other_info]
192.123.5.3, 2014-03-01 09:12:00, [other_info]
…
```

一种常见的方式是把 ip 作为 map 输出键，Reducer 接收到数据如下（为了清晰，忽略其他信息）：

```
ip1, [time1, time2, time3,…]
```

对[time1, time2, time3,…]进行排序，当数据量很大时，该排序操作会带来严重的性能问题。当数据倾斜严重时，比如某个 ip 访问量非常大，可能排序时还会引发内存溢出问题。

幸运的是，通过设计 Map 输出，以及定制数据如何 Shuffle&Sort，可以巧妙地实现排序问题，详细过程如下：

（1）map 的输出以"组合键"(ip, time)作为 key；

（2）由于相同 ip 的数据必须输出到同一路 Reducer，设置"分区键"为 ip；

（3）分区键决定相同 ip 的数据会输出到同一路 Reducer，但它并不能保证 (ip, time1)、(ip, time2) 这样不同的组合键会分组（group）在一起（也就是说发送给同一次 reduce()函数调用）。MapReduce 框架默认会按照 map 输出的"组合键"来分组，也就是说它会认为(ip, time1)和(ip, time2)是不同的 key，不会分组在一起。为了相同 ip 能够分组在一起，需要设置"分组键"为 ip；

（4）对于同一路 Reducer，其排序按先对 ip 排序，相同 ip 按 time 排序，因此"排序键"应该为（ip, time），由于默认为"组合键"，即（ip, time），所以可以不用显式设置。

图 8-1 显示了分别调用哪些接口设置这些键。

实现一个二级排序示例很有助于加深理解 MapReduce，有兴趣可以实践一下。当然，在实际应用中，通过 SQL，这个示例只需要"DISTRIBUTE BY ip SORT BY ip, time"就可以轻松实现。相比之下，SQL 开发比 MapReduce 简单有多少，一目了然。

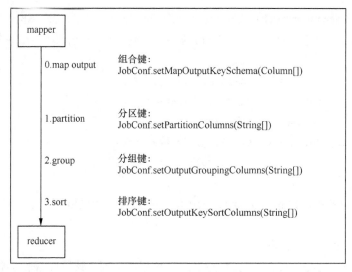

图 8-1　设置不同键的接口调用示例

# 8.2　好友推荐

## 8.2.1　场景和数据说明

假设场景如下，"来往"用户量持续猛涨，在很多情况下，用户不知道自己的好友也来啦，所以"来往"平台就希望帮用户推荐好友，可以方便他们"say hi"，说不定还可以帮助用户找到"失散"多年的同学呢。生活总是如此充满惊喜。

如何推荐呢？最佳好友推荐往往是通过查找两个非好友之间的共同好友情况来实现的。如果小 A 和小 B 不是好友，但是他们有很多共同好友，那就可以给小 A 推荐小 B，给小 B 推荐小 A。这里，我们假定好友关系是双向的：如果小 A 是小 B 的好友，那么小 B 也是小 A 的好友。假设原始数据每条 Record 包含两个字段，user 和 friends，user 唯一标示一个用户，friends 是该用户的好友（逗号分隔）。假设数据如下：

A　　B,C,D

B　　A,C

C    A,B,D

D    A,C,E

E    D

期望生成的结果表包含三个字段，如下：

```
user1  user2  count
```

输出所有非好友的记录，count 表示 user1 和 user2 之间的共同好友数。在推荐时，我们可以根据共同好友数决定推荐列表中各项的顺序，比如共同好友数越多，在推荐列表的位置排得越靠前。

## 8.2.2   问题定义和分析

下面详细描述一下 MapReduce 的处理过程。

**Step 1：** 在 Mapper 中，每读取一条 Record，对 friends 进行 split，两两组合生成 key（按字母序），如果是好友，值置为 0，非好友则把值置为 1，如下所示。

第一条记录输出如下：

（A B），  0  ---- 0 表示已经是好友

（A C），  0

（A D），  0

（B C），  1  ---- 1 表示有一个共同好友

（B D），  1

（C D），  1

第二条记录输出如下：

（A B），  0  ---- 注意这里是（A B），而不是（B A），即前面提到的"按字母序"

（B C），  0

（A C），  1

第三条记录输出如下：

（A C），  0

（B C），  0

（C D），  0

（A B），  1

（A D），  1

（B D），  1

到这里已经很清楚了，为了节省篇幅，后续的不再一一给出。

这里，key 包含的两个字段进行排序是关键。因为假定好友关系是双向（即无向）的，排序可以确保（A B）和（B A）是作为同一个 key（A B），Combiner 处理较简单，先进行局部归并，再输出到 Reduce 进行全局归并。

**Step 2：** 假设数据量很大，在同一个 Mapper 中，相同 key 的输出可能很多，所以这里使用 Combiner 来优化。通过 Combiner，对 key 的 value 列表进行遍历，如果存在值为 0，则只输出一条值为 0；如果不存在值为 0，则把值进行相加，具体说明如下。

A    B,C,D

B    A,C

C    A,B,D

D    A,C,E

E    D

map 输出后，key 为（A B）的键值对如下：

（A B）,   0   ---- 来自第一条记录

（A B）,   0   ---- 来自第二条记录

（A B）,   1   ---- 来自第三条记录

combine 在遍历（A B）键值时，当读取到（A B）, 0 时，则跳出循环，输出一条（A B）, 0。

key 为（B D）的键值对如下：

（B D）,   1   ---- 来自第一条记录

（B D）,   1   ---- 来自第三条记录

combine 在遍历（B D）键值时，因为不存在值为 0 的，所以把键值相加，最后输出一条（B D）, 2。

其他键值对处理也是以此类推。最后，combine 输出的<key, value>中，如果 value 为 0，则表示 key 中的两个人已经是好友；否则表示他们还不是好友，value 值表示他们有多少个共同好友。

**Step 3：** Reducer 的处理和 Combiner 很类似，只是输出不同。对于同一个 key，当存在 value 值为 0 时，则不输出；当不存在 value 值为 0 时，则把所有值相加，最后把 key 赋给结果 record 的前两列，把 sum 值赋给结果 record 的 count 列，输出 record。

试想一想：对于 Combiner，当存在 value 值为 0 的键值对时，是否可以不输出？比如，前面提到的 Combiner 输出"（A B）, 0"，是否也可以像 Reducer 那样，不输出呢？为什么呢？

答案是不可以的。我们一起来分析原因。还是以（A B）键值对为例，假设有两个 map，

其中 map1 处理前两条记录，map2 处理后三条记录，如下：

（A B），0 ---- 来自第一条记录，map1

（A B），0 ---- 来自第二条记录，map1

（A B），1 ---- 来自第三条记录，map2

按前面给出的处理逻辑，经过 combine 后，map1 输出（A B），0；map2 输出（A B），1；reduce 的输入是：

（A B），0

（A B），1

reduce 判断（A B）键存在 value 值为 0，所以不输出。

至此，整个过程结束。试想一下，如果在 combine 时，map1 不输出"（A B），0"，结果会怎样呢？

reduce 的输入只有"（A B），1"，因而 reduce 判断（A B）键不存在 value 值为 0，最后输出记录（A B 1），这显然不对，因为（A B）已经是好友了。

因此，在 Combiner 阶段，对于存在 value 值为 0 的键值对，也要输出一条如<key, 0>的中间结果。究其根本原因，在于多路 map 输出很可能包含相同的 key，所以需要保留可以标识 key 中两个用户是好友这个信息。

### 8.2.3 代码实现

分析明白以后，后面的代码实现就很轻松了。FriendRecommend.java 的主要逻辑如下：

```java
public static class FriendMapper extends MapperBase {
  private Record zero;
  private Record one;
  private Record key;
  private Pattern pattern;

  @Override
  public void setup(TaskContext context) throws IOException {
    key = context.createMapOutputKeyRecord();
    zero = context.createMapOutputValueRecord();
    one = context.createMapOutputValueRecord();
    zero.setBigint(0, 0L);
    one.setBigint(0, 1L);
    pattern = Pattern.compile(",");
```

```
    }

    @Override
    public void map(long recordNum, Record record, TaskContext context)
        throws IOException {
      String user = record.get(0).toString();
      String all = user + "," + record.get(1).toString();
      String[] arr = pattern.split(all);
      Arrays.sort(arr);
      int len = arr.length;
      for (int i=0; i<len-1; ++i) {
        for(int j=i+1; j<len; ++j) {
          key.set(0, arr[i] + "," + arr[j]);
          if(arr[i].equals(user)) {
            context.write(key, zero);
          }
          else {
            context.write(key, one);
          }
        }
      }
    }
  }

  public static class FriendCombiner extends ReducerBase {
    private Record count;

    @Override
    public void setup(TaskContext context) throws IOException {
      count = context.createMapOutputValueRecord();
    }

    @Override
    public void reduce(Record key, Iterator<Record> values, TaskContext context)
        throws IOException {
      long c = 0;
      while (values.hasNext()) {
        Record val = values.next();
```

```
      if(0 == val.getBigint(0)) {
        c = 0;
        break;
      }
      c += val.getBigint(0);
    }
    count.setBigint(0, c);
    context.write(key, count);
  }
}


public static class FriendReducer extends ReducerBase {
  private Record result = null;

  @Override
  public void setup(TaskContext context) throws IOException {
    result = context.createOutputRecord();
  }

  @Override
  public void reduce(Record key, Iterator<Record> values, TaskContext context)
      throws IOException {
    long count = 0;
    while (values.hasNext()) {
      Record val = values.next();
      if(0 == val.getBigint(0)) {
        count = 0;
        break;
      }
      count += val.getBigint(0);
    }
    // output the record if not friends
    if(count > 0) {
      String users = key.getString(0);
      int pos = users.indexOf(',');
      result.set(0, users.substring(0, pos));
      result.set(1, users.substring(pos+1));
      result.set(2, count);
```

```
        context.write(result);
      }
    }
  }
```

前面已经提到，MapReduce 编程的关键在于设计 Mapper 的输出和 Reducer 的输入，而且方法往往不止一个。在这个例子中，你想到其他解决方案了吗?

# 8.3 LBS 应用探讨：周边定位

在 5.3.2 "简单的 LBS 应用" 一节，我们简单地尝试了如何通过 SQL UDF 实现 LBS 应用场景中的经纬度的距离计算和 GeoHash 编码。这里，我们将继续探讨 LBS 应用这一主题。

## 8.3.1 场景和数据说明

假设某个商家在全国有 100 万家分店，希望通过周边定位，获取 1 公里范围内的 POI（Point of Interest，兴趣点，通过采集生成的包含经纬度信息的点），做一些周边市场推广。比如图 8-2 中字母 A 标注的是其中一个分店地址，需要找出以 A 为中心的圆圈（1 公里范围）内的所有 POI 信息（即圆圈范围内的菱形的 POI 点）。类似的场景很多，比如物流公司服务范围定位等。

图 8-2　周边定位示例

地址数据都已经通过 GeoCoding 编码，以经纬度方式表示。数据源有两张表，一张是商家地址表（包含商家 id 和经纬度信息），假设数据量 10GB 左右；另一张是 POI 表（包含 POI id 和经纬度信息），数据量很大，比如 10TB。两张表数据如图 8-3 和图 8-4 所示（忽略其他信息）。

图 8-3　商家地址表

图 8-4　POI 表

要求找出每个商家周围一公里范围内的 POI，结果表包含商家 id、POI id 及其距离。

## 8.3.2　问题定义和分析

这个问题可以定义为两张表的"笛卡尔积"连接操作，在实现上主要有以下两种方式。

（1）对每个商家 id，遍历 POI 表，计算该商家和每个 POI 点的距离，这种方式实际上是笛卡尔积操作，计算量很大。这里商家表比较大（10GB，而 Resource 上限是 512MB），可以采用"分而治之"的思想，即把商家表垂直切分成多份临时表，把切分后的每份数据作为 Resource 加载到内存中，以 MapJoin 方式和 POI 表进行连接计算。在实现上分为两个 MapReduce（实际上是两个 MapOnly），如图 8-5 所示。

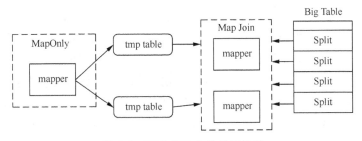

图 8-5　LBS 周边定位问题设计

如果数据中除了经纬度外，还包含其他更粗粒度的地理信息，比如城市信息，则可以考虑把计算范围缩小到更小的区域。

（2）在 5.3.2 节中，我们已经提到 GeoHash，其初衷是使用尽量短的 URL 来标识地图上的某个位置，也就是把二维空间的经纬度转换成一维空间的字符串形式。因此，这里我们也可以考虑采用 GeoHash 的思想，在 map 阶段，对商家表和 POI 表的数据分别计算

GeoHash 值，按 hash 值进行分区；由于 GeoHash 是定位到一个矩形范围（如图 8-2 所示中的灰色矩形框所示），实际上是要定位圆形范围，因此在 reduce 阶段，把商家数据保存在内存中，对每个 POI 点，计算其和商家的距离，如果小于给定距离，则输出到结果表中。

这里有两个问题值得注意：一是对于相同的 hash 结果，必须区分商家数据和 POI 数据，且保证商家数据排在前面；二是 GeoHash 算法保证了同一个 hash 值表示相邻的点，但它有局限性，通过把区域划分成规则矩形，会导致在边界上相邻点 GeoHash 编码差别很大，比如图 8-6 中两个点在距离上实际很近，但其 hash 值却差别很大。

对于问题一，在 Map 阶段时，生成的 key 除了包含 hash 值外，还可以包含一个标识位，用于区分 reduce 的输入是商家表还是 POI 表，比如商家表的 key 输出时<hash, 1>，POI 表的输出为<hash, 2>。

对于问题二，由于区域边界点的相邻点一定落在该区域的 8 个相邻区域，如图 8-7 所示。

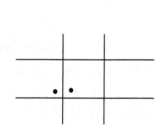

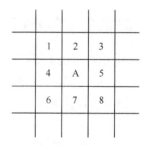

图 8-6　GeoHash 关于边界点的局限性　　　　　图 8-7　区域 A 的 8 个相邻区（九宫格）

对于区域 A 中的点，要定位周边的点，只需要查找 A 及其 8 个相邻区。通过 GeoHash 可以计算其相邻区的 hash 值，一种做法是在 map 阶段把 A 按相邻区的 hash 值复制 8 份发送给 Reducer 连接。在这个例子中，由于 distance(A,B) = distance(B,A)，即是无向的，而商家表数据远远小于 POI 表，因此对商家表数据进行冗余备份。具体做法如下：对商家表，先对每条记录求 hash，并计算其相邻的 8 个 hash，然后把该条记录以这 9 个 hash 输出给 Reducer。假设数据为 id1, lat1, lng1，通过经纬度计算其 hash 值为 h1，而 hash1 的 8 个相邻 hash 值为 h2，h3，h4，h5，h6，h7，h8，h9，则这条数据在发送给 Reducer 时，会发送如下 9 条数据：

(h1, 1),　(id1, lat1, lng1)

(h2, 1),　(id1, lat1, lng1)

(h3, 1),　(id1, lat1, lng1)

(h4, 1),　(id1, lat1, lng1)

(h5, 1),　(id1, lat1, lng1)

(h7, 1),　(id1, lat1, lng1)

(h8, 1),　(id1, lat1, lng1)

(h9, 1),　(id1, lat1, lng1)

这样对于 POI 表发送到 Reducer 的每条数据，还是按之前的方式计算即可。

---

### GeoHash 算法原理

GeoHash 算法是一种近似逼近算法，主要思想是通过二分法无限逼近，比如给定维度值 42.6，可以通过下面的算法来计算编码：

（1）维度区间是[-90,90]，把它分成两个区间[-90,0) 和[0,90]，称为左右区间，42.6 属于右区间[0,90]。

（2）把区间[0,90]二分为[0,45)和[45,90]，则 42.6 属于左区间。

（3）递归迭代，可知 42.6 一直属于某个区间[a,b]，且随着每轮迭代区间越来越逼近 42.6。

（4）在每轮迭代计算中，属于左区间则标记为 0，右区间标记为 1，这样就可以通过 0 和 1 序列来表示维度。

（5）同样，对于经度，也通过类似方式编码。

（6）最后，偶数位放经度，奇数位放维度，把经纬度编码生成新串，再通过 base32 编码生成结果。

关于 GeoHash，可以通过维基百科了解更多：http://en.wikipedia.org/wiki/Geohash

---

## 8.3.3 代码实现和分析

下面将一起实践通过 GeoHash 的方式来实现周边定位。文件 AddressLocate.java 的主要的代码实现如下：

### 1. Mapper 实现

```java
public static class LocateMapper extends MapperBase {
    private Record key;
    private Record value;

    @Override
    public void setup(TaskContext context) throws IOException {
```

```
    key = context.createMapOutputKeyRecord();
    value = context.createMapOutputValueRecord();
    TABLE_SRC = context.getJobConf().get("TABLE_SRC");
    TABLE_POI = context.getJobConf().get("TABLE_POI");
    PRECISION = context.getJobConf().getInt("PRECISION", 5);
}


@Override
public void map(long recordNum, Record record, TaskContext context)
    throws IOException {
  // id(string), latitude, longitude
  Double lat = record.getDouble(1);
  Double lng = record.getDouble(2);

  //src or poi: src should come first in reduce
  if(context.getInputTableInfo().getTableName().equals(TABLE_SRC)) {
    key.set(1, 1L);
  }
  else if(context.getInputTableInfo().getTableName().equals(TABLE_POI)){
    key.set(1, 2L);
  }
  String hash = GeoHash.geoHashStringWithCharacterPrecision(lat, lng, PRECISION);
  key.set(0, hash);
  value.set(0, record.get(0));
  value.setDouble(1, lat);
  value.setDouble(2, lng);
  context.write(key, value);
  }
}
```

在 Mapper 的 setup()函数中初始化 key 和 value 对象，并通过 TaskContext 获取参数配置，这些参数是通过 main 函数设置的。

在写作本书时，已发布的 MapReduce SDK 在读取多表输入时，不能确定 Record 来自哪张表，只能依赖表 Schema 不同或 Record 本身特征来区分。比如表 A 的数据有 3 列，表 B 有 5 列，在读取 Record 时通过判断记录列数来区分它来自哪张表。这里将使用一个暂未发布的 SDK 版本，它支持通过 TaskContext 来获取表名，方法如下：context.getInputTableInfo()。

getTableName()。

　　对于 hash 值计算，调用了第三方库 geohash-java.jar 来实现（https://github.com/kungfoo/geohash-java），但暂时没有考虑8个相邻区的问题，有兴趣的读者可以进一步实践。

## 2. Reducer 实现

```
// INPUT: (hash, [1|2]) (id, lat, lng)
// OUTPUT  : src_id, poi_id, distance
public static class LocateReducer extends ReducerBase {
  private Record result = null;

  // maintain: id, <lat, lng> (from src)
  HashMap<String, Pair<Double, Double>> cache = null;
  private String lastHash = null;

  @Override
  public void setup(TaskContext context) throws IOException {
    result = context.createOutputRecord();
    DISTANCE = context.getJobConf().getLong("DISTANCE", 1000); // default 1km
    cache = new HashMap<String, Pair<Double, Double>>();
  }

  @Override
  public void reduce(Record key, Iterator<Record> values, TaskContext context)
      throws IOException {

    while (values.hasNext()) {
      Record val = values.next();
      String hash = key.getString(0);

      if(key.getBigint(1) == 1L) { // from src
        if( null == lastHash || lastHash != hash ) {
          cache.clear();
          lastHash = hash;
        }
        // the hash value is a rectangle, different src may get the same hash value
        cache.put(val.getString(0), new Pair<Double, Double>(val.getDouble(1),
val.getDouble(2)));
```

```
        }
      else {        // from poi
        // get distance
        for(String k: cache.keySet()) {
          Pair<Double, Double> p = (Pair<Double, Double>) cache.get(k);
          double  d = GeoUtil.getPointDistance(p.getLeft(), p.getRight(),
val.getDouble(1), val.getDouble(2));

          // output
          if(d <= DISTANCE) {
            result.set(0, k);
            result.set(1, val.getString(0));
            result.set(2, d);
            context.write(result);
          }
        }
      }
    }
  }
```

同样，Reducer 在 setup 函数中也执行初始化和获取配置。在 reduce 函数中，当读取商家表数据时，先保存到缓存 HashMap 中，当读取到 POI 数据时，会遍历缓存，计算距离。注意在每次读到下一条 hash 时，会先清空缓存。

## 3. main 实现

```
  public static void main(String[] args) throws Exception {
    try {
      parseArgument(args);
    } catch (IllegalArgumentException e) {
      printUsage(e.getMessage());
      System.exit(2);
    }


    JobConf job = new JobConf();


    job.setMapperClass(LocateMapper.class);
```

```
        job.setReducerClass(LocateReducer.class);

        job.setMapOutputKeySchema(SchemaUtils.fromString("hash:string,type:bigint"));
        job.setMapOutputValueSchema(SchemaUtils.fromString("id:string,lat:double,
lng:double"));
        String cols[] = {"hash"};
        job.setPartitionColumns(cols);

        InputUtils.addTable(TableInfo.builder().tableName(TABLE_SRC).build(), job);
        InputUtils.addTable(TableInfo.builder().tableName(TABLE_POI).build(), job);
        OutputUtils.addTable(TableInfo.builder().tableName(TABLE_OUT).build(), job);

        // precision
        job.setInt("PRESICION", PRECISION);
        job.setLong("DISTANCE", DISTANCE);

        job.set("TABLE_SRC", TABLE_SRC);
        job.set("TABLE_POI", TABLE_POI);

        JobClient.runJob(job);
    }
```

main 函数先解析参数，设置 Mapper 的输出，要注意一点是 Mapper 的输出键是个组合键 (hash, type)，其中 type 为 1 或 2 标识是哪个表，因为 Mapper 的输出 shuffle 到 Reducer 时，要保证商家表的数据排序在前面。由于相同的 hash 要 Shuffle 到同一个 Reducer，因此 Mapper 的分区键只能是 hash( 不能带 type )。理解 8.1 节的 Shuffle&Sort 原理对于这块实现会很有帮助。

## 8.3.4　运行和测试

### 1. 编译打包

由于这里引用了第三方库 geohash-java.jar，生成的 jar 文件需要包含第三方库，所以通过 Ant 来编译（也可以用 Maven 或其他），在 build.xml 中通过 zipgroupfileset 添加第三方包，如下所示。

```
    <target name="jar" depends="compile">
        <jar destfile="${build.dir}/${prj.name}-${version}.jar" basedir="${classes.dir}">
            <zipgroupfileset dir="lib" includes="geohash-java.jar" />
```

```
            <manifest>
                <attribute name="Main-Class" value="example.lbs.AddressLocate"/>
            </manifest>
        </jar>
    </target>
```

通过 Ant 执行生成 lbs-0.1.jar。

## 2. 准备测试数据

创建表并准备几条测试数据，建表语句如下：

```
create table lbs_src(id string, lat double, lng double);
create table lbs_poi like lbs_src;
create table lbs_out(src string, dst string, distance double);
```

商家表 lbs_src 数据如图 8-8 所示。

POI 表 lbs_poi 数据如图 8-9 所示。

图 8-8　商家表数据

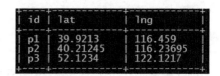

图 8-9　POI 表数据

在准备测试数据上其实也有一定技巧，为了避免输出结果为空（难以判断结果是否符合预期），商家表和 POI 表有一条数据是完全一样，这样保证最终至少有一条结果。当然，测试数据可以更多一些。

运行如下命令：

```
create resource jar /home/admin/odps_book/mapreduce/build/lbs-0.1.jar lbs.jar -f;
jar -resources lbs.jar -classpath /home/admin/odps_book/mapreduce/build/lbs-0.1.
jar example.lbs.AddressLocate -src lbs_src -poi lbs_poi -out lbs_out
```

输出结果表 lbs_out 数据如图 8-10 所示。

图 8-10　lbs_out 数据

# 8.4 MapReduce 调试

对于 MapReduce 开发，由于 Mapper 和 Reducer 的代码逻辑运行在分布式集群上，所以其调试要比普通的 Java 代码调试难一些。目前，主要有两种调试方式，一是通过 Counter 实现，二是通过 log 查看。下面一起来实践一下如何使用它们并结合 MapReduce 的输出结果来调试代码。

## 8.4.1 带 bug 的代码

直接以 8.3 节的 LBS 应用探讨代码为例，比如在 main 函数中忘记设置 Partition 键（请在源代码中删除如下两行）：

```
String cols[] = {"hash"};
job.setPartitionColumns(cols);
```

同上，运行后，MapReduce 输出信息如图 8-11 所示。

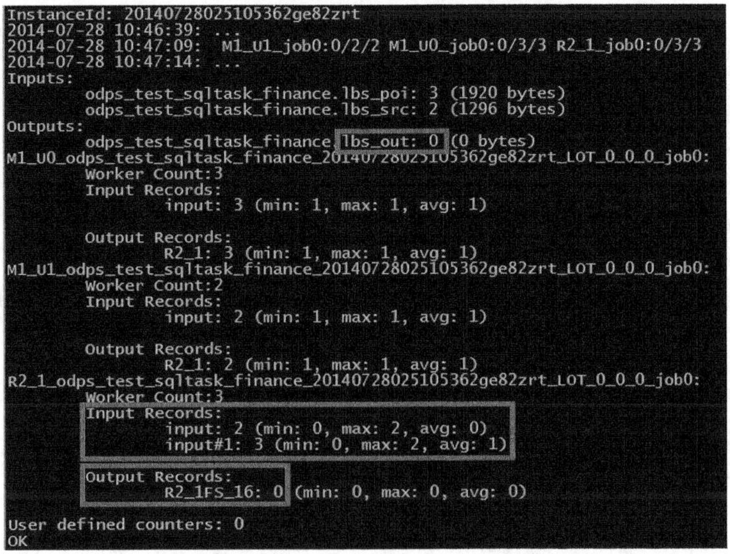

```
InstanceId: 20140728025105362ge82zrt
2014-07-28 10:46:39: ...
2014-07-28 10:47:09:  M1_U1_job0:0/2/2 M1_U0_job0:0/3/3 R2_1_job0:0/3/3
2014-07-28 10:47:14: ...
Inputs:
        odps_test_sqltask_finance.lbs_poi: 3 (1920 bytes)
        odps_test_sqltask_finance.lbs_src: 2 (1296 bytes)
Outputs:
        odps_test_sqltask_finance.lbs_out: 0 (0 bytes)
M1_U0_odps_test_sqltask_finance_20140728025105362ge82zrt_LOT_0_0_0_job0:
        Worker Count:3
        Input Records:
                input: 3 (min: 1, max: 1, avg: 1)

        Output Records:
                R2_1: 3 (min: 1, max: 1, avg: 1)
M1_U1_odps_test_sqltask_finance_20140728025105362ge82zrt_LOT_0_0_0_job0:
        Worker Count:2
        Input Records:
                input: 2 (min: 1, max: 1, avg: 1)

        Output Records:
                R2_1: 2 (min: 1, max: 1, avg: 1)
R2_1_odps_test_sqltask_finance_20140728025105362ge82zrt_LOT_0_0_0_job0:
        Worker Count:3
        Input Records:
                input: 2 (min: 0, max: 2, avg: 0)
                input#1: 3 (min: 0, max: 2, avg: 1)

        Output Records:
                R2_1FS_16: 0 (min: 0, max: 0, avg: 0)

User defined counters: 0
OK
```

图 8-11　带 bug 的 MapReduce 执行输出

从输出结果可以看出，结果表记录为空，Reducer 输入时 5 条数据，输出 0 条记录（这个示例依赖的 SDK 还没发布，所以在一个测试 Project 下运行）。

## 8.4.2　通过本地模式调试

通过本地模式运行，执行命令如下：

```
jar -local -classpath /home/admin/odps_book/mapreduce/build/lbs-0.1.jar example.
lbs.AddressLocate -src lbs_src -poi lbs_poi -out lbs_out
```

执行输出如图 8-12 所示。

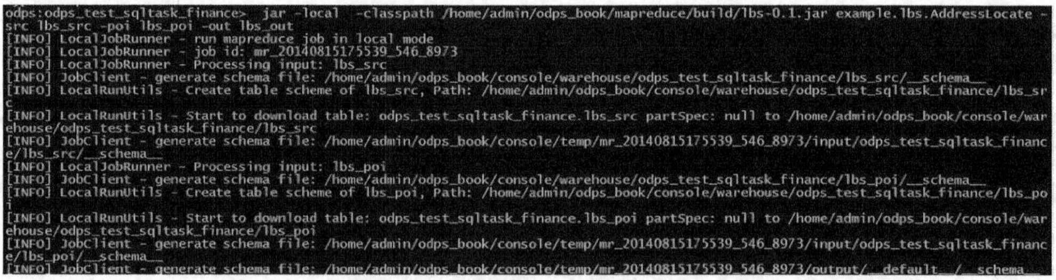

图 8-12　本地模式运行输出结果

在 7.4.4 节已经详细说明了本地模式运行输出，可以通过输出到本地的数据来查看分析。在收费模式下，本地模式调试是最常见且经济的调试方式。下面再介绍一下另外两种调试方式，也可以和本地模式调试结合使用。

## 8.4.3　通过 Counter 调试

从前面的输出，结合代码逻辑，很容易想到可能是缓存（cache 变量）为空，下面可以通过 Counter 来查看是不是这样。

在类的开头添加如下代码：

```
enum DataCounter {
    CACHE
}
```

在 Reducer 中添加如下 3 行代码，统计 cache 中的总记录数，如下：

```
// 在 Reducer 类开头
Counter cacheCounter;
```

```
// 在 setup 函数中
cacheCounter = context.getCounter(DataCounter.CACHE);
// 在遍历 cache 处
cacheCounter.increment(1);
```

运行结果输出如图 8-13 所示。

```
User defined counters: 1
        example.lbs.AddressLocate$DataCounter
                CACHE=0
```

图 8-13　cacheCounter 输出结果

可以看到 cache 确实为空。

同样，可以增加 POI 和 SRC 两个 Counter，分别统计 Reducer 接收到的 lbs_src 和 lbs_poi 数据，运行结果如图 8-14 所示。

```
User defined counters: 3
        example.lbs.AddressLocate$DataCounter
                CACHE=0
                POI=3
                SRC=2
```

图 8-14　dataCounter 输出结果

可见，Reducer 确实收到了 3 条 lbs_poi 表的数据，2 条 lbs_src 表的数据，那为什么 cache 为空呢？

由于这里 lbs_src 表和 lbs_poi 表有一条记录经纬度完全相同，所以期望的 cache 至少有一条记录。那么，是不是这两条 hash 值相同的数据，被发送到了不同的 Reducer？ 如果能够想到这点，问题就解了：数据没有被正确分区，因而要正确设置分区键。

## 8.4.4　通过 log 调试

Counter 往往用于查看实际的代码执行逻辑，但无法查看程序中其他变量的值。如果想查看程序执行过程的变量值，可以通过标准输出和 log 命令来查看。

在之前的输出中，MapReduce 输出的开头包含 InstanceId: 20140728043203241garxg738，可以通过 log list 命令查看，执行 log list 20140728043203241garxg738；输出如图 8-15 所示。

```
odps:sql:odps_test_sqltask_finance> log list 20140728043203241garxg738;
WorkerID                                                                      StartTime             Duration  Status
Odps/odps_test_sqltask_finance_20140728043203241garxg738_LOT_0_0_0_job0/M1_U1#0_0 2014-07-28 12:32:21   3s    Terminated
Odps/odps_test_sqltask_finance_20140728043203241garxg738_LOT_0_0_0_job0/M1_U1#1_0 2014-07-28 12:32:22   4s    Terminated
Odps/odps_test_sqltask_finance_20140728043203241garxg738_LOT_0_0_0_job0/M1_U0#0_0 2014-07-28 12:32:20   4s    Terminated
Odps/odps_test_sqltask_finance_20140728043203241garxg738_LOT_0_0_0_job0/M1_U0#1_0 2014-07-28 12:32:21   4s    Terminated
Odps/odps_test_sqltask_finance_20140728043203241garxg738_LOT_0_0_0_job0/M1_U0#2_0 2014-07-28 12:32:21   3s    Terminated
Odps/odps_test_sqltask_finance_20140728043203241garxg738_LOT_0_0_0_job0/R2_1#0_0 2014-07-28 12:32:29    3s    Terminated
Odps/odps_test_sqltask_finance_20140728043203241garxg738_LOT_0_0_0_job0/R2_1#1_0 2014-07-28 12:32:30    3s    Terminated
Odps/odps_test_sqltask_finance_20140728043203241garxg738_LOT_0_0_0_job0/R2_1#2_0 2014-07-28 12:32:28    3s    Terminated
```

图 8-15　log list 命令输出截图

其中第一列表示 WorkerID，可以通过 log get 命令获取 Worker 上的 log 信息，比如执行

log get 20140728043203241garxg738 Odps/odps_test_sqltask_finance_20140728043203241
garxg738_LOT_0_0_0_job0/R2_1#0_0

输出结果如图 8-16 所示。

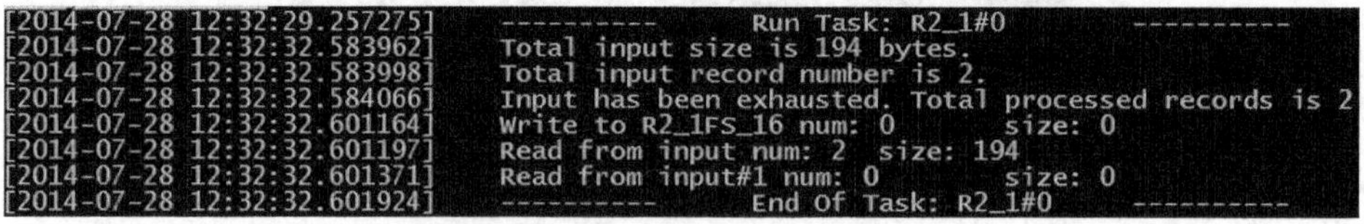

图 8-16　log get 命令输出截图

它输出该 Worker 上的作业运行情况。

在源文件中添加如下两行代码，输出 Reducer 的 Key 和 Value，如下：

```
// 在遍历 Reducer 的输入时
System.out.println("key:" + key.getString(0) + ","
+ key.getBigint(1) );
System.out.println("value:" + val.getString(0) + ","
+ val.getDouble(1) + "," + val.getDouble(2));
```

同上，通过 log 命令查看结果如下（图中方框标注即添加的标准输出）：

如图 8-17 所示，一个 Reducer 的输入来源是 lbs_src 表的 map 输出，两条数据的 key
分别为 "key:wx4g4,1" 和 "key:wx4sv,1"：

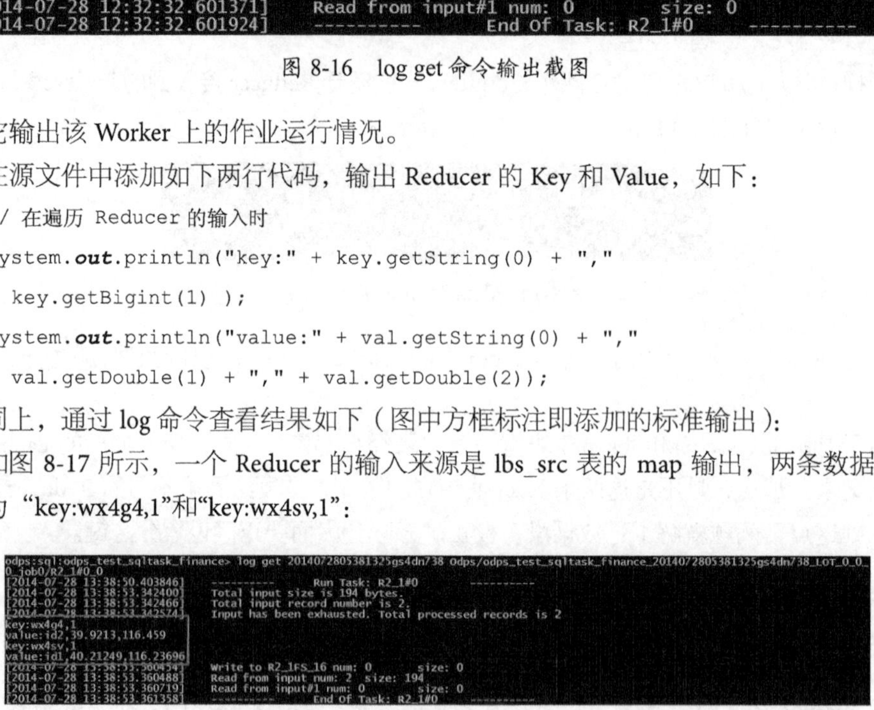

图 8-17　一个 Reducer 的输入

如图 8-18 所示，其他两个 Reducer 的输入来源 lbs_out 表的 map 输出，可以看到其中
一个 Reducer 的 key 是 "key:wx4g4,2" 和 "key:wx4sv,2"。

可以看出，lbs_src 输出的 key 的 hash 值和 lbs_poi 输出的 key 的 hash 值有两个是一致
的。相同 hash 值的 key 为什么没有输出到同一个 Reducer 呢？同样，可以很容易定位到时
没有正确分区这一问题。

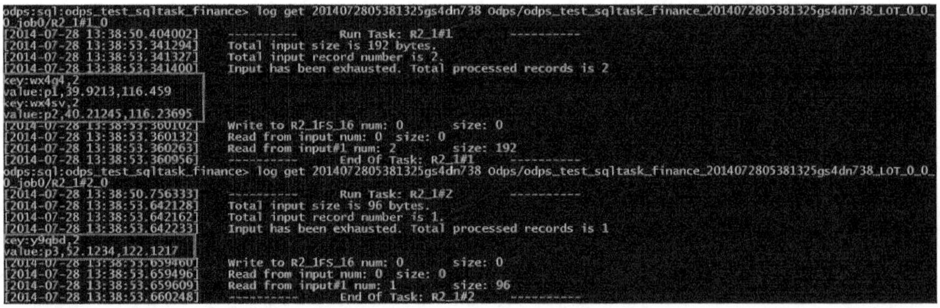

图 8-18 其他两个 Reducer 的输入

## 8.5 一些注意事项

熟悉 MapReduce 编程后，可能会比较关注 MapReduce 程序的调优问题，它可以概括为两个方面：一是代码实现；二是业务逻辑。

从代码实现上，其实在前面的示例实践过程中，已经提及很多，主要有以下几点：

（1）尽量在 setup 函数中初始化对象，而不要在 map 函数和 reduce 函数中执行。因为 setup 函数只执行一次，而 map、reduce 函数执行次数和数据相关（很可能频繁执行）。

（2）一些 Java 开发注意，比如前面提到的 String.split，可以用 Pattern.split。

（3）使用 Combiner，在适合情况下使用 Combiner。

（4）使用 Resource，通过 MapJoin 方式处理大小表连接。

（5）减少传输的数据量，只处理和传输需要的字段，而不是整张表。

从业务逻辑上，则可以说是"具体问题具体分析"，表是否构建成分区表，是否维持一张中间表、把问题分解成几次 MapReduce 过程等这些策略都会影响到 MapReduce 的复杂性。

## 8.6 小结

这一章深入探讨了 MapReduce 的 Shuffle&Sort 思想，通过二级排序说明如何分区、组合和排序等。然后通过两个应用示例展示如何设计和分析 MapReduce 程序，并给出了 MapReduce 程序的调试方式以及一些注意事项。

# 第 **9** 章
# 机器学习算法

ODPS 的一个强大之处在于其提供了丰富的统计分析、机器学习算法，这些分布式算法性能很高，是海量数据挖掘和机器学习的利器。

从使用角度，机器学习算法有两种交互方式，一是在 CLT 中通过命令行模式执行，二是通过 XLab，以图形界面或脚本的方式执行。XLab 是 ODPS 提供的算法客户端工具，它既提供图形界面，便于用户快速上手，也支持执行脚本，灵活方便，可以轻松实现数据挖掘。CLT 和 XLab 脚本都支持类 Python 语法。

## 9.1　初识 ODPS 算法

ODPS 机器学习算法非常丰富，从功能角度可以划分为以下几大类。

- 基本的统计、分析和处理：基本统计包括直方图、协方差、连续变量分组统计、交叉表、排行榜等；统计分析包含对应分析、主成分分析（Principal Component Analysis，PCA）；数据处理包括数据过滤、采样、归一、合并、分箱等。
- 回归分析：是一种统计学数据分析方法，目的在于了解两个或多个变量是否相关，并建立数学模型来观察感兴趣的变量。主要支持两种：线性回归和梯度渐近回归树。
- 分类预测：分类（Classification）是一种有监督的机器学习方法，利用已知类别的样本训练分类模型，为未知类别的样本预测类别。包括随机森林、逻辑回归、支持向量机（SVM）、朴素贝叶斯、Fisher 判别和 MDistance 判别等。
- 聚类分析：聚类（Clustering）是一种无监督机器学习方法，只需要把相关的东西聚在一起，而不关心它是什么。因此聚类只需要计算相似度，不需要使用训练数据进行学习。最常用的聚类算法是 KMeans（K 均值聚类）。
- 关联分析：又称关联规则（Association Rules），是数据挖掘的重要课题，用于从大量数据中挖掘出有价值的数据项之间的关联关系，比如"用户购买了产品 A，她会购买产品 B 的可能性是多少？"关联规则的经典应用是购物篮分析（比如人们耳熟能详的啤酒和尿布案例），超市对顾客的购买记录进行关联规则挖掘，从而发现顾客的购买习惯，把相关商品放在一起，增加销量。

- 推荐算法 eTREC：是阿里一淘推荐团队研发，其他多个团队共同参与实现的基于物品的协同过滤算法（Item-based Collaborative Filtering）的高效实现，上亿的 user 和 item 矩阵在 20 分钟左右计算完成，支持常用的以及自定义相似度计算方法，目前在阿里内部广泛应用，大幅提升了业务指标。

对于分布式机器学习算法，从实现角度，对于非迭代型算法，目前底层主要基于飞天分布式 DAG（类 MapReduce）编程模型实现，而对于迭代型算法，主要基于 MPI 并行框架（http://www.mpich.org/）实现。

ODPS 框架对底层具有非常好的兼容性，支持不同的底层计算框架，也就是说，现在主流的并行程序，只需要简单适配，就可以在 ODPS 平台上统一调度运行。

# 9.2 入门示例

场景是对"4.4 节天猫品牌推荐"中生成的测试表 tmall_test_sample 做一些基本的数据分析。

## 9.2.1 通过 CLT 统计分析

首先执行 xlib 进入 xlib 子窗口，执行 help xlib;会输出 xlib 的帮助信息，如图 9-1 所示。

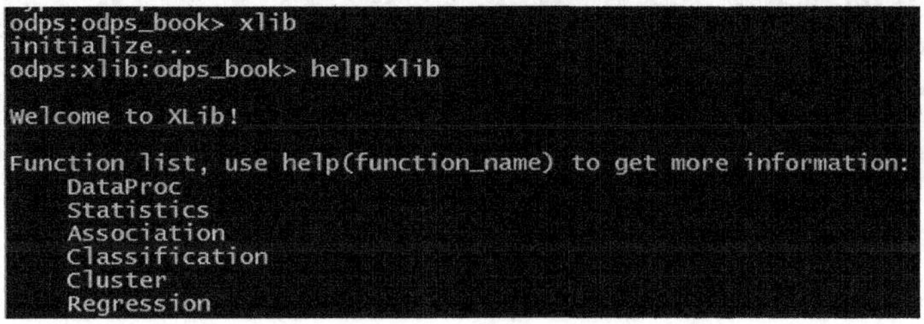

```
odps:odps_book> xlib
initialize...
odps:xlib:odps_book> help xlib

Welcome to XLib!

Function list, use help(function_name) to get more information:
    DataProc
    Statistics
    Association
    Classification
    Cluster
    Regression
```

图 9-1　xlib 帮助信息

对表 tmall_test_sample 生成基本统计信息，执行命令如下：

```
s=Statistics.simpleSummary('tmall_test_sample')
print s
```

由于 python 语法按空格对齐，注意最外层命令前面不要有空格。它会按列输出其基本统计量，包括记录数，均值、方差等信息，图 9-2 显示了部分信息。

```
Column: buy_cnt
DataType                     : Long
Count                        : 2861
Mean                         : 0.8636840265641385
Variance                     : 5.698893975650354
Standard Deviation           : 2.387235634714419
Coefficient of Variation     : 2.7640150347705186
Standard Error               : 0.044630973486528884
Sum                          : 2471.0
Min                          : 0.0
Max                          : 31.0
Range                        : 31.0
2nd Moment                   : 6.442852149598043
3rd Moment                   : 101.58021670744495
4th Moment                   : 2224.6644529884657
2nd Central Moment           : 5.696902051855999
3rd Central Moment           : 86.17498161414571
4th Central Moment           : 1900.8985631473076
Skewness                     : 6.33757439638595
```

图 9-2　基本统计执行结果截图

执行 help(Statistics)可以输出对象 Statistics 的所有帮助信息，help(Statistics.simpleSummary)会输出方法 simpleSummary 的帮助信息，如图 9-3 所示。

```
odps:xlib:odps_book> help(Statistics.simpleSummary)
Help on function simpleSummary in module __main__:

simpleSummary(inputTableName, inputPartitions=None, summaryColNames=None, filter=None, by=None)
    计算基本统计量。

    Args:
        inputTableName: 输入表名.
        inputPartitions: (可选)表的分区列表.
        summaryColNames: (可选)需要计算的列名列表.
        filter: (可选)过滤条件.
        by: (可选)分组条件列表.

    Returns:
        如果by=None, 或者by只有一个条件, 返回SummaryResultTable.
        否则返回SummaryResultTable 列表, 其中每一个代表在filter条件下, by分组条件对应的summary结果.

        给定SummaryResultTable srt, 通过列名可以取出每一列的基本统计量等,
            src = srt.col("colName")

            src.countTotal: 总个数
            src.count: 有效值个数
            src.countMissValue: 缺失值个数
            src.sum: 和
            src.sum2: 平方和
            src.sum3: 立方和
            src.min: 最小值
            src.max: 最大值
            src.range: 极差
            src.mean: 均值
            src.variance: 方差
            src.standardDeviation: 标准差
```

图 9-3　基本统计函数帮助

## 9.2.2　通过 XLab 统计分析

下载 XLab 安装包，解压缩后，在解压目录下双击可执行文件 start.bat，会弹出一个对

话框，配置如图 9-4 所示（这里的 END POINT、ACCESS ID 和 ACCESS KEY 信息和 CLT 的配置信息一致）。

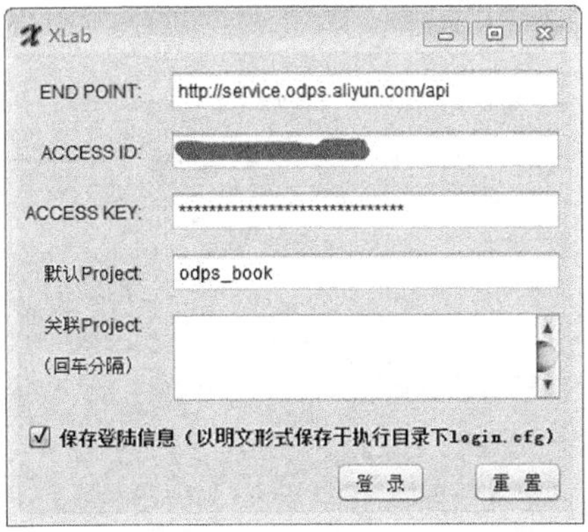

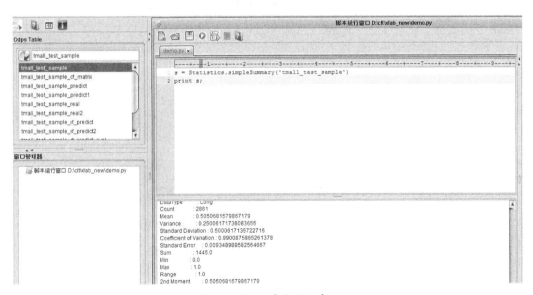

图 9-4　XLab 登录截图

如果选中"保存登陆信息"，会以明文形式保存，一般不建议选中。最后点击"登录"即可。

## 1. 通过脚本

点击 XLab 左上角的图形运行窗口，打开脚本输入窗口，输入之前的命令并执行，如图 9-5 所示，在脚本输入窗口下方会显示运行结果。

图 9-5　XLab 脚本运行窗口

## 2. 通过图形界面

　　双击表名（窗口左上角），打开后，点击"全表统计→全表基本统计量"，运行完成后输出结果如图 9-6 所示。

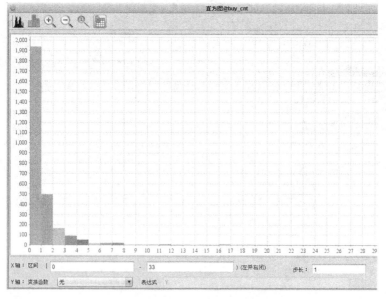

| Statistics | user_id | brand_id | buy_cnt | click_d7 | collect_d7 | shopping... | click_d3 | collect_d3 | shopping... | cvr |
|---|---|---|---|---|---|---|---|---|---|---|
| countI... | 2861.0 | 2861.0 | 2861.0 | 2861.0 | 2861.0 | 2861.0 | 2861.0 | 2861.0 | 2861.0 | 2861 |
| count | 2861.0 | 2861.0 | 2861.0 | 2861.0 | 2861.0 | 2861.0 | 2861.0 | 2861.0 | 2861.0 | 2861 |
| countM... | 0.0 | 0.0 | 0.0 | 0.0 | 0.0 | 0.0 | 0.0 | 0.0 | 0.0 | 0.0 |
| countN... | 0.0 | 0.0 | 0.0 | 0.0 | 0.0 | 0.0 | 0.0 | 0.0 | 0.0 | 0.0 |
| countP... | 0.0 | 0.0 | 0.0 | 0.0 | 0.0 | 0.0 | 0.0 | 0.0 | 0.0 | 0.0 |
| countN... | 0.0 | 0.0 | 0.0 | 0.0 | 0.0 | 0.0 | 0.0 | 0.0 | 0.0 | 0.0 |
| sum | NaN | NaN | 2471.0 | 7053.0 | 64.0 | 9.0 | 2519.0 | 19.0 | 6.0 | 302. |
| sum2 | NaN | NaN | 18433.0 | 216495.0 | 186.0 | 9.0 | 74153.0 | 35.0 | 6.0 | 83.9 |
| sum3 | NaN | NaN | 290621.0 | 2.0119... | 652.0 | 9.0 | 6836003.0 | 67.0 | 6.0 | 48.8 |
| sum4 | NaN | NaN | 6364765.0 | 2.8269... | 2610.0 | 9.0 | 7.8025... | 131.0 | 6.0 | 40.6 |
| min | NaN | NaN | 1.0 | 1.0 | 1.0 | 1.0 | 1.0 | 1.0 | 1.0 | 0.0 |
| max | NaN | NaN | 31.0 | 161.0 | 5.0 | 1.0 | 118.0 | 2.0 | 1.0 | 1.0 |
| range | NaN | NaN | 31.0 | 161.0 | 5.0 | 1.0 | 118.0 | 2.0 | 1.0 | 1.0 |
| mean | NaN | NaN | 0.8636... | 2.4652... | 0.0223... | 0.0031... | 0.8804... | 0.0066... | 0.0020... | 0.10 |
| variance | NaN | NaN | 5.6988... | 69.618... | 0.0645... | 0.0031... | 25.152... | 0.0121... | 0.0020... | 0.01 |
| standa... | NaN | NaN | 2.3872... | 8.3437... | 0.2540... | 0.0560... | 5.0151... | 0.1104... | 0.0457... | 0.13 |
| cv | NaN | NaN | 2.7640... | 3.3845... | 11.356... | 17.804... | 5.6960... | 16.627... | 21.817... | 1.27 |
| standa... | NaN | NaN | 0.0446... | 0.1559... | 0.0047... | 0.0010... | 0.0937... | 0.0020... | 8.5541... | 0.00 |
| skewness | NaN | NaN | 6.3376... | 11.200... | 13.643... | 17.745... | 18.419... | 17.220... | 21.767... | 4.13 |
| kurtosis | NaN | NaN | 55.570... | 187.24... | 211.34... | 312.89... | 415.26... | 301.00... | 471.83... | 23.0 |
| moment2 | NaN | NaN | 6.4428... | 75.671... | 0.0650... | 0.0031... | 25.918... | 0.0122... | 0.0020... | 0.02 |
| moment3 | NaN | NaN | 101.58... | 7032.4... | 0.2278... | 0.0031... | 2389.3... | 0.0234... | 0.0020... | 0.01 |
| moment4 | NaN | NaN | 2224.6... | 988115... | 0.9122... | 0.0031... | 272720... | 0.0457... | 0.0020... | 0.00 |
| centra... | NaN | NaN | 5.6969... | 69.593... | 0.0645... | 0.0031... | 25.143... | 0.0121... | 0.0020... | 0.01 |
| centra... | NaN | NaN | 86.174... | 6502.7... | 0.2235... | 0.0031... | 2322.2... | 0.0231... | 0.0020... | 0.01 |
| centra... | NaN | NaN | 1900.8... | 921418... | 0.8920... | 0.0031... | 264424... | 0.0451... | 0.0020... | 0.00 |

图 9-6　XLab 全表基本统计量界面显示

　　图形界面提供非常方便的数据处理和统计展示功能，比如可以统计 buy_cnt 字段，以直方图显示，如图 9-7 所示。

图 9-7　buy_cnt 字段直方图显示

# 9.3　几个经典的算法

ODPS 提供了很多机器学习算法，这里只简单介绍两个算法：逻辑回归和随机森林。在后面的应用说明中会用到这两个算法，它们都属于分类算法。关于机器学习算法，网上资料很多，可以通过 wiki 或 Google 搜索了解更多，特别推荐 CMU 的 Andrew W. Moore 老师的关于数据挖掘和机器学习的系列教程：http://www.cs.cmu.edu/~awm/tutorials.html 以及备受赞誉的 *Pattern Recognition And Machine Learning* 一书（作者 Christopher M. Bishop）。

## 9.3.1　逻辑回归（Logistic Progression）

回归是一种模型，简单而言即 y=f(x)，表示自变量 *x* 与因变量 *y* 的关系。比如医生给病人治病时，通过望、闻、问等判断病人是否生病，其中望闻问就是获取自变量 x，即特征，判断是否生病相当于确定因变量 y，即预测结果。

最简单的回归是线性回归（Linear Regression）。举个例子（来源 Stanford 公开课 Andrew NG 老师的课程，https://www.coursera.org/course/ml），如图 9-8 所示，*x* 为数据点（肿瘤大小），*y* 为观察值（是否恶性肿瘤）。通过构建线性回归模型，如 $h_\theta(x)$ 所示，即可以根据肿瘤大小，预测是否为恶性肿瘤，其中 $h_\theta(x) \geqslant .05$ 为恶性，$h_\theta(x) < 0.5$ 为良性。

但是，线性回归在有噪音数据的时候，鲁棒性很差。比如图 9-9，由于最右边的噪音节点，导致回归模型在训练集上表现很差。这主要是因为在线性回归中，所有自变量对因变量的影响都是一致的，这就使得一些游离的噪音值会导致模型偏差较大。

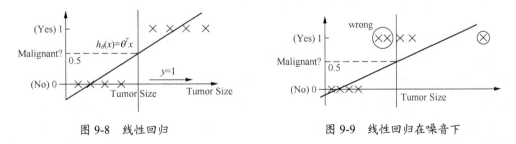

图 9-8　线性回归　　　　　　　　　图 9-9　线性回归在噪音下

逻辑回归是在线性回归的基础上引入了一个回归方程，实现归一化，把预测值限定为 [0,1] 间的一种回归模型，其回归方程和回归曲线如图 9-10 所示。

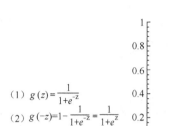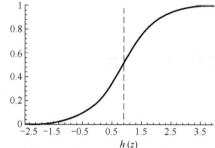

$$(1)\ g(z)=\frac{1}{1+e^{-z}}$$

$$(2)\ g(-z)=1-\frac{1}{1+e^{-z}}=\frac{1}{1+e^{z}}$$

图 9-10　回归方程和回归曲线

可以理解为，回归方程惩罚了值很大和值很小的两种极端情况（往往是噪音数据）。因此，和线性回归相比，其鲁棒性更强，成为业界普遍使用的机器学习方法。

经典的逻辑回归是个二分类算法，经常被用于预测事物的可能性，比如用户点击某个广告或购买某个商品的可能性，以及病人患有某种疾病的可能性等。逻辑回归广泛应用于流行病学，探测某疾病的危险因素。此外，在信用评分领域运用也很成熟。信用评分是指帮助贷款机构发放消费信贷的一整套决策模型和技术。它往往把客户分成好客户（能够按期偿还本息，good）和坏客户（违约，bad），根据历史数据建模，预测借款人违约风险，为信贷决策提供依据。

逻辑回归只适用于线性问题。只有当特征和目标呈线性关系时，才能用逻辑回归。这有两个指导意义，一是如果预知模型非线性时，则不可用逻辑回归；二是当使用逻辑回归时，应该选择和目标呈线性关系的特征。逻辑回归的各个特征是相互独立计算的，不会对特征之间进行关联。关于逻辑回归，可以在这里了解更多：http://en.wikipedia.org/wiki/Logistic_regression。

## 9.3.2　随机森林（Random Forest）

随机森林是由许多决策树（Decision Tree，http://www.autolab.org/tutorials/dtree.html）组成，这些决策树的输入样本和特征是随机选择的，所以也称随机决策树。随机森林中不同的决策树之间是独立的。在测试数据上训练时，实际上是让每一棵决策树进行分类，最后取所有决策树中分类结果最多的作为最终结果。因此，随机森林是包含多个决策树的一个分类器。决策树实际上是用超平面对空间进行划分的一种方式，每次划分时，都把当前的空间一分为二，比如下面这棵决策树，其属性值是连续的实数，如图 9-11 所示，划分的结果如图 9-12 所示。

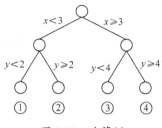

图 9-11  决策树

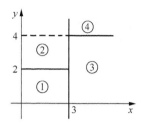

图 9-12  决策树在空间上的划分

随机森林较适合做多分类问题，对训练数据的容错能力较好，当数据集中有较大比例缺失值时，随机森林还是表现较好。其训练和预测速度很快，可以有效处理大数据集。此外，它还能够检测特征之间的相互影响以及不同特征的重要性程度。随机森林不容易出现过拟合，但是在某些噪音较大的分类或回归问题上会出现过拟合。此外，对不同级别的特征，级别划分较多的特征会对随机森林产生更大影响，这样可能导致生成的权值效果不理想（甚至不可用）。关于随机森林，可以在这里了解更多：http://en.wikipedia.org/wiki/Random_forest。

# 9.4  天猫品牌预测

回顾一下，在第 4 章，我们探讨了"天猫品牌预测"这一问题，在生成特征和抽取样本后，采用人工规则的方式来生成模型并预测。

从机器学习角度，对于天猫品牌预测这一问题，要预测用户最终是否会购买某个品牌，可以把这个问题理解为二分类问题：买和不买；也可以理解为回归问题，计算购买的概率值。下面一起看看如何通过不同的机器学习算法来实现训练和预测。

## 9.4.1  逻辑回归

从直观上认为生成的特征和最终是否购买呈线性关系，人们很自然地可以采用逻辑回归来训练和预测。

这个过程主要包含以下三个步骤①：

（1）训练：在训练集 tmall_train_sample 上训练，生成模型 tmall_train_sample_lr_model；

（2）预测：利用生成的模型，在测试集 tmall_test_sample 上预测，生成预测结果

---

① 由于训练集和测试集都是 3 个月的数据，可能效果会比较好，实际上，当预测最后一个月的真实数据时，效果可能会有抖动（即显著变差），第 4 章中数据集的划分方式其实有很多可以改进之处。

tmall_test_sample_predict；

（3）评估：对 tmall_test_sample 上的真实购买情况和预测结果表 tmall_test_sample_predict 进行验证，评估模型，查看最后指标。

（1）登录 XLab，打开表 tmall_train_sample，在打开的窗口上点击"模型→逻辑回归→训练"，如图 9-13 所示。

图 9-13　选择逻辑回归

（2）在弹出的逻辑回归窗口中，目标变量选择 flag，模型输出表填写为 tmall_train_sample_lr_model，如图 9-14 所示。

图 9-14　逻辑回归训练

由于这里属于"买/不买"二分类问题，所以选中二分类选项框。GoodValue 取 1 表示把目标列值为 1（这里表示购买）的作为正例。最大迭代次数和收敛误差是指在执行过程中，只要有一个满足，算法就停止迭代。

点击确定，运行完成后，弹出模型表信息如图 9-15 所示。

图 9-15　逻辑回归模型信息

这里先输出模型名称和训练的表名等信息，"Label Number：2"表示二分类，然后输出预测字段名称和类型，以及特征数。

点击"打开模型表"，显示结果如图 9-16 所示。

| | model_info | label_1 |
| --- | --- | --- |
| 0 | {    "featuresList": ["buy_cnt",    "click_... | |
| 1 | Intercept | -0.024564478479056285 |
| 2 | buy_cnt | 0.006685714222835048 |
| 3 | click_d7 | -3.1219892806554913E-4 |
| 4 | collect_d7 | 0.050694335012557545 |
| 5 | shopping_cart_d7 | 0.006457489824768993 |
| 6 | click_d3 | -4.744287507491444E-4 |
| 7 | collect_d3 | 0.009015314085550775 |
| 8 | shopping_cart_d3 | 0.003195733086543514 |
| 9 | cvr | 0.09983772980370911 |

图 9-16　逻辑回归模型表

这里 Intercept 表示常系数（即 $y=ax+b$ 中的 $b$），从输出可以看出，特征 click_d7 和 click_d3 和结果负相关，其他特征是正相关。尽管如此，特征之间存在相互影响，可能去掉某个特征，原来负相关的特征又会变成正相关，因而不能依赖这个结果做特征裁剪。

（3）点击"模型→逻辑回归→预测"，输入如图 9-17 所示的信息。

图 9-17　逻辑回归预测

逻辑回归算法生成结果值表示概率的数值（比如 0.75, 0.25），其中主分类输入值"1"表示输出结果值为 1（即用户购买）的概率。

点击确定后，生成预测表结果如图 9-18 所示。

| | conclusion | probability | user_id | brand_id | buy_cnt | click_d7 | collect_d7 | shopping... | click_ |
|---|---|---|---|---|---|---|---|---|---|
| 0 | 1 | 0.5071924806963092 | 10052000 | 22126 | 3 | 0 | 0 | 0 | 0 |
| 1 | 1 | 0.5071924806963092 | 10052000 | 22126 | 3 | 0 | 0 | 0 | 0 |
| 2 | 1 | 0.5071924806963092 | 10052000 | 22126 | 3 | 0 | 0 | 0 | 0 |
| 3 | 1 | 0.5337111547842824 | 10054250 | 19660 | 12 | 26 | 0 | 0 | 26 |
| 4 | 0 | 0.4990775679303... | 10064500 | 22583 | 1 | 1 | 0 | 0 | 1 |
| 5 | 0 | 0.4990775679303... | 10064500 | 22583 | 1 | 1 | 0 | 0 | 1 |
| 6 | 0 | 0.4916275827137167 | 10064500 | 28466 | 0 | 21 | 0 | 0 | 5 |
| 7 | 1 | 0.5001283870787907 | 10069500 | 8637 | 1 | 2 | 0 | 0 | 0 |
| 8 | 0 | 0.4958827112123... | 10234000 | 3740 | 0 | 0 | 0 | 0 | 0 |
| 9 | 0 | 0.4958827112123... | 10234000 | 3740 | 0 | 0 | 0 | 0 | 0 |
| 10 | 0 | 0.4938591891645... | 1025250 | 509 | 0 | 0 | 0 | 0 | 0 |
| 11 | 0 | 0.4938591891645... | 1025250 | 509 | 0 | 0 | 0 | 0 | 0 |
| 12 | 1 | 0.5018005101955837 | 10309250 | 10702 | 0 | 0 | 0 | 0 | 0 |
| 13 | 0 | 0.496084642287833 | 10309250 | 18730 | 0 | 0 | 0 | 0 | 0 |

图 9-18　逻辑回归预测结果

这里字段 conclusion 表示预测结论（0 或 1），probability 表示预测结果值为 1 的概率。从输出结果来看，模型或特征不是很理想，probability 值都接近 0.5，说明预测实际上无法很确定是否购买。

（4）点击"模型→评估"，输入如图 9-19 所示信息。

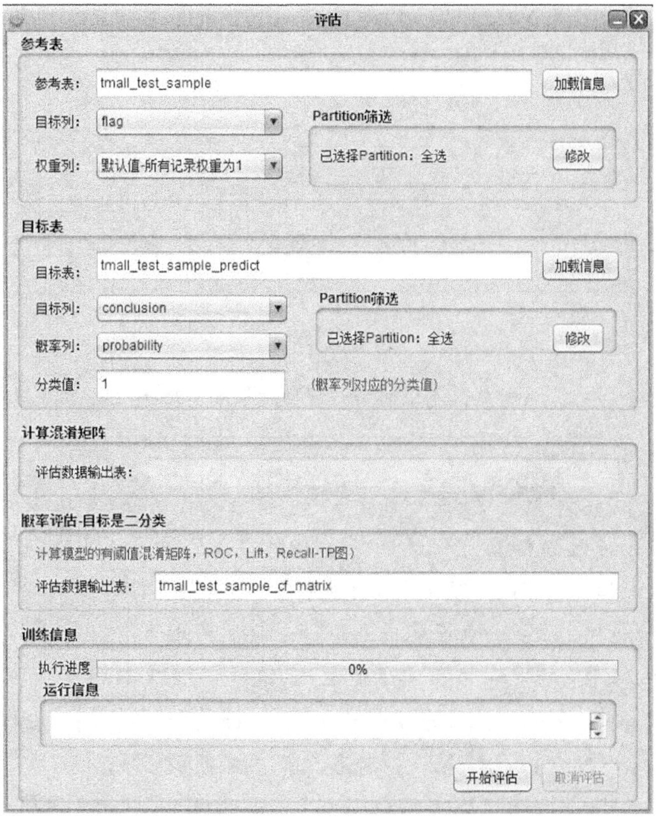

图 9-19　逻辑回归模型评估

点击开始评估，输出混淆矩阵如图 9-20 所示。

这里的 F-Measure 即天猫品牌推荐大赛最终的评测指标。这里主要看 Class=1（预测购买）的指标值，即 F1-Score 值为 0.274。当结果不理想时，一般可以从三个方面进行调优：数据、特征和模型。通常的做法是先维持两个维度（比如特征和模型）不变，改变其中一个维度（比如数据）进行调优；某个维度找到较优后，维持它不变，再改变另一个维度来调优。

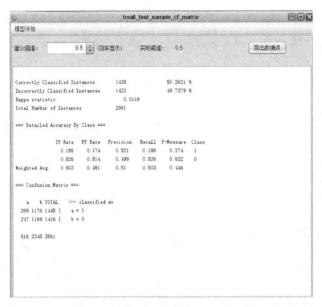

图 9-20   逻辑回归评估结果混淆矩阵

## 模型评估指标——混淆矩阵、ROC 和 Lift

混淆矩阵是评估分类器可信度的基本指标。以二分类为例，可以将实例分成 Positive（正例）和 Negative（负例）。相应地有如下概念：

- TP（True Positive）：表示实例是正例，且被预测为正例
- FP（False Positive）：表示实例为负例，但被预测为正例
- TN（True Negative）：表示实例为负例，且被预测为负例
- FN（False Negative）：表示实例为正例，但被预测为负例

以医学看病为例，如图 9-21 所示：

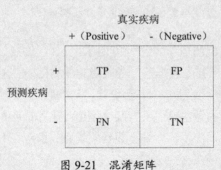

图 9-21   混淆矩阵

相应地，以下几个指标定义如下：

覆盖率 Recall（True Positive Rate, or Sensitivity） = Pr (预测有疾病 | 真实有疾病)
= TP / (TP + FN)

命中率 Precision（Positive Predicted Value） = Pr（正确地预测有疾病 | 预测有疾病）
= TP / (TP+FP)

负例的覆盖率 Specificity = Pr (预测无疾病 | 真实无疾病) = TN / (FP + TN)

准确率 Accuracy = Pr(预测正确) = (TP + TN) / (TP + FP + FN + TN)

Recall 和 Precision 是信息检索中非常有价值的指标，可以通过它计算 F1-Score（详见 "4.4 天猫品牌预测" 一节）。Recall 表示分类器识别出的正例数占所有正例数的比例。Precision 表示分类器正确预测的正例数占预测正例总数的比例。

Specificity 和 Sensitivity（即 Recall）类似，表示负例的覆盖率，在生物统计上经常用到。

ROC 曲线（Receiver Operating Characteristic Curve）表示在不同的阈值下，Sensitivity 和 Specificity 这两个变量在直角坐标系上的对应关系。Lift 指标衡量分类器和不利用模型相比，预测能力变好了多少。

关于模型评估，如果想了解更多，可以查看这里及其相关链接: http://en.wikipedia.org/wiki/Receiver_operating_characteristic。

点击"模型评估→ROC/Lift/ Precision-Recall"，分别输出 ROC / Lift / Precision-Recall 曲线图如图 9-22 所示。

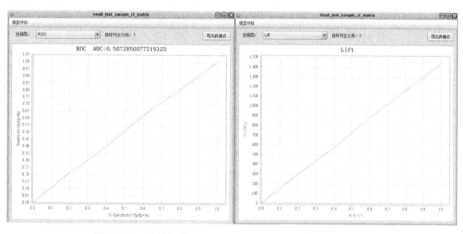

图 9-22　模型评估 ROC / Lift / Precision-Recall 曲线图

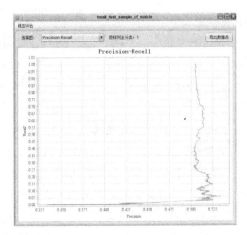

图 9-22 模型评估 ROC / Lift / Precision-Recall 曲线图（续）

## 9.4.2 随机森林

对于很多预测场景，由于逻辑回归是个非常简单的模型，通常把它的效果作为基线，在尝试其他模型时，把预测效果和逻辑回归的效果进行比较，看是否达到了优化的目的。下面一起来尝试使用随机森林模型，其过程类似，也是包含三个阶段：训练、预测和评估。

### 1. 训练

打开表 tmall_train_sample，在打开的窗口上点击"模型→随机森林→训练"，如图 9-23 所示。

图 9-23 通过随机森林训练

在打开的窗口中，点击"属性选择"标签栏，特征 Features 中默认会不选中最后一列，把它作为 Class 中的目标列。这里期望的目标列 flag 即最后一列，所以不用额外操作。由于 user_id 这个字段不是特征，故取消选中。在"模型输出表"中填写 tmall_train_sample_rf_model，如图 9-24 所示。

图 9-24　随机森林训练

后两个标签栏"参数配置"和"模型评估配置"先不做修改，采用默认值，点击"开始训练"，客户端会提交作业到 ODPS 上运行。

这个过程可能需要几分钟，在运行信息里显示"计算正在运行"表示目前作业正在执行。运行完成后，会显示"决策树模型"窗口，如图 9-25 所示。

在下方 Zoom 选项栏可以选择按某个百分比缩放显示结果。

## 2．预测

打开表 tmall_test_sample，在打开的窗口上点击"模型→随机森林→预测"后，弹出如图 9-26 所示窗口。点击"结果附加列"的"修改"按钮，在弹出的选择列窗口选择 user_id， brand_id 和 flag 列，点击确定。

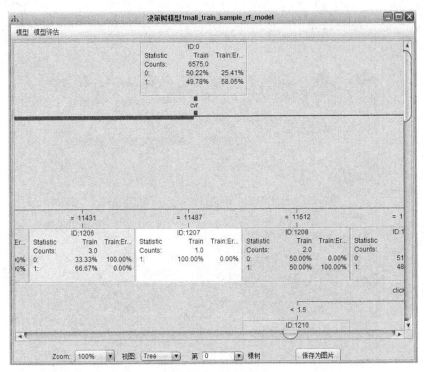

图 9-25　随机森林生成的决策树

图 9-26　选择预测结果列

输入前面生成的模型名 tmall_train_sample_rf_model，由于目标列 flag 值为 0 和 1，属于二分类，选中"目标列二分类"，主分类填写 1（表示 flag=1 的概率，即购买的概率）。输出信息表名填写 tmall_test_sample_rf_predict，如图 9-27 所示。

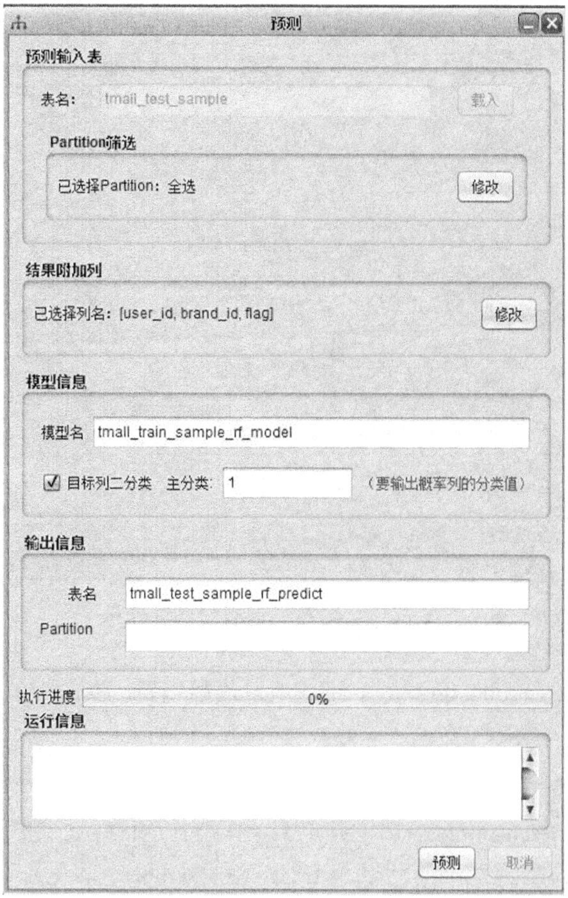

图 9-27　随机森林预测

最后，点击预测，则开始提交作业，"运行信息"显示"计算正在运行…"。这个过程可能需要几分钟，执行进度栏会定时更新执行进度的百分比。运行结束后，"运行信息"显示"预测执行成功！"。打开预测结果表 tmall_test_sample_rf_predict，可以看到表中多出 conclusion 和 probability 两列，conclusion 表示预测结论，probability 表示值为 1 的概率（由于在前面的主分类选择 1），如图 9-28 所示。

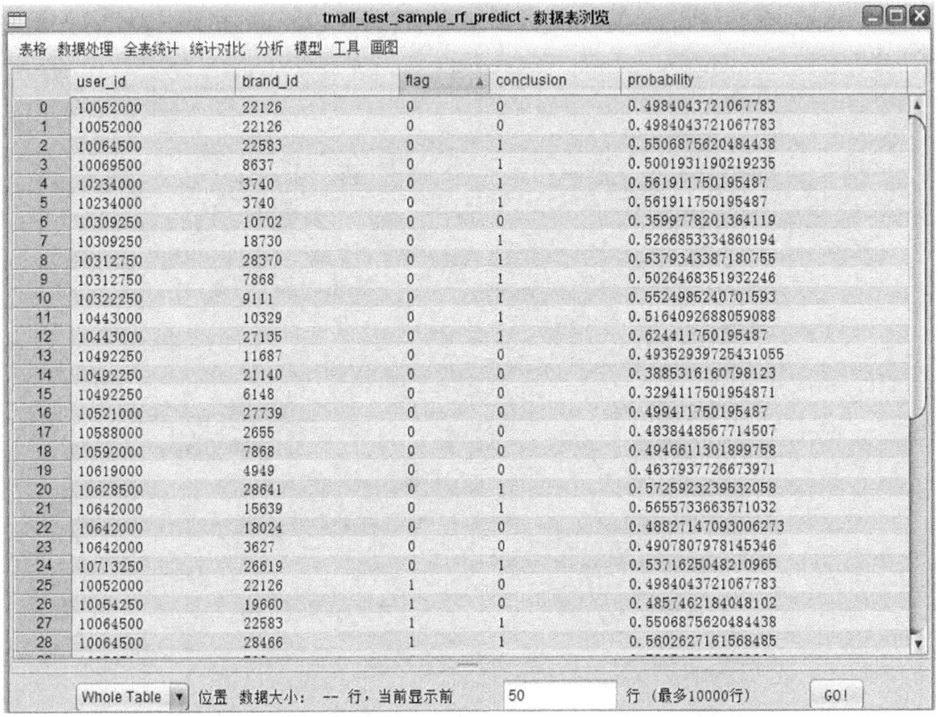


| | user_id | brand_id | flag | conclusion | probability |
|---|---|---|---|---|---|
| 0 | 10052000 | 22126 | 0 | 0 | 0.4984043721067783 |
| 1 | 10052000 | 22126 | 0 | 0 | 0.4984043721067783 |
| 2 | 10064500 | 22583 | 0 | 1 | 0.5506875620484438 |
| 3 | 10069500 | 8637 | 0 | 1 | 0.5001931190219235 |
| 4 | 10234000 | 3740 | 0 | 1 | 0.561911750195487 |
| 5 | 10234000 | 3740 | 0 | 1 | 0.561911750195487 |
| 6 | 10309250 | 10702 | 0 | 0 | 0.3599778201364119 |
| 7 | 10309250 | 18730 | 0 | 1 | 0.5266853334860194 |
| 8 | 10312750 | 28370 | 0 | 1 | 0.5379343387180755 |
| 9 | 10312750 | 7868 | 0 | 1 | 0.5026468351932246 |
| 10 | 10322250 | 9111 | 0 | 1 | 0.5524985240701593 |
| 11 | 10443000 | 10329 | 0 | 1 | 0.5164092688059088 |
| 12 | 10443000 | 27135 | 0 | 1 | 0.624411750195487 |
| 13 | 10492250 | 11687 | 0 | 0 | 0.49352939725431055 |
| 14 | 10492250 | 21140 | 0 | 0 | 0.3885316160798123 |
| 15 | 10492250 | 6148 | 0 | 0 | 0.3294117501954871 |
| 16 | 10521000 | 27739 | 0 | 0 | 0.499411750195487 |
| 17 | 10588000 | 2655 | 0 | 0 | 0.4838448567714507 |
| 18 | 10592000 | 7868 | 0 | 0 | 0.4946611301899758 |
| 19 | 10619000 | 4949 | 0 | 0 | 0.4637937726673971 |
| 20 | 10628500 | 28641 | 0 | 1 | 0.5725923239532058 |
| 21 | 10642000 | 15639 | 0 | 1 | 0.5655733663571032 |
| 22 | 10642000 | 18024 | 0 | 0 | 0.48827147093006273 |
| 23 | 10642000 | 3627 | 0 | 0 | 0.4907807978145346 |
| 24 | 10713250 | 26619 | 0 | 1 | 0.5371625048210965 |
| 25 | 10052000 | 22126 | 1 | 0 | 0.4984043721067783 |
| 26 | 10054250 | 19660 | 1 | 0 | 0.4857462184048102 |
| 27 | 10064500 | 22583 | 1 | 1 | 0.5506875620484438 |
| 28 | 10064500 | 28466 | 1 | 1 | 0.5602627161568485 |

图 9-28　随机森林预测输出结果表

比如第一条记录，probability 值 < 0.5，所以最后 conclusion 为 0。

### 3．评估

在打开的 tmall_test_sample 窗口上，点击“模型→评估”后弹出“评估”窗口，在参考表中输入包含真实购买结果的测试表 tmall_test_sample，点击加载信息，目标列默认为 flag；在目标表中输入生成的预测表 tmall_test_sample_rf_predict，点击加载信息，目标列选择 conclusion，概率列选择 probability，分类值填 1，填写评估数据输出表 tmall_test_sample_rf_roc，如图 9-29 所示。

点击“开始评估”，则客户端开始提交作业到 ODPS 运行。这个过程可能需要几分钟。

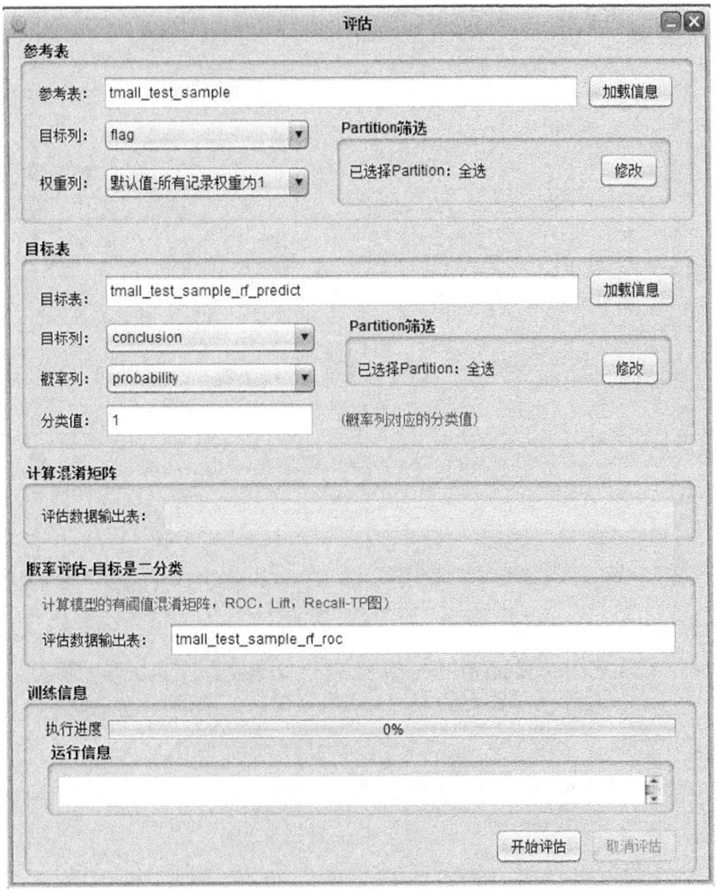

图 9-29 随机森林模型评估

运行完成后，会弹出评估结果窗口，如图 9-30 所示。

在输出结果可以看出，这里 F-Measure 值为 0.496，和逻辑回归模型相比有一些提升。

实际上，这三个步骤还可以在 XLab 上一次性完成，操作如下：

同之前的训练过程一样，打开表 tmall_train_sample，在窗口上点击"模型→随机森林→训练"，弹出的训练窗口包含三个标签栏，"属性选择"选项卡的操作和之前一样，在"参数配置"标签栏中，选中"使用验证"，输入验证表 tmall_test_sample，如图 9-31 所示。

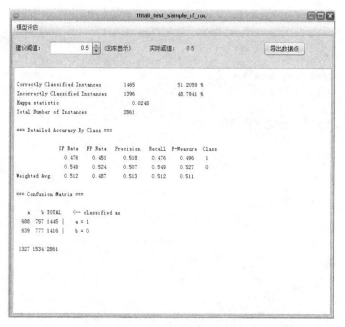

图 9-30　随机森林评估结果图

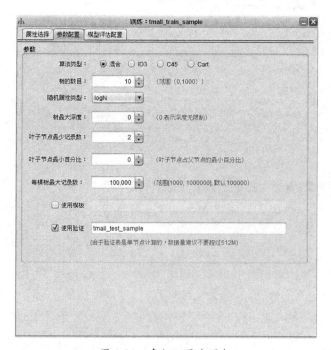

图 9-31　参数配置选项卡

默认没有选中，表示只执行训练。选中后，表示要用 tmall_test_sample 表来预测结果。再打开"模型评估配置"选项卡，在"评估输入表"中选中"验证表"（表示用 tmall_test_sample 来验证结果），并填写其他信息，如图 9-32 所示。

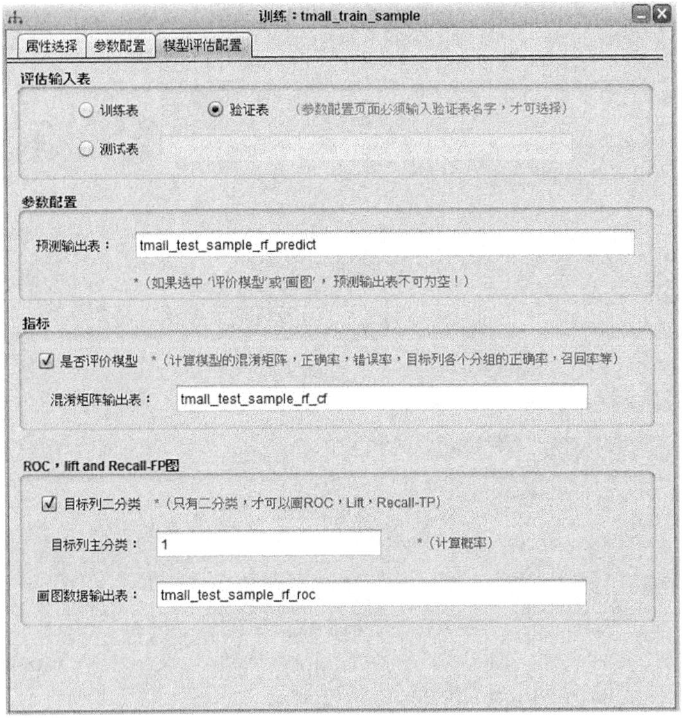

图 9-32　模型评估配置选项卡

完成后，再回到"属性选择"选项卡点击"开始训练"，则会完成"训练-预测-验证"这三个步骤，最后会输出和之前类似的模型评估图。

### 9.4.3　脚本实现和自动化

前面介绍了如何通过 XLab 图形界面的方式实现训练、预测和评估。实际上，XLab 也支持通过脚本的方式运行。

打开 XLab 的脚本运行窗口，输入 help(Classification.RandomForest) 可以查看随机森林接口的详细说明，如图 9-33 所示。

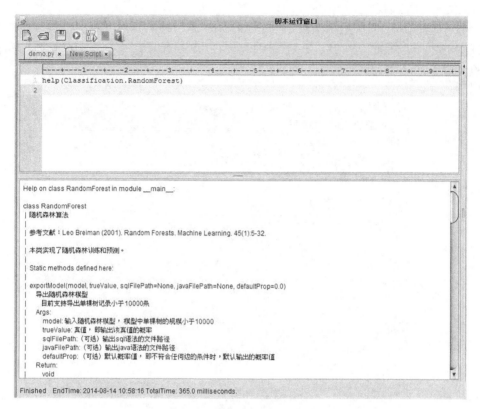

图 9-33　随机森林接口说明

通过随机森林建模，Python 代码实现如下：

```
#set params
inputTable = 'tmall_train_sample'
features = ['brand_id', 'buy_cnt', 'click_d7', 'collect_d7', 'shopping_cart_d7',
'click_d3', 'collect_d3', 'shopping_cart_d3', 'cvr']
isFeatureContinuous = [False, True, True, True, True, True, True, True, True]
label = 'flag'
prefix = "tmp_"
modelTable = prefix + inputTable + "_rf_model"
validateTable = "tmall_test_sample"


#train
rfModel = Classification.RandomForest.train(inputTable, features, isFeatureContinuous,
```

```
                       label, modelTable, 10)
    #predict
    predictOutputTable = prefix + validateTable + "_predict"
    Classification.RandomForest.predict(validateTable, rfModel, predictOutputTable,
                isBin = True, labelValueToPredict = '1')


    #validate
    evalOutputTable = prefix + validateTable + "_eval"
    cm=Classification.Evaluation.calcConfusionMatrix(validateTable, label,
predictOutputTable,"conclusion", evalOutputTable)


    #show result
    show(cm)
```

在这段代码中，判断特征是否连续是和字段类型相关，brand_id 是 String 类型，因而不是连续的；其他字段是 BIGINT 和 DOUBLE 类型，可以理解为是连续的。

该程序包含训练-预测-验证三个步骤，把脚本保存为 tmall_randomforest.py，点击运行，如图 9-34 所示。

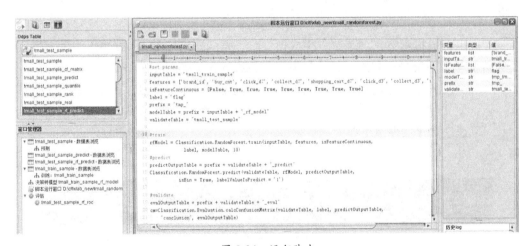

图 9-34 运行脚本

运行过程可能会历时数分钟，最后会显示和之前通过图形界面执行类似的混淆矩阵，如图 9-35 所示。

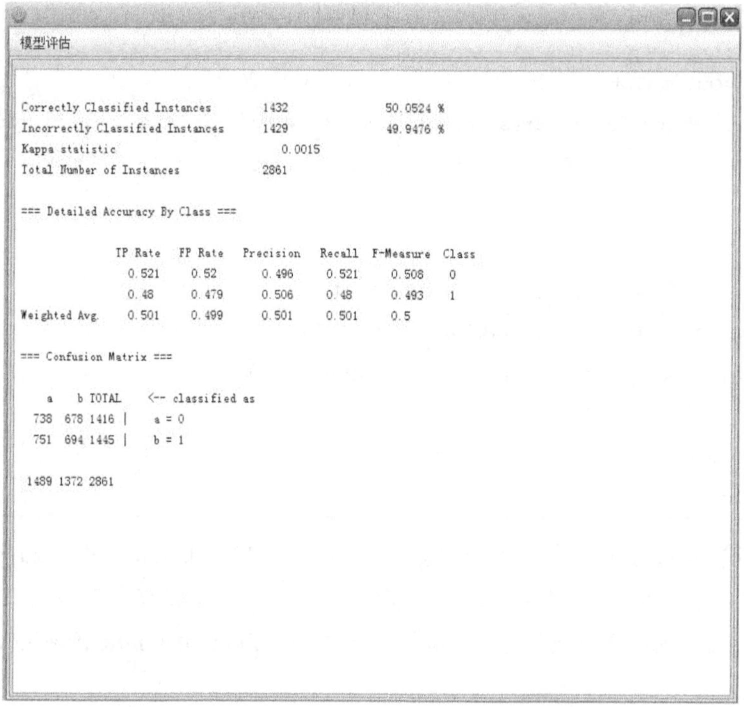

图 9-35　脚本运行结果

实际上，随机森林在训练数据生成模型时，是随机选取数据生成树，因此每次运行生成的模型一般是不同的，也就是说，随机森林生成的模型是不确定的，但同一个模型执行预测的结果是确定的。因此不同运行输出的模型评估结果图中的各个指标值也不同。

可以通过 CLT 实现调用脚本，实现自动化运行。先测试一个小脚本 test.py，如图 9-36 所示。

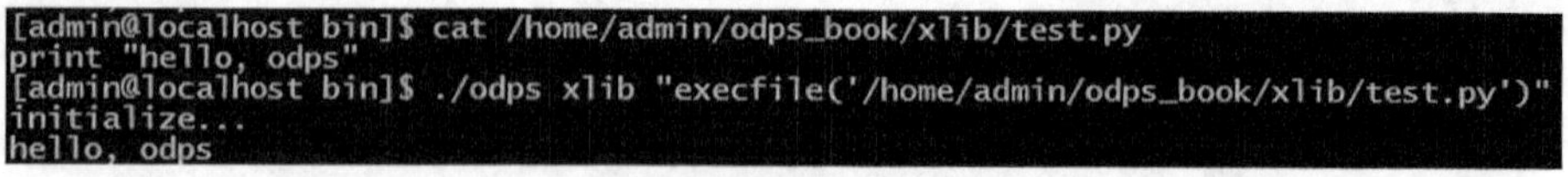

```
[admin@localhost bin]$ cat /home/admin/odps_book/xlib/test.py
print "hello, odps"
[admin@localhost bin]$ ./odps xlib "execfile('/home/admin/odps_book/xlib/test.py')"
initialize...
hello, odps
```

图 9-36　测试脚本

./odps xlib 表示在子窗口 xlib 下运行，execfile 是 python 提供的函数，可以从文件中加载代码并编译执行。因此，可以通过 CLT 执行如下命令，实现自动化运行：

```
$    ./odps xlib "execfile('/home/admin/odps_book/xlib/tmall_randomforest.py')"
```

### 9.4.4 进一步探讨

前面简单实践了如何通过逻辑回归和随机森林算法实现天猫品牌推荐这一应用场景。实际上，对于逻辑回归，往往会把计数值特征做离散化处理，把特征值离散化成一系列 0、1 值给逻辑回归模型处理，这个操作即 XLab 中的"分箱"。比如在这个例子中，打开 tmall_train_sample 表，点击"数据处理→分箱"，如图 9-37 所示。

图 9-37　特征离散化处理"分箱"示例

关于为什么要做特征离散化以及如何实现，如果想了解更多，可以查看 http://en.wikipedia.org/wiki/Discretization_of_continuous_feature。

在随机森林中，参数配置是调优的关键所在。不同算法 ID3、C45 和 Cart 在不同的数据和特征下表现会有些区别，而影响最大的因子一般是树的数目。理论上，树的数目的理想值在 200～500 左右，默认值 10 太小，会导致结果过于随机。另外 3 个参数"树最大深度、叶子节点最少记录数、叶子节点最小百分比"是控制决策树如何剪枝，三者结合确定树的深度。在实践中，往往通过多次实验调优，如枚举一些参数值，通过 FOR 循环运行找出最优的。

　　这里只是给出了两个简单的实践，感兴趣的还可以研究，比如对于数据集，采取滑动分割方式，灵活调整样本集和测试集，交叉验证；对于特征提取，可以基于数据分析和业务理解两个角度，比如对于用户购买随时间衰减这一趋势，可以通过数据拟合出衰减系数方程，找出用户不同行为对购买的影响分布；尝试不同模型，比如理解成回归问题，采用梯度渐近回归树（Gradient Boost Decision Tree，GBDT）来建模，最后对不同模型进行融合。

## 9.5　小结

　　这一章简单介绍如何通过 CLT 和 XLab 使用 ODPS 机器学习算法，主要涉及逻辑回归和随机森林这两个算法，可以说本章内容只是对 ODPS 机器学习算法的小"初探"。目前，我们正基于 ODPS 构建机器学习平台（参见第 13 章），在本书后续版本很可能会对这方面内容涉猎更深。

# 第 10 章

# 使用 SDK 访问 ODPS 服务

ODPS SDK 是对 ODPS RESTful API 的封装，提供了更高层次的抽象，从功能角度主要包括 Tunnel、MapReduce、UDF 和 Task 四个方面。在前面的章节中，我们已经实现了通过 SDK 访问 Tunnel 服务，以及 MapReduce 和 UDF 开发。

对于 SQL 作业，虽然 ODPS CLT 是最常用的客户端，但在某些场景下，用户希望和其他 Java 代码集成，比如作业监控、运行失败重试等，则可以通过 SDK 来访问 ODPS 服务。下面将先介绍 SDK 的核心接口，并给出如何通过 SDK 访问 ODPS 服务的示例，并简单介绍 ODPS Eclipse 插件。

## 10.1 主要的 Package 和接口

### 10.1.1 主要的 Package

ODPS SDK 主要包含以下几个 Package：

```
com.aliyun.odps.account
com.aliyun.odps.conf
com.aliyun.odps.data
com.aliyun.odps.task
com.aliyun.odps.mapred
com.aliyun.odps.udf
com.aliyun.odps.tunnel
```

分别与账号、配置、数据、Task、MapReduce、UDF 和 Tunnel 相关。

## 10.1.2　核心接口

AliyunAccount 是阿里云认证账号，即访问云服务的云账号，其输入参数 accessId 和 accessKey 是阿里云账号的身份标识和认证密钥。

Odps 是 ODPS SDK 的入口，可以通过它设置和获取所有的对象集合。

ODPS 的对象集合包括 Project、Table、Resource、Function 和 Instance。

Task 包括 SQLTask 和 XLibTask，SQLTask 是运行处理 SQL 任务的接口，通过 run 函数直接运行 SQL，返回作业实例 Instance，可以通过 Instance 获取 SQL 的运行状态和执行结果。

Mapper 和 Reducer 是实现 MapReduce 作业的核心接口，客户端通过 JobClient 启动 MapReduce 作业，通过 TaskContext 传递配置信息。

UDF 和 UDTF 是实现自定义函数的入口，分别通过 evaluate 函数和 process 函数实现处理逻辑。

# 10.2　入门示例

SDK 的下载和配置请参见 6.2.1 节的内容。简单而言，基于 SDK 开发，参考 SDK doc 是基础。

下面这个示例通过 SDK 提交 SQL 作业、获取作业运行结果以及结果表大小。代码清单如下：

```java
public static void main(String[] args) throws OdpsException {
    // get conf
    getConf(args);

    // init
    Account account = new AliyunAccount(accessId, accessKey);
    Odps odps = new Odps(account);
    odps.setDefaultProject(project);
    odps.setEndpoint(endpoint);
```

```
        // run sql
        String tableName = "tmp_dual";
        String sql = "insert overwrite table " + tableName
                + " select id from dual;";
        System.out.println("[SQL] " + sql);
        Instance instance = SQLTask.run(odps, sql);
        if (!instance.isSync()) {
            instance.waitForSuccess();
        }
        System.out.println("[StartTime] " + instance.getStartTime().toString()
                + ", [EndTime] " + instance.getEndTime().toString());


        // get status
        if (instance.isSuccessful()) {
            System.out.println("[Status] success");
        } else {
            System.out.println("[Status] fail");
            System.exit(2);
        }


        // get result table size
        Table table = odps.tables().get(tableName);
        long size = table.getSize();
        System.out.println("table:" + tableName + ", size:" + size);
    }
```

注意 SQL 语句同样需要以分号来结束。此外，其中 getConf 是从配置文件中读取 AccessID 等信息，代码如下：

```
    private static void getConf(String args[]) {
        if (args.length != 1) {
            System.err.println("Usage: SDKSample <odps.conf>");
            System.exit(2);
        }
```

```
    try {
        InputStream is = new FileInputStream(args[0]);
        Properties props = new Properties();
        props.load(is);
        accessId = props.getProperty("access.id");
        accessKey = props.getProperty("access.key");
        project = props.getProperty("default.project");
        endpoint = props.getProperty("endpoint");
    } catch (IOException e) {
        throw new IllegalArgumentException("Error reading ODPS config file '"
                + args[0] + "'.");
    }
}
```

这部分代码非常简单，不展开说明了。运行后会发现，对于 Insert Overwrite 这类 SQL 语句，Results 输出为空。而对于 SELECT 查询语句，会输出查询结果，且第一行是列名。有兴趣可以实践一下。

## 10.3  基于 Eclipse 插件开发

ODPS 提供了 ODPS Eclipse 插件，可以在官网 aliyun.com 上下载，把下载的 odps-eclipse-plugin-0.12.0.jar（当前版本）放到 Eclipse 安装目录的 plugins 目录下。点击 Windows→Open Perspective，可以看到 ODPS Perspective，如图 10-1 所示。

双击选中它，则进入 ODPS Perspective。点击 File→New→ODPS Project，可以创建 ODPS Project。后续点击 New，可以看到关于 MapReduce 的插件，包含 Mapper、Reducer 和 Driver 三个类型，通过实现 Driver 可以在本地运行 MapReduce 程序。对于 UDF，包括 UDF 和 UDTF，对于 UDF Package，插件会自动生成一个对应的 Test Package，可以模拟本地运行。

ODPS Eclipse 插件便于 MapReduce 和 UDF 的本地调试，阿里云官方网站上的 ODPS 使用手册给出了如何使用 ODPS Eclipse 插件进行开发的详细说明，使用时可以参考它。

图 10-1　ODPS Eclipse 插件

# 10.4　小结

　　这一章主要介绍基于 ODPS SDK 和 ODPS Eclipse 插件开发，内容非常单薄，主要是因为有了前面的开发基础，这些变得非常简单了。

# 第**11**章
# ODPS 权限、资源和数据管理

　　ODPS 提供了多租户数据安全体系，提供用户认证、授权管理、用户空间的数据保护和跨 Project 的资源共享。

　　在 ODPS 中，项目空间（Project）是 ODPS 实现多租户体系的基础，是管理和计算数据的基本单元，也是计量和计费的主体。当你申请创建一个 Project 之后，你就是该 Project 的 Owner，Project 内的所有东西（如前面介绍的 Table、Resource、Function、Job 等）都是你的，注意，都是你的！也就是说，除非有你的授权，任何人都无权访问你的 Project 内的任何东西。

　　很多时候，比如和同事一起协作，希望给他授权访问数据，或者希望把某个资源共享给其他人。此外，在数据处理过程中，会生成很多中间表，应该如何管理数据？

　　这一章将围绕 ODPS 的权限管理、资源管理和数据管理展开，希望这部分内容能够帮助你成为 ODPS Admin（类似于 DBA）。

## 11.1　权限管理

### 11.1.1　账号授权

　　账号授权是一种 ACL 授权。ACL 授权是最常见最经典的授权方式，ODPS 支持的 ACL 授权方式采用类似 SQL92 定义的 GRANT/REVOKE 语法来进行授权。

　　这里，先一起来实践几个典型场景的账号授权和管理。

　　假设你是 Project 的管理员（可以是 owner 或者具有 admin 权限的用户），组里新来了一个同事 Alice，需要把她添加到你的 Project 中，并授权她查看 table 列表、提交作业、创建表操作。可以这样来做。

首先，Alice 应该先创建一个云账号（比如是 meifang.li@aliyun.com）。

创建好账号后，管理员可以执行如下命令：

```
add user meifang.li@aliyun.com;
grant List, CreateTable, CreateInstance on project odps_book to user meifang.
li@aliyun.com;
```

注意，对于安全相关的命令，在 CLT 中需要先执行 security 命令进入子窗口，否则会报错，如图 11-1 所示。

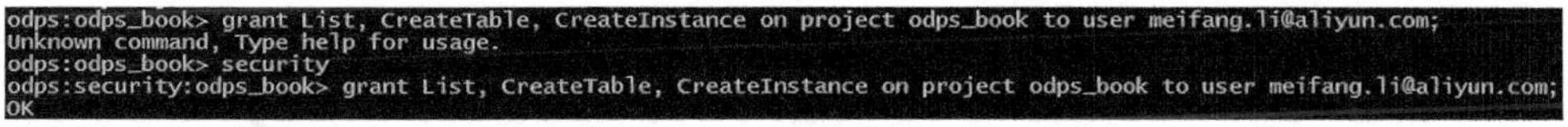

图 11-1　Security 子窗口说明

在添加用户时，如果不存在该云账号，会报错。如果该账户已经添加到所在的 Project 中，也会报错。值得一提的是，提交 SQL、MapReduce 作业对应的权限是 CreateInstance，而不是 CreateJob。

对于前面的 GRANT 授权操作，一般涉及以下三个要素。

- 主体（Subject）：用户或角色，如前面新增的成员 Alice 即用户，角色是对相同权限的用户进行的抽象，后面很快会提到。
- 客体（Object）：不同类型的对象，比如 Project、Table、Instance 等。
- 操作（Action）：和客体对应的动作，不同的客体支持的操作也不相同，比如对于 Table，支持读取其 Meta 信息和读取数据对应的操作分别是 Describe 和 Select。

支持的对象、操作类型及其说明如表 11-1 所示。

表 11-1　支持的对象和操作

| 对象类型（客体） | 支持的操作（Action） | 说　明 |
| --- | --- | --- |
| Project | Read | 查看 Project |
| | Write | 更新 Project |
| | List | 查看 Project 所有类型的对象列表 |
| | CreateTable | 在 Project 中创建 Table |
| | CreateFunction | 在 Project 中创建 Function |
| | CreateResource | 在 Project 中创建 Resource |
| | CreateJob | 在 Project 中创建 Job |

续表▶▶

| 对象类型（客体） | 支持的操作（Action） | 说　　明 |
|---|---|---|
| Project | ALL | 具备上述全部功能 |
| Table | Describe | 读取 table 的 Metadata |
| | Select | 读取 table 的 Rows |
| | Alter | 修改 table 的 Metadata |
| | Update | 覆盖或添加 table 的 Rows |
| | Drop | 删除 table |
| | ALL | 具备上述全部功能 |
| Function | Read | 读取 |
| | Write | 更新 |
| | Delete | 删除 |
| | Execute | 运行 |
| | ALL | 具备上述全部功能 |
| Resource，Instance，Job | Read | 读取 |
| | Write | 更新 |
| | Delete | 删除 |
| | ALL | 具备上述全部功能 |

当添加用户时，可以先查看用户列表，看该用户是否已经存在。此外，还可以查看各个用户的权限情况，执行如下 SQL：

```
list users;
show grants;
show grants for meifang.li@aliyun.com;
```

其中，"show grants;" 命令是查看自己的权限，"show grants for…" 是查看某个用户的权限。

对 Alice 授权后，她就可以使用自己的账号访问该 Project 了。比如，在前面我们授予她创建表的权限。那么，对于 Alice 创建的表，这张表的 Owner 是她吗？

我们前面已经提到，Project 内的所有东西都是你针对（Project Owner）的，所以你可以控制 Alice 对自己创建的表的权限。默认情况下，Alice 拥有自己创建对象的所有权限，还可以授权 Project 内的其他成员访问她创建的对象。但是，由于 Project Owner 对自己 Project 内的 "一切" 有绝对控制权，需要的话，你还可以通过以下设置修改默认权限：

```
set ObjectCreatorHasGrantPermission=false;
```

注意该设置属于 Project 级别，应该退出 security 子窗口设置，如图 11-2 所示。

```
odps:security:odps_book> quit
odps:odps_book> set ObjectCreatorHasGrantPermission=false;
```

图 11-2  退出子窗口

ObjectCreatorHasGrantPermission=false 表示取消用户对自己所创建对象的授权权限。
需要注意的两点是：

- 该设置是持久生效的，也就是说，如果在 CLT 中执行该设置，退出 CLT 后设置依然生效。
- 其作用对象是除了 Project Owner 和具有 Admin 角色之外的所有用户。在下一节将会介绍 Admin 角色。

对于 Project 级别的配置信息，可以通过 describe project <project_name>;命令来查看，比如查看 my_odps_book 的配置信息，如图 11-3 所示。

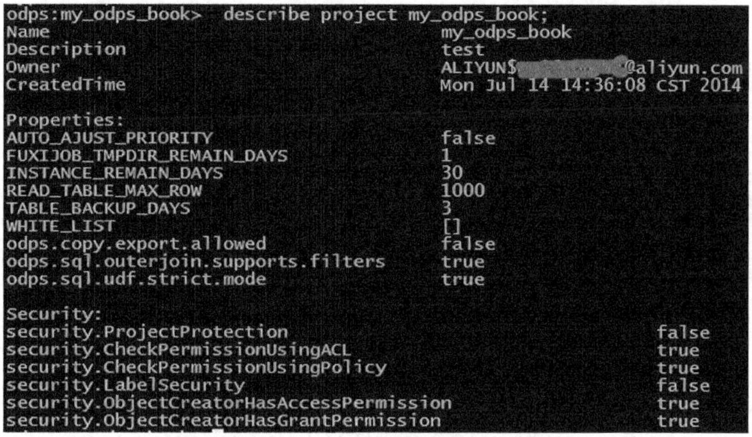

```
odps:my_odps_book>  describe project my_odps_book;
Name                                my_odps_book
Description                         test
Owner                               ALIYUN$          @aliyun.com
CreatedTime                         Mon Jul 14 14:36:08 CST 2014

Properties:
AUTO_AJUST_PRIORITY                 false
FUXIJOB_TMPDIR_REMAIN_DAYS          1
INSTANCE_REMAIN_DAYS                30
READ_TABLE_MAX_ROW                  1000
TABLE_BACKUP_DAYS                   3
WHITE_LIST                          []
odps.copy.export.allowed            false
odps.sql.outerjoin.supports.filters true
odps.sql.udf.strict.mode            true

Security:
security.ProjectProtection                      false
security.CheckPermissionUsingACL                true
security.CheckPermissionUsingPolicy             true
security.LabelSecurity                          false
security.ObjectCreatorHasAccessPermission       true
security.ObjectCreatorHasGrantPermission        true
```

图 11-3  Project 的默认配置信息

当你不希望 Alice 自己创建新表时，可以撤销她的建表权限，执行如下命令：

```
revoke CreateTable on project odps_book from user meifang.li@aliyun.com;
```

执行该命令后，再通过 show grants for meifang.li@aliyun.com 查看，会发现输出如下：

```
A    projects/odps_book: CreateInstance | List
```

Alice 已经没有 CreateTable 的权限。

当 Alice 不再属于你的团队，想删除她时，可以执行如下命令：

```
remove user meifang.li@aliyun.com;
```

需要注意的是，ODPS 不支持在 Project 中彻底删除用户及其所有的权限数据。

当用户从 Project 中删除后，该用户就不再拥有访问该 Project 的任何权限。但是，实际上和该用户相关的历史授权数据依然被保留。你可以理解为删除用户其实只是冻结该用户，一旦重新把该用户添加到 Project 中，其历史访问权限就会被激活。比如，删除用户后，再执行以下两个命令：

```
add user meifang.li@aliyun.com;
show grants for meifang.li@aliyun.com;
```

会发现管理员不用再授权，用户还是有历史访问权限，输出如下：

```
Authorization Type: ACL
[user/ALIYUN$meifang.li@aliyun.com]
A        projects/odps_book: CreateInstance | List
```

这里 A 表示 Allow，即权限许可。

## 11.1.2　角色（Role）授权

当 Project 用户比较多，逐个给每个用户授权比较繁琐，这种情况下可以通过角色（Role）对用户进行授权，为相同权限的用户创建一个角色，再进行授权。角色授权方式也属于 ACL 授权。

假设你的团队成员可以分为开发团队（dev）和测试团队（test），就可以在 Project 中对应创建两个角色 dev 和 test，分别对这两个角色授权，然后将角色再指派（Grant）给各个成员。如下：

```
create role dev;
grant CreateTable, CreateInstance, CreateResource on project odps_book to role dev;
grant dev to meifang.li@aliyun.com;
```

当然，在 add user 之前，应该确保这些账号已经在 aliyun.com 注册过了。

通过角色授权方式，不仅在授权时更简单，而且在后面修改权限时，也更加方便，比如要给 dev 的所有成员添加查看 Table 列表、Describe 和 Select 表 dual 的权限，可以执行如下命令：

```
grant List on project odps_book to role dev;

grant Describe, Select on table dual to role dev;
```

这样,之前指派 dev 角色的所有开发人员就都有这些权限了,而不用一个个重新 Grant。

值得一提的是,在上面的 Grant 授权中,List 是作用于 Project,而 Describe 和 Select 是作用于 Table,完整的列表说明请参看前一节。

在 ODPS 中,每个 Project 都内置(即自动创建)了一个 Admin 角色,该角色具有管理员权限,可以访问 Project 内的所有资源,还可以执行 Project 内的用户管理和授权。Project Owner 可以将 Admin 角色赋给某些用户,这样具有 Admin 角色的用户可以执行授权管理操作。比如,以下命令可以把 Admin 角色指派给 Alice:

```
grant admin to meifang.li@aliyun.com;
```

那么,Admin 和 Owner 有什么区别?

Admin 是个角色,而不是用户,可以把 Admin 角色 Grant 给 Project 中的用户。

Project Owner 不是角色,也不是普通用户,不能对其 Grant 或 Revoke,从某种意义上讲,Owner 很类似于操作系统的 Root。

同样,假设 Alice 要离开项目团队,之前通过角色对她授权,现在需要撤销对 Alice 的 dev 角色授权,可以执行如下命令:

```
revoke dev from meifang.li@aliyun.com;
```

同样,要撤销 admin 角色,可以执行如下命令:

```
revoke admin from meifang.li@aliyun.com;
```

可以通过 Describe Role 命令查看该角色相关的信息,包括该角色被指派(Grant) 给哪些用户,比如查看 dev 角色,如图 11-4 所示。

图 11-4 查看 dev 角色

假设在 Project 中不想要 dev 这个角色,期望删除掉该角色,如果角色已经被授权给用户,则不能直接删除,如图 11-5 所示。

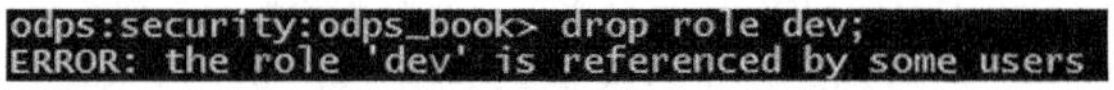

图 11-5 删除角色错误

需要首先撤销掉该角色指派的所有用户，然后再删除它。首先我们通过 Describe Role dev; 命令查看该 dev 的所有指派的用户，然后通过 revoke dev from…撤销所有用户的角色指派，最后再通过 drop role dev;命令删除它，如图 11-6 所示。

```
odps:security:odps_book> describe role dev;
[users]
ALIYUN$meifang.li@aliyun.com
odps:security:odps_book> revoke dev from meifang.li@aliyun.com;
OK
odps:security:odps_book> drop role dev;
OK
```

图 11-6　删除角色

## 11.1.3　ACL 授权特点

以上介绍的两种授权方式都属于 ACL 授权，它简单易用，语法上和 SQL92 定义的 grant/revoke 语法很类似。熟悉 Oracle 授权的用户可能会问，ODPS ACL 授权是否支持 With Grant Option，即给授权用户再授权给他人的权限？答案是否定的。在 ODPS ACL 授权中，当授权用户 B 访问某个对象的权限时，用户 B 无法将该权限进一步授权给用户 C。

在 ODPS 的一个 Project 内，所有的授权操作只能由以下三种身份之一的用户来执行。

- Project Owner。
- 拥有 Admin 角色的用户。
- 对象的创建者。

对于第三种身份，如果 Project 管理员设置了 set ObjectCreatorHasGrantPermission= false;，就没有权限对自己创建的对象进行授权了。

角色授权也属于一种 ACL 授权方式，所有的角色授权都可以通过简单的 ACL 授权来完成，只是相比而言，角色授权更"简单"，不会那么繁琐。

ACL 授权机制简单易用，但是它无法解决一些较复杂的授权场景，比如：

- 授权 Alice 访问 Project 中所有以 taobao_开头的表。

你或许要问，要是 ACL 支持如下正则匹配，不就完美地解决了上面的场景吗？

```
grant Describe, Select on table taobao_* to user meifang.li@aliyun.com;
```

这个问题引发了关于 ODPS ACL 授权的本质的探讨。

在 ACL 授权机制中，授权（Grant/Revoke）所涉及的对象必须存在，权限和对象绑定，对象删除后权限就自动消失，这样可以更好地控制风险。这一点和 Oracle 数据库的授权体系一致，即只能对已存在的对象进行授权。试想一下，如果允许对不存在的对象进行授权，可能会出现这样的问题：第一天创建了表 abc，授权 Alice 访问，第二天删除该表……几天后又创建表 abc，并没有对 Alice 授权，而管理员却惊讶地发现 Alice 已经有访问表 abc 的访问权限了。

正是基于这个原因，所以 ODPS ACL 授权只能严格对已存在的对象进行授权。至此，已经不难理解为什么它无法支持上面的正则匹配授权语句了。

那对于以上这种授权需求，ODPS 安全体系是否支持呢？答案是肯定的，ODPS 的 Policy 授权机制可以很好地解决这个问题，下面一起来看看如何实现。

### 11.1.4　简单的 Policy 授权

Policy 授权是一种新的授权机制，主要解决 ACL 授权机制无法解决的一些复杂的授权场景。

首先一起来看看如何通过 Policy 授权满足前面提到的"授权 Alice 访问 Project 中所有以 taobao_开头的表；"这一需求，然后再详细探讨它。

Policy 语言支持通配符，编写的 Policy 文件如下（目前只支持 JSON 格式）：

```
{
"Version": "1",
"Statement":
 [{
    "Effect":"Allow",
    "Principal":"meifang.li@aliyun.com",
    "Action":["odps:Describe","odps:Select"],
    "Resource":"acs:odps:*:projects/odps_book/tables/taobao_*"
}]
}
```

从上面的 JSON 文件可以看出，Policy 的核心在于 Statement 语句。"Version": "1"是 Policy 的头元素，主要包括版本信息。实际上，一个 Policy 可以包含多个 Statement，其主体即这些 Statement 的集合。每个 Statement 相当于一条授权语句，它包含以下几项：

- Effect（效力）：表示该 Statement 的权限类型，取值必须是 Allow 或 Deny。
- Principal（主体）：表示权限所指派的对象，即授权给谁。
- Action（操作）：表示主体的访问方式，即授权操作。
- Resource（资源）：表示主体的访问对象，即授权对象，注意这里的 Resouce 和 1.3.6

节提到的 ODPS Resource 是两个概念。它是对所有访问对象（Object）的统称，在含义上更类似于 REST 中的 Resource 概念。

- Condition（访问限制）：表示权限生效的条件，在下一个例子中将会探讨它。

对于 "授权 Alice 访问 Project 中所有以 taobao_开头的表；" 这一需求，可以理解成对表的访问执行 Describe 和 Select 操作，策略可以分析如下：

允许　　Alice 对 Project 中 所有以 taobao_开头的表　执行 Describe 和 Select 操作
效力　　主体　　　　　　　　资源　　　　　　　　操作

Resource 格式如下：

acs:odps:&lt;namespace&gt;:&lt;relative-id&gt;，其中&lt;relative-id&gt;值可以为*，或者是如下格式：
projects/&lt;project_name&gt;/&lt;object_type&gt;/&lt;object_name&gt;，其中

- namespace：命名空间，用于资源隔离。通配符*表示不做隔离。如果要以云账号来做资源隔离，可以取值为云账号 ID。
- object_type：包括 tables、functions、resources、instances 和 jobs。
- object_name：实际值，支持通配符*和?

如果&lt;relative-id&gt;值为*，表示 Project 中的所有对象。

表 11-2 是 relative-id 值的一些示例说明。

### 表 11-2　relative-id 值示例

| relative-id 值 | 说　明 |
|---|---|
| * | Project 中的所有对象 |
| projects/prj1/tables/t1 | prj1 中的表 t1 |
| projects/prj1/instances/* | prj1 中的所有 instances，即所有作业 |
| projects/prj1/tables/taobao_* | prj1 中所有以 taobao_开头的表 |

编写完 policy 文件后，可以通过 put policy 命令来设置，使它生效，如图 11-7 所示。

图 11-7　put policy 命令

要想查看 Project 中的 Policy 设置，可以通过 get policy;命令查看，如图 11-8 所示。

```
odps:security:odps_book> get policy;
{
    "Statement": [{
            "Action": ["odps:Describe",
                "odps:Select"],
            "Effect": "Allow",
            "Principal": ["ALIYUN$meifang.li@aliyun.com"],
            "Resource": ["acs:odps:*:projects/odps_book/tables/taobao_*"]}],
    "Version": "1"}
```

图 11-8　get policy 命令

Policy 授权是和 Project 绑定的，也称为 Project Policy。每个 Project 只能对应一个 Policy 文件，文件大小上限是 32KB。一个 Policy 文件中可以由多个授权，比如除了给 Alice 授权外，还要授权 Linda 可以在 Project 下创建表，可以创建 Policy 文件如下：

```
{
"Version": "1",
"Statement":
 [{
    "Effect":"Allow",
    "Principal":"meifang.li@aliyun.com",
    "Action":["odps:Describe","odps:Select"],
    "Resource":"acs:odps:*:projects/odps_book/tables/taobao_*"
 },
 {
    "Effect":"Allow",
    "Principal":"linda@aliyun.com",
    "Action":["odps:CreateTable"],
    "Resource":"acs:odps:*:projects/odps_book/*"
 }]
}
```

需要注意的是，Project Policy 必须指定 Principal，即每个授权必须指定主体（即指派给谁），比如在上面的 Policy 文件中，明确给出授权主体"Principal":"meifang.li@aliyun.com"和"Principal":" linda@aliyun.com "。

## 11.1.5　Role Policy

和 ACL 授权类似，Policy 授权也可以通过角色（Role）的方式进行授权。前面介绍的和 Project 绑定的 Policy 称为 Project Policy，这种和 Role 绑定的 Policy 称为 Role Policy。和

Project Policy 不同的是，Role Policy 不允许有 Principal（即不允许在 Policy 中设置 Role 和用户的指派关系）。

基于 Role 的 Policy 授权和基于 Role 的 ACL 授权有类似的优点，比如有多个用户要指定同样的权限（较复杂，无法通过 ACL 授权实现），可以通过 Role Policy，先创建一个 Role，然后创建该 Role 对应的 Policy 文件，设置该 Policy 文件使它生效，最后再把创建的 Role grant 给不同用户。

下面，我们举个较简单的场景来说明 Role Policy。

假设团队中有三个成员，Alice、Linda 和 Bob，他们是 taobao 数据审查员，要申请如下权限：查看 table 列表、提交作业、读取所有以 taobao_开头的表（包括未来可能创建的以 taobao_开头的表）。显然，该场景可以通过前面介绍的 Project Policy 来授权，但是这种授权方式在用户很多时，需要一个个用户设置，会很繁琐。因此，下面一起看看如何通过 Role Policy 来简化授权。

首先，创建一个 Role examiner，如下：

```
create role examiner;
```

其次，创建 Policy 文件，如下：

```
{
"Version": "1",
"Statement":
 [{
    "Effect":"Allow",
    "Action":["odps:CreateInstance","odps:List"],
    "Resource":"acs:odps:*:projects/odps_book/*"
}
,{
    "Effect":"Allow",
    "Action":["odps:Describe","odps:Select"],
    "Resource":"acs:odps:*:projects/odps_book/tables/taobao_*"
}]
}
```

值得注意的是，Role Policy 不能有 Principal。这里提交作业和查看 Table 列表是作用于 Project 对象，而读表是作用于 Table 对象，所以分开写。

然后，要把该 Policy 文件和 Role 进行绑定，使它生效，如下：

```
put policy /home/admin/odps_book/security/role_policy.json on role examiner;
```

注意，和 Project Policy 类似，对于 Role Policy，每个 Role 也只能对应一个 Policy 文件，文件大小上限也是 32KB。Role Policy 和 Project Policy 是相互独立的，刚设置的 Policy 只对 Role examiner 生效，它不会影响到 Project Policy 的权限设置。不同 Role 之间的 Policy 也是相互独立的。

要查看 Role examiner 的 Policy 授权信息，可以通过 get policy on role examiner;获取，如图 11-9 所示。

```
odps:security:odps_book> get policy on role examiner;
{
    "Statement": [{
        "Action": ["odps:CreateInstance",
            "odps:List"],
        "Effect": "Allow",
        "Resource": ["acs:odps:*:projects/odps_book/*"]},
    {
        "Action": ["odps:Describe",
            "odps:Select"],
        "Effect": "Allow",
        "Resource": ["acs:odps:*:projects/odps_book/tables/taobao_*"]}],
    "Version": "1"}
```

图 11-9　查看授权信息

最后，添加用户，对三个角色进行授权，执行命令如下：

```
add user meifang.li@aliyun.com;

add user linda@aliyun.com;

add user bob@aliyun.com;

grant examiner to meifang.li@aliyun.com;

grant examiner to linda@aliyun.com;

grant examiner to bob@aliyun.com;
```

## 11.1.6　ACL 授权和 Policy 授权小结

ACL 授权和 Policy 授权是 ODPS 安全体系提供的两种对用户或角色进行授权的机制。

ACL 授权是一种基于对象（客体）的授权，通过 ACL 授权的权限数据（即访问控制列表，Access Control List）可以看做是授权对象的子资源[①]。只有当对象已经存在时，才能执行 ACL 授权；当对象被删除时，通过 ACL 授权的权限数据会被自动删除。ACL 授权支持类似于 SQL92 定义的 Grant/Revoke 语法，通过简单的授权语句来完成对 Project 中已存

---

① 这里，子资源（sub-resource）的概念就类似于 Table 的 Meta 数据，可以看做是 Table 的子资源。ACL 权限数据之于授权对象，正如 Table 的 Meta 数据之于 Table。

在的对象进行授权（或撤销授权）。ACL 授权只支持 Allow 授权（白名单），不支持 Deny 授权（黑名单）。它不支持带限制条件的授权。

Policy 授权则是一种基于主体的授权。通过 Policy 授权的权限数据（即访问策略）可以看做是授权主体的子资源。只有当主体（用户或角色）存在时，才能进行 Policy 授权操作；当主体被删除时，通过 Policy 授权的权限数据会被自动删除。Policy 授权使用 ODPS 自定义的一种访问策略语言来进行授权，授权对象支持以通配符*来表示（即支持对不存在的对象进行授权）。删除一个对象时，和对象关联的 Policy 授权不会被删除。Policy 授权同时支持 Allow 授权（白名单）和 Deny 授权（黑名单）。当同时存在 Allow 和 Deny 授权时，Deny 授权优先。Policy 授权还支持带限制条件（参见 11.1.5 节中的复杂的 Policy 授权示例）。

默认情况下，在 Project 中，ACL 授权和 Policy 授权都是开启的，管理员可以根据需要选择合适的授权方式，也支持同时使用。ODPS 会按照 Deny 优先原则来检查权限设置。如果没有显式的 Deny 操作，则 ACL 或 Policy 的所有授权都是生效的。管理员也可以自己设置，关闭某种授权方式，如图 11-10 所示。

```
odps:security:odps_book> quit
odps:odps_book> set CheckPermissionUsingPolicy=false;
odps:odps_book> set CheckPermissionUsingACL=false;
```

图 11-10 关闭授权方式

# 11.2 资源管理

资源，狭义上即 ODPS Resource，比如前面 MapReduce 作业在运行前，要把 JAR 包上传作为资源；从广义上说，它包含 Resource、Function 和 Package（下面很快会提到）。这里的资源管理即广义上的资源管理。

## 11.2.1 Project 内的资源管理

在 Project 内，可以通过 ls resources;命令查看 Resource 的名称、Owner 和类型。而对于函数，可以通过 ls functions; 命令查看，如图 11-11 所示。

```
odps:odps_book> ls functions;
Name              Owner                      ClassType & Resources
geo_dist          ALIYUN$           @aliyun.com example.GeoDist [odps_book/resources/udf_geo.jar]
geo_encode        ALIYUN$           @aliyun.com example.GeoEncode [odps_book/resources/udf_geo.jar]
```

图 11-11 查看函数列表示例

当 Resource 或 Function 不再使用时，建议删除。需要注意的是，当 Resource 删除后，所有依赖该 Resource 的 Function 将不可用。比如从图 11-10 中可以看出，函数 geo_dist 依赖的 Resource 是 udf_geo.jar，当执行 del resource udf_geo.jar 命令删除 Resource 后，再调用 geo_dist 函数会报错，如图 11-12 所示。

```
odps:sql:odps_book> SELECT geo_dist(40.21249, 116.23696, 39.9213, 116.4590) as distance from dual;
InstanceId: 20140730100818581gixxpjz2
ERROR: ODPS-0421111: Resource not found - 'udf_geo.jar'.
```

图 11-12　报错信息

所以删除 Resource 之前，要确保依赖它的函数都不再使用，且把这些函数也删除，比如要删除 geo_dist 函数，可以执行如下命令：

```
del function geo_dist;
```

实际上，和数据相比，资源占用的空间往往要小得多。要删除的资源往往是在开发测试过程中创建的，在生产上运行的作业所依赖的资源，需要长期保留。ODPS 资源一旦创建成功，即长期保留，这在使用上方便很多，不用每次使用前都创建资源。

## 11.2.2　跨 Project 的资源共享

前面探讨的账号授权，主要适合项目内的团队成员，你对他很熟悉，愿意给他授权，他在你的 Project 内的所有操作所发生的计量计费都算在你的账户上。

但是，如果这个人不属于你的团队，他和他的团队成员可能都需要访问你的 Project 资源，你不愿意给他们做账号授权管理，也不愿意承担他们计算操作的费用。而另一方面，为了商务合作，你愿意授权他访问你的某些资源，并且允许他将这些权限进一步授予给他的团队成员，但是他们使用资源所发生的所有费用都算在他的账户上，和你无关。

这种场景在现实中并不少见。比如，有这样一个场景：你在 Project 中提供了很有用的数据挖掘算法，你希望他付费使用你的算法来计算数据，但出于知识产权考虑，不允许他下载该算法。ODPS 是否提供某种机制可以实现这种跨 Project 合作？答案是肯定的。为此，ODPS 提出了一个新的概念——Package，主要用于解决这种跨 Project 的授权。

Package 可以看成一种跨 Project 的角色，它本质上是对 Project 内的一组资源及访问权限的打包发布。比如在上面的例子中，你可以把算法打包（即创建一个 Package），然后允许他在自己的 Project 中安装这个 Package。他安装了该 Package 后，就可以自行把该 Package 授权给自己的 Project 成员。

Package 授权主要涉及两个主体：Package 创建者和 Package 使用者。

Package 创建者是资源的提供方，需要执行以下几个步骤完成 Package 授权：

1. 创建一个 Package。

```
create package algorithm;
```

在 security 子窗口下执行该命令，就创建了一个名为 algorithm 的 Package。

2. 将需要分享的资源对象添加到 Package 中。

```
add function ip2num To package algorithm with privileges execute;
```

它把函数 ip2num 添加到 package algorithm 中，并授权 execute（可执行权限）。

如果没有给出 with privileges execute，则默认为只读权限。这里，对象（即函数 ip2num）和权限（execute）是作为整体添加到 Package 中，添加后则不可再对其进行更新。需要的话，只能先从 Package 中删除再重新添加。

如果要从 Package 中删除，执行如下命令：

```
remove function ip2num from package algorithm;
```

添加到 Package 中的资源对象除了 Function 外，还有 Table、Instance、Resource 和 Job。注意，没有 Project，因为这涉及到 Project 的 Owner 问题。

3. 授权其他 Project 使用该 Package。

要把 Package algorithm 授权给其他 project 安装使用，可以执行如下命令：

```
allow project odpstest to install package algorithm;
```

该命令就允许 project odpstest 安装 algorithm 这个 package。

后期，如果撤销合作关系，可以撤销授权 odpstest 使用 algorithm 的许可，可以执行如下命令：

```
disallow project odpstest to install package algorithm;
```

Package 创建者授权安装 Package 之后，Package 使用者就可以安装使用该 Package 了，步骤如下：

1. 安装 Package 如下。

```
use odpstest;
install package odps_book.algorithm;
```

注意，这里 package 格式为<projectName>.<packageName>，需要给出来源 Project。Package 适用于跨 Project 的资源分享，Package 创建者不能在自己的 Project 下安装该

Package。

2. 使用 Package。

可以把安装的 Package 看成 ODPS 对象，如果要访问该 Package 里的资源（比如使用之前添加到 Package 里的 ip2num 函数），和其他 ODPS 对象一样，需要有该 Package 的 Read 权限。Project 管理员可以通过前面介绍的授权机制来完成授权。

比如，授权 Alice 访问 Package algorithm 里面的资源，如下：

```
use odpstest;
grant read on package odps_book.algorithm to user meifang.li@aliyun.com;
```

如果想卸载该 Package，可以执行如下命令：

```
uninstall package odpsbook.algorithm;
```

要查看 Package 列表以及具体的 Package 信息，可以执行 show packages;命令，它会给出 Project 内创建和安装的 Package 信息。

# 11.3 数据管理

对于海量数据处理，数据管理至关重要。数据每多保存一天、重复数据等这些都会带来不小的成本开销。这一节将探讨数据保存多长时间（表生命周期）、如何 Merge（拉链算法和极限存储）以及数据保护和共享。

## 11.3.1 表生命周期

数据应该保存多久，删还是不删？这实质上是一个非常复杂的问题，它需要考虑数据的性质（是否可再生）、数据类型（日志数据还是元数据）、业务使用上的需求（按日分析还是按周统计）等。

在 2.4 节"网站日志分析实例"中已经提到，从数据仓库角度，通常可以分为 ODS 层、DW 等和 ADM 层。ODS 层保存经过简单去重、解析后的不可再生数据，它是后续数据加工处理的源，往往长期保存。DW 层的临时表、中间表数据，保存日期一般<=7 天。ADM 层的结果表数据保存时间往往和业务相关，比如考虑是要按周、月还是年做一些统计，一

般不超过 13 个月。对于事实表，通常长期保存增量数据，如果生成全量表，则最多保留一周；对于维度表，增量保留一个月，要把增量数据 Merge（合并）到全量表中，全量表长期保存。

以上这些只是我们在实践过程中的一些经验建议，请根据自己的具体场景和需求来分析。

数据删除可以通过脚本实现自动化清除历史数据，这种方式比较容易发生误删数据的情况。对于数据误删，如果数据可再生，则需要补数据，可能导致生产基线延迟；如果数据不可再生，则可能会带来较严重的后果。可以说，"清除历史数据"是一件"高压"任务。幸运的是，ODPS 的"表生命周期"机制使这一切变得简单、轻松。

在 ODPS，可以在创建表时设置表生命周期，比如对表 adm_refer_info，设置其生命周期是 7 天，可以执行如下：

```
CREATE TABLE adm_refer_info(
    referer STRING,
    count BIGINT)
PARTITIONED BY(dt STRING)
LIFECYCLE 7;
```

在 SQL 语句最后添加 "LIFECYCLE 7" 表示该表生命周期是 7 天（LIFECYCLE 单位是天）。表的生命周期是根据数据最后修改时间（LastDataModifiedTime）来确定的，LastDataModifiedTime 可以通过 desc 命令获取，如图 11-13 和图 11-14 所示。

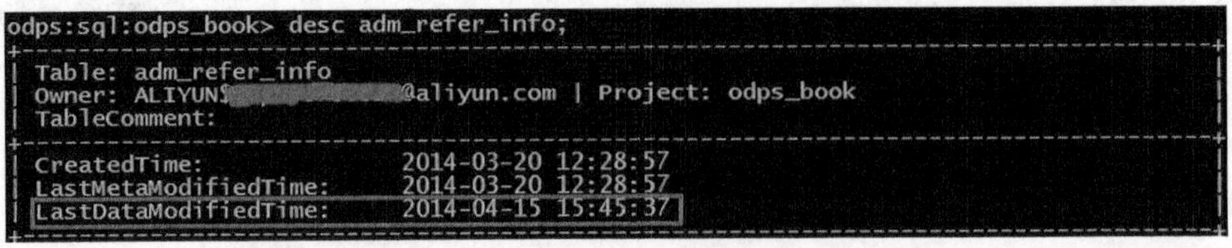

图 11-13　表的 LastDataModifiedTime 示例

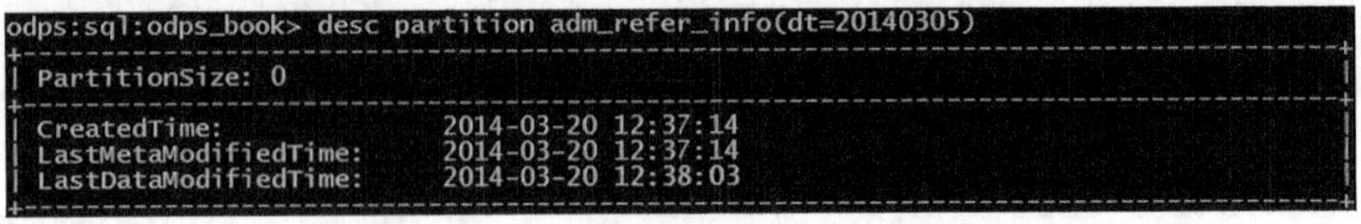

图 11-14　分区的 LastDataModifiedTime 示例

对于非分区表，则当前时间 CurrentTime - LastDataModifiedTime > 7 天时，该表就会

被清除（类似 Drop Table 操作）。而对于分区表，表生命周期设置只会删除过期的分区，不会删除表。实际上，在 ODPS 内部，是通过一个线程来完成的，它每天在集群较空闲时运行一次，扫描哪些表设置了生命周期，对设置生命周期的表，会获取表（对于非分区表）或分区（对于分区表）的 LastDataModifiedTime，通过如下规则清除历史数据：

```
CurrentTime - LastDataModifiedTime > LIFECYCLE
```

如果表已经创建，后期才考虑到数据管理，要添加生命周期，可以执行如下操作：

```
ALTER TABLE adm_refer_info SET LIFECYCLE 7;
```

同样，如果要修改生命周期，比如把表 adm_refer_info 的生命周期改成 30 天，执行命令和之前类似，如下：

```
ALTER TABLE adm_refer_info SET LIFECYCLE 30;
```

设置了生命周期后，可以通过 desc 命令查看，如图 11-15 所示。

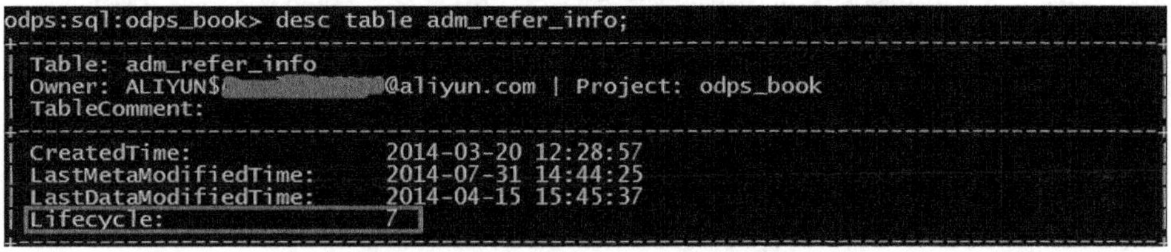

图 11-15　表的 Lifecycle 显示示例

## 11.3.2　数据归并（Merge）

在某些表（通常是维度表）中，如果每天保存一份全量数据，比如淘宝用户维度表，假设有 5 亿的用户记录，保存几周就会带来非常大的存储开销。实际上，对于该维度表，每天变化的数据可能只能几十万条。拉链表算法就是为了解析这个问题：每天只是向历史表中添加新增或变化的数据。所谓拉链，顾名思义，就是记录历史，反映从一开始到当前状态的所有变化的信息。拉链表是实现数据归并，减少海量数据的存储空间的有效措施。

---

**拉链表的算法思想**

1. 采集当天全量数据到 ND（NewDay）表中，ND 表比普通全量表多出两个字段：start_date 和 end_date，start_date 取当前日期，end_date 取最大日期。

2. 从历史表中取出昨天全量数据保存到 OD（OldDay）表中，同样，OD 表也多出两个字段：start_date 和 end_date，start_date 取当前日期，end_date 取最大日期。

3. ND-OD 表示每天增量数据 W_I，即新增和变化的数据，对两张表全字段比较（不考虑 start_date 和 end_date）。

4. OD-ND 表示状态结束，即需要封链（在步骤 6 解释）的数据 W_U，同样，对两张表全字段比较（不考虑 start_date 和 end_date）。

5. 历史表（HIS）也多出两个字段 start_date 和 end_date，把 W_I 表全部插入到 HIS 中。

6. 比较 HIS 表和 W_U 表（不考虑 start_date 和 end_date），对于在两张表中都有的数据，则把 HIS 表的数据的 end_date 改成当天，对记录进行封链（可以理解为初始时记录只有 start_date，end_date 无限值，类似一条射线，当把 end_date 改成当天，则相当于截断，因此称"封链"），表示该记录在这一天失效。

7. 读某天数据时，按日期查找即可，比如查找 20111217 这一天的数据，可以执行 SQL 如下：SELECT * FROM HIS WHERE start_date<=' 20111217'  and end_date > 20111217。

类似地，在阿里内部，实现了"极限存储"的解决方案，目前应用非常广泛。

## 11.3.3  跨 Project 数据同步

假设 Alice 使用了阿里云简单日志服务 SLS 收集日志，SLS 会把数据临时保存在特定的 ODPS Project（sls_log_archive）下。假设用户的 SLS Project 名为 odps-book，其 SLS Category 为 log2odps，如图 11-16 所示：

图 11-16　SLS 配置图

则 SLS 会把数据保存到表 odps_book_log2odps 中。目前 SLS 在 Project sls_log_archive 中只保存 3 天的数据，所以 Alice 需要把该 Project 下的数据定期同步到自己的 Project 中。Alice 可以在自己的 Project 中执行如下 SQL 语句完成数据同步：

```
CREATE TABLE mylog LIKE sls_log_archive.odps_book_log2odps;


ALTER TABLE mylog ADD PARTITION(__partition_time__='2014_08_25_12_00');


INSERT OVERWRITE TABLE mylog PARTITION (__partition_time__='2014_08_25_12_00')
SELECT
    __source__,
    __time__,
    __topic__,
    _extract_others_
FROM sls_log_archive.XXXXXXX
WHERE __partition_time__='2014_08_25_12_00';
```

显然，对于添加 Partition（ALTER TABLE）和写数据（INSERT OVERWRITE）可以定期执行，其中__partition_time__的值不同。

## 11.3.4　跨 Project 数据保护（Project Protection）

我们知道，有些公司在工作期间不允许员工上互联网，而只是提供局部网供员工查资料，公司的所有 USB 存储接口也是禁用的。这样做的很大原因是禁止员工泄露公司内部数据。

作为 ODPS Project 的管理员，你可能面临同样的需求："不允许用户把数据'泄露'到 Project 外"。

比如如下常见现象：你授权 Alice 可以访问你的 Project 下的某张表，而 Alice 对于另一个 Project 又有创建表的权限，如图 11-17 所示：

这样，Alice 就可以很容易把数据导入到 prj2 中，比如执行如下 SQL：

```
Create table prj2.table1 as SELECT * from myprj.table1;
```

这样，Alice 就把 myprj.table1 的数据全部导入到 prj2.table1 中，而 prj2 却不是你所能控制的！这样，数据就很容易泄露出去。

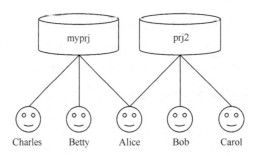

图 11-17　Alice 有多个 Project 权限

　　如果你的 Project 内的数据非常敏感，绝对不允许数据流到其他 Project，只允许在本 Project 内流动，是否有某种机制可以实现你的需求呢？答案是肯定的，ODPS 提供的数据保护机制 ProjectProtection 可以满足这个需求，执行如下设置：

```
    set ProjectProtection=true;
```

　　该设置属于 Project 级别的设置，一旦 Project 中设置了该参数后，数据就只能流入，而不能流出，从而实现上述控制数据流出的需求。

　　默认情况下，不会设置 ProjectProtection。拥有多个 Project 访问权限（比如前面提到的 Alice）的用户可以自由地把数据迁移到其他 Project。如果 Project 中的数据很敏感，则需要管理员自己设置 ProjectProtection，从而保护数据不能流出。

　　但是，上面设置了 ProjectProtection=true；之后，所有的数据都不能流出 Project，这个限制非常严格，你可能又会遇到新的麻烦。比如 Alice 可能会向你抱怨，她在你的 Project 下执行了一些数据计算操作，生成一张结果表，需要把这张结果表导出给客户看。你审查了她的结果表后，发现确实没有任何敏感数据，从 Alice 的业务角度看，确实没有理由反对她导出这张结果表。这可怎么办？你并不反对 Alice 导出这张结果表，但是又不能因此整体开绿灯，重新设置 ProjectProtection=false，有什么方式可以很好地解决这个问题吗？ODPS 安全非常善解人意，他们很早就已经为你想好了解决方案，有两种方式[①]：一是设置 Exception Policy，另一个是设置 TrustedProject。

　　Project 管理员在设置 ProjectProtection 时，可以附带一个例外（Exception）策略，命令如下：

```
    Set ProjectProtection=true with Exception <policyFile>;
```

　　虽然 Exception Policy 文件和前面的 Policy 授权语法完全一致（从而降低学习成本，这

---

① 目前暂未对外开放。

是 ODPS 安全在设计上的另一贴心之处），但是其含义却与之有天壤之别。Exception Policy 是对 Project 中的数据保护机制的例外情况的描述，即仅对符合例外 Policy 中所描述的访问方式"开绿灯"。

比如，Alice 生成的结果表是 alice_result，允许 Alice 把结果表数据导出到 Project 外，可以设置如下 Exception Policy：

```
{
"Version": "1",
"Statement":
 [{
    "Effect":"Allow",
    "Principal":"meifang.li@aliyun.com",
    "Action":["odps:Select"],
    "Resource":"acs:odps:*:projects/odps_book/tables/alice_result"
}]
 }
```

然后执行如下命令：

```
set ProjectProtection=true with Exception /home/admin/odps_book/security/
exception_policy.json;
```

值得一提的是，Exception Policy 并不是授权，它属于 Project 级别的设置（即在严格配置上开个例外）。如果 Alice 并没有访问 alice_result 表的权限，则即使设置了前面给出的 Exception Policy，Alice 还是无法访问该表（也就不能导出数据）。ProjectProtection 并不是用户访问权限控制，而是一种数据流向控制。只有在用户可以访问数据的前提下，数据流向控制才有意义。

ODPS 安全机制提供的另一种开绿灯方式，是支持数据只能流出到某个 Project，即设置数据流出的目标 Project 为当前 Project 的 TrustedProject，这样数据就可以自由流向受信任的目标 Project。这在业务上比较常见。举个例子，某个部门拥有两个 Project，比如 prj1 和 prj2，其数据敏感，不希望数据流出到外面，但是在部门内由于业务分析需要，需要把这两个数据打通，就需要设置 TrustedProject，如下：

```
use prj1;
set ProjectProtection=true;
add trustedproject prj2;
```

```
    use prj2;
    set ProjectProtection=true;
    add trustedproject prj1;
```

prj1 和 prj2 都设置了 ProjectProtection=true，并相互设置成 TrustedProject，它们就形成了 TrustedProject Group，数据只会在这个 Group 内流动，不会流出。

一般来说，受信任的 Project 也应该设置 ProjectProtection，禁止数据流出，但不是必须的。比如在上面的例子中，如果 prj2 没有设置 ProjectProtection，则 prj1 的数据流出到 prj2 后，就会通过 prj2 流出到外面。

Add TrustedProject 这个设置是单向的，即如果只在 prj1 中执行 add trustedproject prj2;，而在 prj2 中没有执行 add trustedproject prj1;，那么 prj2 是 prj1 的 TrustedProject，而 prj1 不是 prj2 的 TrustedProject，这就意味着数据只能从 prj1 流向 prj2（假设都设置了 ProjectProtection），而不能从 prj2 流向 prj1。

此外，可以通过如下命令查看当前 Project 的所有 TrustedProjects 以及删除某个 TrustedProject：

```
    use prj1;
    list trustedprojects;
    remove trustedproject prj2;
```

# 11.4   小结

这一章介绍了 ODPS 的账号管理、资源管理和数据管理。也许权限管理主要是 Project Owner 或 Admin 角色的职责，而资源管理和数据管理（尤其是后者）是每个数据开发人员都应该重视的，养成良好的数据管理习惯也许会省下一笔开销。

# 第 **12** 章
# 深入了解 ODPS

通过前面几个章节的介绍和分析，如何基于 ODPS 解决自己的真实问题，你可能已经非常清晰，甚至已经驾轻就熟。你可能会很好奇：当我在 CLT 输入一条 SQL 语句，ODPS 内部是如何工作的？

这一章将简要介绍 ODPS 的架构和原理，执行流程、数据存储等，为你揭开 ODPS 的神秘面纱。本章旨在帮助用户了解 ODPS 如何运行作业，并揭秘 ODPS 的内聚式框架一些"内幕"。

## 12.1　体系架构

如图 12-1 所示，ODPS 架构主要由四个部分组成，包括客户端、接入层、逻辑层和存储/计算层。

从客户端角度，ODPS 对外提供了统一的 SDK。实际上，在服务端，ODPS 提供的对外服务可以分成两条主线：一是数据上传下载服务（如图 12-1 中所示，主要包括 dship、Tunnel HTTP Server 和 Tunnel Server 以及其他公共部分如图 12-1 中显示），二是离线计算服务。

为什么要提供两个独立服务呢？因为上传下载服务是面向高吞吐、高并发的数据传输场景，其 HTTP Server 负载很大；相反，离线计算服务的瓶颈主要在于逻辑计算，其 HTTP Server 是非常轻量级的，目前提供两套服务是为了避免上传下载服务压力很大时，影响到离线计算的作业提交。

对于上传下载服务，其客户端除了 SDK 外，还可以通过工具 dship 完成本地数据和 ODPS 之间的交互。接入层 Tunnel HTTP Server 即 Nginx + FastCGI，其上层通过 LVS 实现负载均衡。Nginx 实现把请求转发给逻辑层的 Tunnel Server。Tunnel Server 完成几乎所有的上传下载处理逻辑，包括云账号认证、数据序列化和反序列化、正确性验证等。Tunnel Server 会直接读写 ODPS 存储/计算层的数据。它和离线计算使用的是同一套元数据。

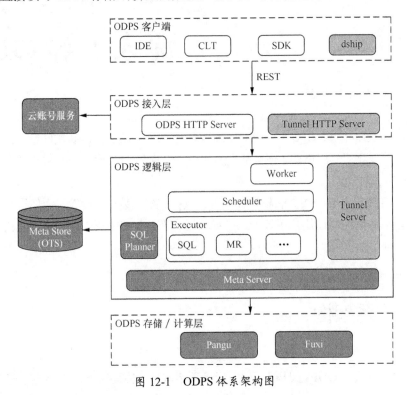

图 12-1　ODPS 体系架构图

下面将沿离线计算服务这一主线展开介绍 ODPS 的体系架构。

## 12.1.1　客户端

客户端有以下几种形式：IDE（比如 Eclipse、RStudio、阿里内部产品"在云端"、阿里云解决方案"采云间"）、ODPS CLT、ODPS SDK。

这些客户端的调用关系在 1.4 节"应用开发模式"中已经说明，这里不再赘述。

## 12.1.2　接入层

ODPS 接入层的最上层是通过 LVS 实现负载均衡，把请求发送给 HTTP Server，该请求包括用户的 AccessID 和 MD5 签名信息，HTTP Server 在接收到请求后，会把 AccessID 和 MD5 签名发给云账号服务进行用户认证，认证通过后，云账号服务会返回该用户的唯一 AccountID，在后续执行逻辑中，发送的请求都是包含该 AccountID，而不是 AccessID。

为什么不是 AccessID？这是因为一个 AccountID 可以对应多个 AccessID 和 AccessKey，用户的权限数据都是和 AccountID 对应的。也就是说，假设某个用户被授权可访问某个 ODPS 服务，如果该用户有多对 AccessID 和 AccessKey，则可以使用任何一对 AccessID 和 AccessKey 来访问 ODPS 服务。

一个 AccountID 对应多个 AccessID，这是从云计算的安全角度考虑。比如，一个用户可以访问 5 个 Project，每个 Project 可以通过不同的 AccessID 和 AccessKey 来访问。这样万一泄露了第一个 Project 的 AccessID 和 AccessKey，则可以删除该 Project 的 AccessID 和 AccessKey，而不用修改其他 Project 的访问方式。

实际上，云账号服务是阿里巴巴通用的账号服务，除 ODPS 外，其他云计算服务也都使用该账户服务。因此，ODPS 的权限信息是保存在自己的 ODPS 元数据中，而不是保存在账户服务中，ODPS 元数据保存的权限信息对应于每个账号（AccountID）。云账号服务认证相当于对账号是否存在的检查，而不是检查该账号是否存在具体的访问权限。

### 12.1.3 逻辑层

ODPS 逻辑层也称控制层，是 ODPS 的核心部分。ODPS 把逻辑层和存储/计算层分离在不同的集群上执行，分别称为控制集群和计算集群。逻辑层主要包含以下功能。

（1）用户空间（project）管理。

（2）对象管理，包括对表（Table）、资源（Resource）和作业（Job）的管理。

（3）数据对象的访问控制和授权。

（4）命令解析和执行。

（5）元数据管理。

逻辑层在设计上遵循三权分立原则，包含三大主要模块，分别是请求处理器（Worker）、调度器（Scheduler）和作业执行管理器（Executor），它们分别实现不同的逻辑。

- Worker 处理所有的 RESTful 请求，它可以本地处理一些作业，如对用户空间、表、资源、作业等的管理；而对于需要执行分布式计算的作业，如 SQL、MR 等，Worker 会进一步把它提交给 Scheduler 处理。

- Scheduler 负责 Instance 的调度，它会维护一个 Instance 列表，并把 Instance 分解成各个 Task，生成这些 Task 的工作流——DAG 图（Directed Acyclic Graph，有向

无环图），把可以运行的 Task 放到 TaskPool 中，TaskPool 是个优先级队列，后台
线程会定时对该优先级队列进行排序；此外，Scheduler 还会查询计算集群的资源
状况。

- Executor 会判断自身资源情况，如 CPU、内存、正在运行的 Task 数（不能超
  过上限），如果资源满足，则会主动轮询 Scheduler 的 TaskPool 请求获取下一
  个 Task，TaskPool 会根据 Task 的优先级和计算集群的资源情况，把相应 Task
  提交给 Executor，Executor 获取到 Task 后，会生成计算层的分布式作业描述
  文件，提交给计算层，监控这些任务的运行状态，并定时把状态汇报给
  Scheduler。

简单而言，当用户提交一个 ODPS 作业请求时，接入层先进行用户认证，然后发送
给逻辑层的 Worker。Worker 判断是否为同步请求，如果为同步请求（比如 SQL 的 DDL
操作），则本地执行并返回。如果是异步请求（比如 MapReduce 作业），Worker 会先
做些检查（如表是否存在，版本号是否最新等），生成 InstanceID，把请求进一步发送
给 Scheduler，并返回给客户端。Scheduler 把作业分解成各个 Task，Executor 主动轮询
Scheduler，获取相应 Task，提交给计算层执行，并定时将自己持有的 Task 的状态汇报给
Scheduler。

---

**同步请求和异步请求**

同步请求是指客户端发送请求后，会一直阻塞，等待服务端执行完成并返回结果
（成功时返回 200，表示 OK）；异步请求是指客户端发送请求后，服务端会先同步返
回响应结果（成功时返回 201，表示 Accepted），并 fork 一个新的线程来执行，主线
程不会阻塞。客户端再通过轮询请求服务器，获取执行结果。

对于处理时间较长的请求，异步方式可以避免响应超时（HTTP 连接有时间限制），
同时有助于客户端和服务端解耦。

---

## 12.1.4  存储/计算层

ODPS 的存储/计算层是飞天内核，运行在和逻辑层独立的计算集群上。图 12-2 给出
飞天内核的一些主要模块，包括 Nuwa（协同服务）、Pangu（分布式文件系统）、Fuxi（任
务调度）、kuafu（远程过程调用）等。

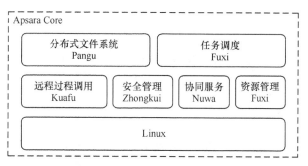

图 12-2　飞天内核的体系架构

在飞天平台中，Nuwa 是高可用的协同服务，采用类似文件系统的树形命名空间，使得分布式进程可以相互协同工作。举个例子，由于服务器或网络故障、配置调整或扩展等导致集群变更时，某个服务可能会被迫改变原来的物理运行地址，Nuwa 可以使得其他程序可以快速定位到服务器新的接入点，从而保证整个平台的高可用性和可靠性。

Pangu 是一个分布式文件系统，其设计目标是将大量普通机器的存储资源聚合在一起，为用户提供大规模和可靠的存储服务，是飞天内核的重要组成部分。

Fuxi 负责资源管理和任务调度，它同时支持两种应用类型：低延迟的在线服务和高吞吐的离线处理，分别称为 Fuxi Service 和 Fuxi Job。在资源管理上，Fuxi 负责调度和分配集群的存储、计算等资源给上层应用，支持计算资源额度、访问控制和作业优先级，保证有效的资源共享。在任务调度上，Fuxi 提供了数据驱动的多级流水线并行计算框架，类似于 MapReduce 编程模式，适用于海量数据处理和大规模计算等复杂应用。

如果想要了解更多飞天内核的内容，可以查看电子工业出版社的《飞天开放平台编程指南》[①]一书。

# 12.2　执行流程

举个例子，假设用户 Linda 要完成如下 SQL 查询处理：

```
SELECT user_id, count(*) AS cnt
FROM user
```

---

① 周憬宇等著，《飞天开放平台编程指南》，电子工业出版社，2013。

```
WHERE date='2011-12-17'
GROUP BY user_id;
```

这个过程可以分解成三个步骤：提交作业、运行作业和查询作业执行情况。

## 12.2.1　提交作业

首先，用户需要先配置 ODPS CLT 的配置文件，通过 ODPS CLT 提交该 SQL 查询语句，CLT 会解析用户输入的命令，调用 ODPS SDK，对配置信息中的 access_id 和 access_key 计算签名，发送 RESTful 请求给接入层的 HTTP 服务器。HTTP 服务器会根据 access_id 请求云账号服务器，进行用户认证。认证通过后，请求就会被发送给 Worker；Worker 判断该请求作业需要启动 Fuxi Job，则生成一个作业实例（Instance），发送给 Scheduler；Scheduler 会把该 Instance 信息注册到分布式元数据库 OTS 中，把状态置成 Running，把 Instance 添加到其 Instance 列表中，Worker 把 InstanceID 返回给客户端。这整个过程是同步请求，作业提交成功。

## 12.2.2　运行作业

首先，Scheduler 会把该 Instance 分解成多个任务（Task），生成任务流的 DAG 图，把可运行的 Task 放到其 TaskPool 中（在这个例子中，其实该 Instance 只包含一个 SQLTask）。TaskPool 是个优先级队列，由另一个后台线程定时对其进行排序。此外，在 Scheduler 中，还有另一个线程定时查询计算集群的资源状况。Executor 在自身资源未占满（CPU、内存以及其持有的 Task 数未达到上限）的情况下，向 Scheduler 请求可运行的 Task，Scheduler 判断如果集群还有资源，就把该 SQLTask（当该 SQLTask 排在优先级队列最前面时）发送给 Executor，Executor 调用 SQL Planner，生成 SQLPlan，再转换成计算层的 Fuxi Job 描述文件，把该 Task 提交给计算层运行。然后，Executor 会查询 Task 的执行状态，当 Task 执行完成时，它会更新 OTS 中的 Task 信息，并把 Task 状态汇报给 Scheduler。如果有多个（依赖的）Task，Scheduler 会把下一个可执行的 Task 放到 TaskPool 中。这里，由于 Instance 只有一个 Task，所以 Scheduler 判断 Instance 执行结束，会更新 OTS 中的 Instance 信息，把状态置为 Terminated。

## 12.2.3　查询作业状态

客户端接收到返回的 InstanceID 后，就可以通过该 InstanceID 查询作业的执行状态。

客户端会发送另一个 REST 请求，查询作业状态。HTTP Server 在账号验证通过后，把请求发送给 Worker，Worker 则根据 InstanceID 查询 OTS 中该作业的执行状态，返回结果。

　　在 ODPS CLT 执行 SQL 时，提交作业和查询作业状态这些都是由 CLT 完成的，最后返显示回结果。

### 12.2.4　执行逻辑图

　　图 12-3 给出了异步请求的执行逻辑。

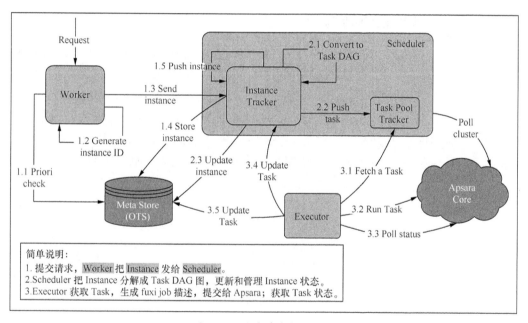

图 12-3　异步请求执行逻辑

## 12.3　底层数据存储

　　ODPS 最底层存储系统是飞天的分布式文件系统 Pangu（非结构化格式，类似于 HDFS），为了更好地支持 ODPS 表中的结构化数据，ODPS 实现了统一的表数据存储格式，称为 CFILE，它是一种特殊格式的 Pangu 文件。

### 12.3.1　CFILE 是什么

　　CFILE 是一种基于列存储的文件格式，其主要目的在于降低离线数据处理过程中的无效磁盘读取操作。文件中的数据以列为单位聚簇组织（聚簇被称为 Block），并在存储到文件系统前进行压缩，减少了存储空间的占用。在离线数据处理的场景中，用户只需要读取待处理的数据，避免了无用的磁盘操作，提高读取的磁盘效率，同时减少了网络带宽的使用。

### 12.3.2　CFILE 逻辑结构

　　CFILE 文件的存储结构逻辑上可以分为三个区域，分别为数据区（Data）、索引区（Index）以及元信息区（Meta）。其中，数据区存储的是按照列划分，以 Block 为组织单位的用户数据；索引区存储的是每列的数据 Block 所对应的索引，其中包含每个 Block 在文件中的起始位置、Block 压缩后的长度以及 Block 内的数据个数（对非定长的数据类型如 string 而言）。元信息区存储了该文件中每一列的元信息，如该列的索引在文件中的起始位置以及索引长度、该列的类型信息、压缩方法等，以及文件中用户数据的行数以及版本号等，如图 12-4 所示。

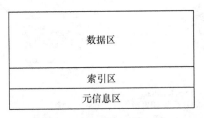

图 12-4　CFILE 逻辑结构

## 12.4　内聚式框架

　　作为阿里巴巴云计算大数据平台，ODPS 采用"内聚式"平台框架，各个组件紧凑内聚，支持丰富的计算模型：实时流处理、结构化数据分析、分布式编程模型和机器学习平台。ODPS 框架提供统一的 Task 执行框架、元数据、安全、计量、全局调度、跨级群复制、冷备和运维管理，有良好的水平扩展性，如图 12-5 所示。

从安全上，ODPS 系统自身有一套完整的权限管理体系，不依赖于其他服务。

下面将重点说明元数据、运维管理、多控制集群和多计算集群、跨级群复制，从中可以了解 ODPS 内聚式框架从设计和工程角度所作出的诸多"幕后"努力。

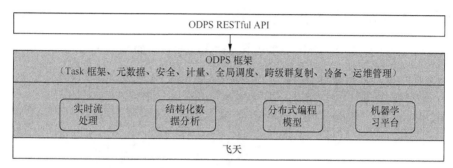

图 12-5　ODPS 内聚式框架

## 12.4.1　元数据

ODPS 的元数据存储在飞天的另一个开放服务 OTS（Open Table Service，结构化数据开放服务）中，主要包括 Project 的元数据、各个对象（如 Table/Partition、Job、Task、Resource 等）的元数据、访问权限和安全体系相关的元数据等。

ODPS 元数据管理在设计上考虑的重点是可扩展性。实际上，元数据往往也是离线数据平台可扩展性的一个瓶颈。Hive 采用传统数据库（如 MySQL）管理元数据，在海量数据模式下很容易遇到规模问题。ODPS 避免了重蹈覆辙，由于元数据是结构化数据，需要支持高效的随机读写的实时查询，因此，ODPS 元数据是构建在可扩展的面向实时查询的 OTS 上，OTS 是分布式大规模的在线结构化数据服务。

此外，对于元数据，衡量设计可扩展性的另一个重要指标是当用户规模有几个数量级的增长时，元数据表的数量能否保持不变。也就是说，把不同用户空间的元数据统一存储到同一套元数据表中是个可扩展的设计，相反地，为每个用户空间建立一套独立的元数据表则不支持可扩展。基于这个原则，ODPS 的元数据采用一套统一的元数据表，它同时支持跨集群的数据访问和调度管理。

## 12.4.2　运维管理

ODPS 提供了统一的运维管理控制台（Admin Console，不同于阿里云官网的用户管理控制台），它是运维和管理 ODPS 的统一接口，通过 RESTful API 和 SDK 访问集群，并集成底层分布式系统飞天的监控和诊断信息，实现了 ODPS 配置和管理的集中化。

### 12.4.3 多控制集群和多计算集群

目前，ODPS 的控制集群和计算集群是多对多的关系，如图 12-6 所示。

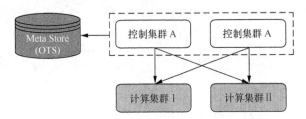

图 12-6　ODPS 的多控制集群和多计算集群

ODPS 的逻辑层是多集群架构，可以包含多个控制集群，比如控制集群 A 和控制集群 B，它们写同一份元数据仓库。这种多控制集群的架构模式有以下几大好处：

（1）容灾。当控制集群 B 出现故障不可用时，可以把请求全部快速切换到控制集群 A。每个控制集群可以理解为无状态的 worker，而且 ODPS 的控制集群全部都是写同一份元数据仓，在一个控制集群上执行任务 A 后，在另一个控制集群运行后续任务 B 是完全没有问题的。

（2）灰度发布。灰度发布是指能够平滑过渡的一种发布方式，比如 ODPS 升级，可以先升级控制集群 B，如果没有发现问题，再逐步扩大范围，升级控制集群 A，从而达到平滑地对整体进行升级，灰度发布方式保证整体系统的稳定性。

（3）不同版本。多控制集群可以支持不同集群有不同的 ODPS 版本，比如控制集群 B 需要最新 ODPS 版本提供的功能，而控制集群 A 不需要，则可以选择只升级控制集群 B。

支持多计算集群则是从单集群的存储和计算规模受限的角度考虑的。随着业务规模的不断增长，单计算集群势必不能满足需求。比如，目前 ODPS 计算集群（飞天）的规模是 5000 台，飞天技术团队可能要冲刺 10000 台、20000 台，其技术挑战非常大。相反，业务规模却是急剧增长，单集群规模很快就会不够用，变成"瓶颈"。在当前的集群规模成为"瓶颈"之前，即便技术团队先实现了更大规模的冲刺，在下一次成为"瓶颈"可能也很难达到。因为业务规模非常"轻松"呈线性增长，而技术上每次更大规模的冲刺，其难度挑战更是不可想象，所以单集群难以满足业务增长需求，ODPS 必须支持多计算集群！实质上，实现多计算集群的理念，和追求分布式计算集群而不是构建一台超级计算机的理念如出一辙。

支持多控制集群，并且一个控制集群支持多个计算集群，这种结合完全释放了 ODPS

整个平台的规模能力。也就是说，即使单计算集群规模上限 5000 台，通过配置多控制集群和多计算集群，ODPS 可以轻松支持数万台规模，真正实现平台规模的可扩展性。

　　然而，对于多计算集群，必然存在如下问题：

　　（1）数据迁移。比如计算集群 I 上原来有 100 个 Project，随着业务规模增长，存储空间不足，需要执行数据迁移，比如只保留 60 个 Project，把其余 40 个 Project 的数据迁移到计算集群 II 上。

　　（2）跨集群数据访问。虽然尽可能把业务关联紧密的 Project 的数据放到同一个集群上，但由于业务错综复杂，无法实现两个集群之间的业务完全没有依赖。也就是说，集群 II 上的作业可能会访问集群 I 上的数据。

　　以上两个问题都是 ODPS 在阿里内部已经切实面临的，对于问题 1，解决方案的重点在于实现对用户透明，即被迁移的 Project 的用户不会感知到任何变化。对于问题 2，由于跨集群往往不在一个机房，数据访问网络代价很高，这就造成作业性能很差，所以解决方案的重点在于提升作业性能。

　　基于以上考虑，ODPS 实现了跨集群复制（Replication Task）的解决方案。它同时解决了数据迁移和跨集群数据访问这两大问题。

## 12.5　跨集群复制

　　对于多计算集群，为了解决数据迁移和跨集群数据访问的问题，我们实现了跨集群复制的方案，实现了数据迁移以及两个集群之间可以配置对部分表进行同步，避免跨集群访问。

　　跨集群复制实现了一个控制集群可以对应多个计算集群，如图 12-7 所示。

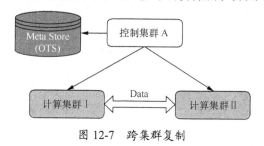

图 12-7　跨集群复制

它要解决的主要是前面提到的两个问题。

　　（1）数据迁移：如何实现安全地把计算集群 I 上数百 PB 的数据和相关业务迁移到计算集群 II。

（2）跨集群数据访问：由于业务错综复杂，两个计算集群之间存在数据依赖，需要跨集群访问这部分数据，如何实现安全快速地在两个集群之间同步这些依赖数据，尽量避免跨集群访问。

从方案设计角度考虑，跨集群复制需要考虑以下几点。

（1）绝对保证数据的正确性。

（2）迁移的数据量很大。

（3）数据动态变化，需要动态同步。

（4）数据同步不能影响生产作业的基线时间。

（5）全局资源的分配和协调。

下面将以问题驱动模式，从较宏观的视角探讨跨级群复制，不会涉及过多的技术细节。举个简单的例子，假设最初只有一个计算集群 I，其上面有 10 个 Project，P1……P10，由于该集群资源紧张，需要迁移一些 Project 到计算集群 II 上。

## 12.5.1　数据迁移

对于数据迁移，主要考虑两点：迁移哪些数据以及如何迁移。

问题一：要迁移哪些数据？

这里，我们是根据业务方需求来迁移数据，比如阿里金融要求其所有数据必须在一个计算集群，所以实质上是根据 Project Owner，确定哪些 Project 属于某个业务方，通过这种方式来迁移数据，其好处是简单可靠，缺点是不够智能，需要人工确定。实际上，由于在计算集群 I 上已经运行了很多作业，通过元数据数仓，可以分析已有作业的依赖情况，把各个 Project 作为一个点，把作业中存在数据依赖的画一条边，如图 12-8 所示。

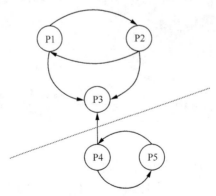

图 12-8　Project 之间的简单依赖关系

图 12-8 表示的是简化的依赖关系，Project P1 和 P2 互相依赖（实际上如果 P1 依赖 P2 的多张表，可能需要画多条 P1 指向 P2 的边），P1 依赖 P3，P2 依赖 P3，P4 依赖 P3，P4 和 P5 之间互相依赖。如果纯粹根据"最小边"原则，假设要划分成两个集群，则可以画一条如图所示的虚线分割线，把 P4 和 P5 迁移到另一个集群。

实际上，"最小边"原则是为了最小化跨集群之间的业务依赖，这只是数据迁移的其中一个考虑因素，实际还需要考虑业务方需求、各个 Project 历史占用的存储和计算资源等。

问题二：如何迁移数据？

实质上，数据迁移可以理解为跨集群同步历史数据，和每天执行的跨集群同步任务的主要区别有两点。

（1）数据量很大，需要历时的时间较长。因为迁移要做到对用户透明，所以数据迁移的任务不能占用集群太多资源，不能影响生产任务的基线时间。

（2）集群切换。比如 P4 和 P5 原来是在计算集群 I 上，在数据迁移完成之前，P4 和 P5 上新的作业都还是在集群 I 上运行。当迁移完成后，P4 和 P5 的作业就应该在集群 II 上运行，这就涉及集群切换。

第一点很容易理解，由于 ODPS 的作业都是有优先级的，一方面可以设置跨集群复制任务的优先级低于生产集群任务的优先级。另一方面是对于跨集群同步任务，执行流量控制，对所有同步任务可占用的总带宽设置上限。

对于第二点，由于 ODPS 框架提供 Failover 机制（在后面会详细阐述），即作业运行失败，框架支持重新调度失败的作业，所以是在迁移完成瞬间，杀掉 P4 和 P5 上所有在集群 I 上运行的作业，打开切换集群开关，通过 Failover 机制，在集群 II 上重新调度这些被杀掉的作业，P4 和 P5 上新提交的作业也切换到集群 II 上运行。

具体关于如何同步，将在下一节详细说明。

## 12.5.2 跨集群同步

类似地，对于跨集群同步，同样需要考虑几点：同步哪些数据和如何同步？

问题一：同步哪些数据？

数据同步是以表或 Partition 为单位，也就是说，对于无分区表，每次同步的粒度是整张表数据全量同步，对于分区表，每次同步的粒度是表的一个 Partition 数据。同步哪些数据是根据 ODPS 元数据数仓对作业的依赖情况进行分析得出的。如图 12-8 所示，假设 P4 上的作业依赖 P3 中的表 t1 和 t4，则可以配置在计算集群 II 上同步计算集群 I 的 P3 下的 t1 和 t4 表。假设 t1 表没有分区，t4 表是分区表，则每次同步会全量同步 t1 表和 t4 表的一个分区。一般而言，如果一个表的数据量很大，往往是因为每天都有增量数据，应该设置成分区表，这样每次只同步一个分区的数据，同步的数据量不会太大。

你也许会问，配置了所有要同步的表之后，如果在 P4 上新增一个业务，需要依赖 P3 中的表 t5，之前没有配置同步该表，怎么办呢？确实存在这样的情况，而且目前同步配置的更新并不是特别频繁，所以这种情况更是不可避免，因此，为了保证这些业务能够正常运行，ODPS 也实现了跨集群直读直写，我们将在下一节详细描述它。

问题二：如何同步？

解决这个问题是跨集群同步的关键所在。

首先，由于数据在多个集群上，在任意时刻，每个集群上的物理数据文件可能对应不同的版本，因此，我们先引入"数据版本"的概念，在元数据表中给相应对象（如 Table 或 Partition）增加一列，表示数据版本的描述信息，比如 t1 表增加的列的内容如下：

```
{"LatestVersion":V1,"ClusterStatus":{"ClusterI":"V1","ClusterII":"V0"}}
```

其中，"LatestVersion"是个抽象描述，表示该表当前有效的版本号，比如这里是 V1。"ClusterStatus"表示该表在每个集群上的物理数据文件对应的版本，如上表示集群 I 上的版本号是 V1，集群 II 上的版本号是 V0。

对于一个同步任务，需要完成两件事：

（1）将有效版本的物理数据从一个有效版本所在的集群复制到一个非有效版本的集群，比如对于前面给出的数据版本信息，就需要把集群 I 上的 t1 表数据复制到集群 II 上。

（2）复制结束后，需要修改表的元数据，更新数据版本信息，比如把集群 II 的数据版本改成当前有效版本，如下：

```
{"LatestVersion":V1,"ClusterStatus":{"ClusterI":"V1","ClusterII":"V1"}}
```

如何发现 t1 数据版本的变化？

同步任务主要通过三种途径来发现数据版本变化：

（1）周期性扫描元数据表，把无效版本的集群和表/分区信息添加到同步任务的等待队列。

（2）当元数据发生变化时，ODPS 的消息服务（Message Service）会发出相应的 event 事件，通过订阅方式，可以在第一时间感知数据版本变化，添加到同步任务的等待队列。

（3）当用户通过 ODPS CLT 提交作业时，执行的作业要使用某张表，在检查时发现当前集群的版本不是有效版本。比如有个作业运行在集群 II 上，要读取 t1 表，检查数据版本时发现集群 II 上的版本是 V0，而有效版本是 V1。这种情况下，也需要把该同步任务添加到等待队列。

对于途径二，它保证同步任务可以即时发现数据版本发生变化，尽管如此，ODPS 消息服务并不会保证 event 事件在传输中不会丢失，因此途径二相当于可以涵盖绝大多数的数据版本变化。途径一由于每次扫描需要一定的时间，所以它在发现数据版本变化上会有一定的延迟，主要用于"补漏"，即发现那些 event 消息丢失的数据版本变化。

一般情况下，第三种情况很少发生，在这种情况下，会设置该同步任务的优先级为高优先级，即由于当前作业运行需要，会尽量保证第一时间完成该同步任务，CLT 会轮询等待同步任务结束，从而实现对用户透明。

从实现角度，跨集群复制在 ODPS 框架的逻辑层[①]中添加了两大模块，一个是 Replication Service，类似于 Scheduler 的功能；另一个是 Replication Task，类似于通过 Executor 调用的其他 Task，如 SQLTask。跨集群同步的交互关系如图 12-9 所示。

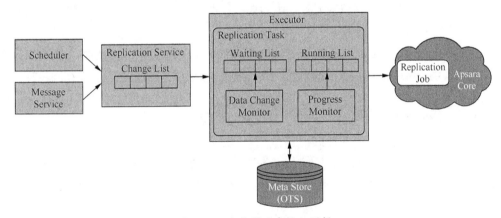

图 12-9　跨集群同步执行逻辑

Replication Service 主要完成两个功能。

（1）维护一个同步任务列表（Change List），ODPS 的 Scheduler 和 Message Service 不会直接和 Replication Task 通信，而是把同步任务的 event 发送给 Replication Service。Replication Service 会把接收到的任务添加到同步任务列表中。Executor 会定时向 Replication Service 发送信号，获取其列表中的待同步任务，放到自己的等待队列。

（2）全局资源控制。Replication Service 会从元数据表中读取全局资源上限，每个 Replication Task 要生成计算集群上的分布式作业的配置文件时，会设置该作业需要的资源（Quota），它会询问 Replication Service 是否有足够的资源，如果资源不够，则该作业不能

---

① 由于跨集群复制对用户是"透明"的，所以在 12.1 体系架构一节中没有提到这些模块。

启动。

Replication Task 的 Data Change Monitor 周期性轮询元数据，获取数据版本更新信息，添加数据同步任务到等待队列。当同步任务开始执行时，就会添加到运行队列中，并从等待队列中删除。

一个同步任务（Replication Task）主要包含以下处理逻辑：

（1）Data Change Monitor：周期性轮询元数据，获取数据版本更新信息，添加数据同步任务到等待队列。

（2）Plan Task：把需要复制的数据文件按大小均匀划分给底层分布式作业实例，生成分布式作业描述文件。

（3）Progress Monitor：查看底层分布式作业实例的执行结果，确定该同步任务是否成功。

（4）如果数据复制成功，Replication Task 会通过 DDL Task，把临时目录下的数据文件放到该表的所在的目录下，修改元数据中的数据版本信息。如果复制失败，则不做任何处理，等待下一次被加入到等待队列中。

值得一提的是，Replication Task 在添加同步任务到等待队列时，会根据该同步任务的信息进行去重，保证不会有两个相同的任务完成同一份数据拷贝。当数据正在同步时，源数据版本又发生了更新，则本次同步作废。

至此，我们就大致回答了"如何同步"这个问题。

问题三：访问哪个集群的数据？

对于每个 Project，都配置了其默认集群的属性，即指定该 Project 下的作业在哪个计算集群运行。比如，P1、P2、P3 在集群 I 上运行，P4、P5 在集群 II 上运行，如图 12-10 所示。

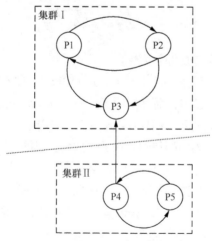

图 12-10　集群和 Project 之间的关联

现在，假设执行一个这样的 SQL 作业：

```
CREATE TABLE P3.t2
AS SELECT * FROM P3.t1;
```

显然，该作业在 P3 的用户空间内访问 P3 的数据，P3 的默认集群是集群 I，所以会访问集群 I 的数据。

如果执行一个这样的 SQL 作业：

```
CREATE TABLE P4.t2
AS SELECT * FROM P3.t1;
```

该作业在用户空间 P4 上执行，因此在集群 II 上运行，它要访问用户空间 P3 的表 t1。这存在两种情况：

（1）表 P3.t1 配置了跨集群复制，则该作业会访问本地集群 II 的数据。

（2）表 P3.t1 没有配置跨集群复制，则该作业会访问 P3 的默认集群上的数据，即访问集群 I 的数据。

问题四：如何配置？

同步表的配置只开放给 ODPS 的管理员，管理员可以在 ODPS 管理控制台配置要同步哪些表，一旦启动了要同步某张表的任务，该任务就会一直运行，需要管理员在控制台点击结束才会停止运行。也就是说，跨集群复制是和用户"无关"的，对用户是透明的，它是 ODPS 为了解决 ODPS 规模问题和提升作业性能问题而提出的解决方案。

实质上，跨集群复制要考虑的问题的复杂性远远超出了以上所描述的，比如优先级设置、资源（如带宽）控制、控制台监控统计、正确性验证、Failover 等，这里不再一一探讨。

# 12.6　小结

一般来说，这部分内容应该在"ODPS 入门"一章之后，之所以如此安排是因为涉及 ODPS 内幕，内容比较难，希望用户有了较多的实践经验之后，能更容易理解本章内容。从使用 ODPS 角度而言，本章内容不是必须的。尽管如此，本书还是希望能够尽可能和 ODPS 用户分享更多关于 ODPS 在设计和工程学上的一些思考，希望这些内容一方面可以帮助你理解 ODPS，另一方面在你自己的设计中可以带来一点帮助。

# 第**13**章
## 探索 ODPS 之美

ODPS 支持丰富的计算模型，在前几章详细探讨了结构化数据分析 SQL、分布式编程模型 MapReduce 和机器学习算法 Xlib，本章将继续探索 ODPS 的一些其他功能和计算模型。

## 13.1　R 语言数据探索

R 语言以其丰富的算法包和灵活的数据可视化展现而备受数据科学家的青睐，应用领域非常广泛，如从经济分析到生物科学等。算法丰富的 R 语言和强大的海量数据平台 ODPS 相结合，会产生怎样奇妙的化学反应？

ODPS 提供了一个标准的 R Package，称为 RODPS，使得这一切变得可能。通过 RODPS，可以实现以下功能：

- 在 R 中读写 ODPS 的数据，利用 R 算法分析数据。
- 在 R 中建模的结果自动以 SQL 形式发布到 ODPS 中运行。

下面一起简单实践一下。

### 13.1.1　安装和配置

这里直接给出安装的各个步骤及其执行命令。

1. 安装 rJava 和 RSQLite。

```
install.packages('rJava', 'RSQLite'))
```

2. 配置环境变量，指向 odps_conf.ini 文件，在~/.bashrc 中添加一行。

```
export RODPS_CONFIG='/home/admin/odps_book/odps_config.ini'
```

3. 检验环境变量是否正确。

```
Sys.getenv('RODPS_CONFIG')
```

## 13.1.2 一些基本操作

1. 加载 RODPS 包，执行如下语句。

```
library('RODPS')
```

2. 查看帮助信息。

help(rodps)

3. 把 ODPS 表的数据加载到 R 中。

dual <- rodps.load.table('dual')

还可以通过 SQL 查询只加载部分数据：

x <- rodps.query("select id from dual where id<2")

4. 对 ODPS 表数据进行抽样。

rodps.sample.srs("dual", "tmp_dual", 0.1)

表示对 dual 表按 0.1 概率（10%）进行抽样。

## 13.1.3 分析建模

这里使用 R 自带的 iris 数据进行建模。

1. 上传数据到 ODPS。

首先查看数据 head(iris)，输出结果如图 13-1 所示。

```
> head(iris)
  Sepal.Length Sepal.Width Petal.Length Petal.Width Species
1          5.1         3.5          1.4         0.2  setosa
2          4.9         3.0          1.4         0.2  setosa
3          4.7         3.2          1.3         0.2  setosa
4          4.6         3.1          1.5         0.2  setosa
5          5.0         3.6          1.4         0.2  setosa
6          5.4         3.9          1.7         0.4  setosa
```

图 13-1 查看数据

iris 表中列名包含点(.)，ODPS 不支持，因此把列名转换成下划线，执行 names(iris) <- gsub("\\.","_",names(iris))， 输出如图 13-2 所示。

```
> head(iris)
  Sepal_Length Sepal_Width Petal_Length Petal_Width Species
1          5.1         3.5          1.4         0.2  setosa
2          4.9         3.0          1.4         0.2  setosa
3          4.7         3.2          1.3         0.2  setosa
4          4.6         3.1          1.5         0.2  setosa
5          5.0         3.6          1.4         0.2  setosa
6          5.4         3.9          1.7         0.4  setosa
```

图 13-2 转换列名

然后，把数据上传到 ODPS 中，执行命令如下：

```
rodps.write.table(iris, "iris")
```

2. 通过分类树建模并预测，执行命令如下：

```
library(rpart)
fit <- rpart(Species~., data=iris)
predict(fit)
```

输出结果如图 13-3 所示。

```
> predict(fit)
   setosa versicolor  virginica
1       1 0.00000000 0.00000000
2       1 0.00000000 0.00000000
3       1 0.00000000 0.00000000
4       1 0.00000000 0.00000000
5       1 0.00000000 0.00000000
6       1 0.00000000 0.00000000
7       1 0.00000000 0.00000000
8       1 0.00000000 0.00000000
9       1 0.00000000 0.00000000
10      1 0.00000000 0.00000000
```

图 13-3　建模并预测

3. 把模型转换成 SQL 发布，执行命令如下。

```
rodps.predict.rpart(fit, srctbl='iris',tgttbl='iris_p')
```

它会转换成 SQL 发布并自动运行 SQL 作业，如图 13-4 所示。

```
> rodps.predict.rpart(fit, srctbl='iris',tgttbl='iris_p')
CREATE TABLE IF NOT EXISTS iris_p AS
  SELECT
  Petal_Length,
  Petal_Width,
  Species,
CASE
  WHEN Petal_Length< 2.45 THEN 'setosa'
  WHEN Petal_Length>=2.45 AND Petal_Width< 1.75 THEN 'versicolor'
  WHEN Petal_Length>=2.45 AND Petal_Width>=1.75 THEN 'virginica'
END AS Species_predict
FROM iris;

ID = 20140728074758997gwqr8jz2
```

图 13-4　运行 SQL

4. 加载目标 ODPS 表，查看结果。

运行完成后，可以加载预测的结果表，如下：

```
d <- rodps.load.table('iris_p')
```

结果如图 13-5 所示。

```
> head(d)
  petal_length petal_width species species_predict
1          1.4         0.2  setosa          setosa
2          1.4         0.2  setosa          setosa
3          1.3         0.2  setosa          setosa
4          1.5         0.2  setosa          setosa
5          1.4         0.2  setosa          setosa
6          1.7         0.4  setosa          setosa
```

图 13-5　加载预测结果

通过简单的实践，可以发现对于 ODPS 上的数据，通过 RODPS，可以很容易在 R 中探索数据之美。此外，通过 RODPS，可以充分利用 R 强大的可视化功能，直接展现在 ODPS 上分析的结果表数据，比如 2.4.11 节的"结果展现"，可以直接通过 RODPS 读取 ODPS 表数据并展现，而不需要从 ODPS 导出数据再导入到 R 中分析展现。

在 ODPS 团队内部，RODPS 是我们分析 ODPS 元数据仓的利器之一。

## 13.2 实时流计算

ODPS Stream 从功能角度主要包含两部分：一是实时流数据通道（ODPS RealTime Tunnel，RTT），二是实时流计算模型。

目前，实时数据通道是集成在 Tunnel 中，它主要对接阿里云的简单日志服务（Simple Log Service，SLS），SLS 可以实时收集云服务和应用程序生成的日志数据，转发给实时数据通道服务。实时数据通道服务再把数据写到 ODPS 中，其主要特性表现为：

（1）实时性：导入数据在秒级即可对离线系统可见。

（2）持久化：导入的数据可以在离线系统中访问处理，也可以在实时流计算模型中处理。

实时流计算其本质特点如下：

（1）不可控：数据流由业务产生，其到达时间、数据顺序、质量、规模等都是不可控的。

（2）时效性："实时"顾名思义，时效性要求非常高，因此在体系架构上需要有很好的容错方案。

（3）算子的拓扑结构：处理的算子对全局状态会有影响，需要满足幂等性。

因此实时流计算是状态相关、顺序相关（偏序、全序）和窗口相关的。和离线计算相比，实时流计算的处理的数据粒度小，在体系架构和技术思考上和离线计算有很大区别，如表 13-1 所示。

**表 13-1 实时流计算和离线计算对比**

| | 生 命 周 期 | 容 错 监 控 | 单个计算单元 | 是否有状态 |
| --- | --- | --- | --- | --- |
| 离线计算 | 数据处理完，进程退出 | 进程 | 重 | 否 |
| 实时流计算 | Keep Alive | 数据 | 轻 | 是 |

对用户而言，目前 ODPS Stream 提供了流编程模型，通过 SDK 来开发，类似于 MapReduce 编程。

目前在阿里，实时流计算已经应用于 50 多个业务，比如 CNZZ（http://www.cnzz.com/）网站流量统计等。

## 13.3 图计算模型

ODPS Graph 是 ODPS 提供的面向迭代的图处理框架，为用户提供类似 Pregel 的编程接口，用户可以基于 Graph 框架开发高效的机器学习或数据挖掘算法。

在互联网环境下，存在很多海量图结构的数据，比如：

- Web Graph：由网页链接组成的一张巨大的图。
- 物流信息：比如高德地图数据和菜鸟网络的物流数据的结合。
- 社交网络：比如旺旺好友关系，新浪微博的关注与被关注。
- 电商数据：类目/商品/买家/卖家，这些实体通过用户的交易/浏览等行为联系到一起。

这类图计算模型的典型特点是迭代，整个计算过程是通过一轮轮反复迭代求解，最后达到一个收敛状态。比如对于需要迭代学习模型参数的机器学习算法而言，图计算模型比 MapReduce 有天然优势。在实际应用中，用户将问题抽象成图，然后以顶点为中心，通过超步进行迭代更新。ODPS Graph 作业包含图加载和计算两个阶段。

1. 加载：将存储在表中的数据载入到内存中，以点和边的形式存在。
2. 计算：遍历内存中的点，经过不断迭代，直至达到迭代终止。

Graph 模型是由点（vertex）和边（edge）组成，如图 13-6 所示，它在数据结构上以邻接表的形式组织。

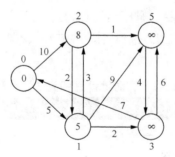

图 13-6 Graph 模型的邻接表

Graph 的原始数据存在于 ODPS 表中，每张表包含多条记录，每条记录包含多个列，首先通过加载将原始数据转换成 Graph 的 vertex 和 edge，而计算则是由模型确定的，最后输出结果到 ODPS 表。整个过程如图 13-7 所示。

图 13-7　Graph 模型执行过程

　　ODPS Graph 目前提供两种模式，一是离线模式，适用于计算规模较大的场景，类似于 MapReduce 作业，每次运行完成加载和计算两个过程；二是交互模式，适用于计算规模较小的场景，用户实现 UDF（类似 SQL UDF，但是独立的），然后通过命令行方式交互。在分析模式下，加载和计算是两个独立的步骤，数据加载后会常驻内存，以服务形式，用户可以对数据执行不同的计算逻辑。比如风控部门每天会加载一次数据，运营人员会对这份数据执行不同的查询逻辑，查看数据之间的关系。

　　在阿里内部，ODPS Graph 已经有很多应用，比如实现带权重的 PageRank 算法计算支付宝用户身边影响力指数；实现变分贝叶斯 EM 模型，基于用户购买的商品属性信息，推测用户的汽车品牌分布。

# 13.4　准实时 SQL

　　随着科技不断进步，计算机硬件性能也不断提升，内存越来越大，因此在内存中快速完成数据处理逐渐成为趋势。基于此，ODPS 实现了准实时 SQL。对于离线 SQL 计算，作业启动需要花费数秒的时间，即使只是读一条记录这样小的作业，启动时间也省不掉，这个过程主要是底层分布式调度逻辑比较复杂，需要发送多条 RPC 请求。此外，对于离线 MapReduce 模型的分布式计算，Mapper 会先把数据输出到磁盘，然后 Reducer 去读取相应的数据，也就是说 Mapper 之后数据有一次落地，如图 13-8 所示。

　　准实时 SQL 主要从两个角度优化：一是实现了一个常驻内存服务如图 13-10 所示，SQL 作业直接发给服务，减少作业调度时间，如果有资源则直接给底层 worker 运行，没有资源则通过离线处理，对用户透明；二是通过网络 Shuffle 数据，Mapper 数据直接发送给 Reducer 处理，减少一次数据落地过程，如图 13-9 所示。

　　准实时 SQL 目前已经在阿里内部部分试用，它非常适合执行时间较短的作业。

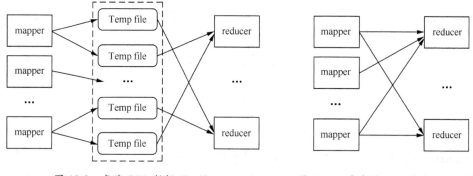

图 13-8　离线 SQL 数据 Shuffle　　　　图 13-9　准实时 SQL 数据 Shuffle

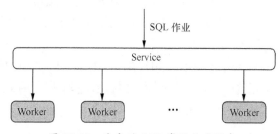

图 13-10　准实时 SQL 常驻内存服务

## 13.5　机器学习平台

2013 年，阿里巴巴提出了"阿里大脑"——智能数据平台项目，致力于打造一个拥有 10 万台服务器规模的智能数据平台。通过大规模分布式计算、Deep Learning 等机器学习算法，基于云计算开放平台，理解和挖掘海量数据中的商业价值，通过精准营销和全面个性化服务广大中小企业。

目前，ODPS 的机器学习平台正是以阿里大脑项目为背景，从产品形态角度，ODPS 机器学习平台是以模型为核心，通过云计算服务的形式，支持离线训练、效果评估、模型发布和在线预测整个流程。其整体架构如图 13-11 所示。

第 9 章介绍的机器学习算法后续会集成到机器学习平台中。执行流程如下：通过机器学习算法引擎，离线训练生成模型，通过模型部署引擎进行部署，部署后，在线资源调度模块会把模型发给 Prediction Worker，实现在线预测。客户端通过 RESTful API 发送请求给 Prediction Master，获取预测结果。

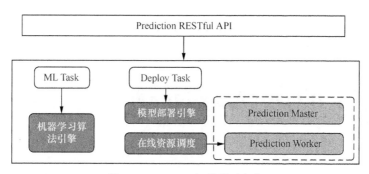

图 13-11 ODPS 机器学习框架

机器学习已经从学术界走向工业界，如火如荼，炙手可热，从某种程度上可以说，机器学习目前是大数据云计算领域的皇冠上的明珠。

# 附录
# ODPS 消息认证机制

在前面，我们已经提到，访问 ODPS 服务需要使用先通过账号认证。在通过 ODPS CLT 执行所有命令前，必须先配置好 AccessID 和 AccessKey，才能访问 ODPS 服务。ODPS 服务是通过消息认证来实现账号认证。

消息认证的目标是保证传输消息的完整性（Integrity）和消息发送者的身份真实性（Authenticity）。ODPS 使用基于共享密钥的消息认证码算法（Message Authentication Code）来实现消息认证。为了使用户理解简单，"消息认证码"通常也称为"消息签名"。ODPS 目前支持的消息签名算法有 HmacSha1。

用户注册 Aliyun 账号并申请获得 AccessID 和 AccessKey 之后，便可以使用消息签名。当用户向 ODPS 发送请求（Request）时，需要先将发送的请求按照 ODPS 指定的格式生成"待签名字符串（或称消息）"，再使用 AccessKey 来计算消息签名，然后按照规定格式将消息及签名发送给 ODPS。当 ODPS 收到请求后，会先检索请求者的 AccessKey，再以同样的方法提取消息并计算签名。如果通过计算得到的签名与请求中包含的签名相同，则消息认证成功；否则，消息认证失败，ODPS 将拒绝处理该请求，并返回相应的错误码。

ODPS 支持 Request 认证和 Response 认证，下面分别说明一下。

## Request 认证

用户可以在 HTTP 请求中增加 Authorization 的 Head 来包含签名信息，表明这个消息支持消息认证协议。如果用户的请求中没有 Authentication 字段，则认为是匿名访问。

Authorization Head 的构造方法如下：

```
"Authorization:ODPS" + AccessID + ":" + base64(Signature)
```

其中，消息签名（Signature）计算方法如下：

```
Signature = HmacSha1(AccessKey, VERB + "\n"
                + CONTENT-MD5 + "\n"
```

```
+ CONTENT-TYPE + "\n"
+ DATE + "\n"
+ CanonicalizedODPSHeaders + "\n"
+ CanonicalizedResource)
```

说明如下。

- CONTENT -MD5 表示 Request Body 的 MD5 值（MD5 值以十六进制小写字符表示，比如 f4795cee3934d21930823fbf4cabb7e6）。
- CONTENT-TYPE 表示 Request 内容的类型。
- DATE 表示此次操作的时间，且必须为 HTTP1.1 中支持的 GMT 格式。
- CanonicalizedODPSHeaders 表示 http 中以"x-odps-"为前缀的 HTTP 请求头。
- CanonicalizedResource 表示用户想要访问的 ODPS 资源。

其中，DATE 和 CanonicalizedResource 不能为空。

`CanonicalizedODPSHeaders` 的构造方法：

所有以"x-odps-"为前缀的 HTTP Header 被称为 CanonicalizedODPSHeaders。

它的构造方法如下：

（1）将所有以"x-odps-"为前缀的 HTTP 请求头的名字转换成小写字母。如"X-ODPS-Meta-Name: TaoBao"转换成"x-odps-meta-name: TaoBao"。

（2）将上一步得到的所有 HTTP 请求头按照字典序进行升序排列。

（3）如果有相同名字的请求头，则根据标准 RFC 2616, 4.2 章进行合并（两个值之间只用逗号分隔）。如有两个名为"x-odps-meta-name"的请求头，对应的值分别为"TaoBao"和"Alipay"，则合并后为："x-odps-meta-name:TaoBao,Alipay"。

（4）删除请求头和内容之间分隔符两端出现的任何空格。如"x-odps-meta-name: TaoBao,Alipay"转换成："x-odps-meta-name:TaoBao,Alipay"。

（5）将所有的头和内容用"\n"分隔符分隔拼成最后的 CanonicalizedODPSHeader。

CanonicalizedResource 的构造方法：

用户发送请求中想访问的 ODPS 目标资源被称为 CanonicalizedResource。

它的构建方法如下。

（1）将 CanonicalizedResource 置成空字符串（""）。

（2）放入要访问的 ODPS 资源："/projects/proname/tables/tab1"。

（3）如果请求的资源包括子资源(sub-resource)，那么将所有的子资源按照字典序，从小到大排列并以 "&" 为分隔符生成子资源字符串。在 CanonicalizedResource 字符串尾添加"?"和子资源字符串。此时的 CanonicalizedResource 例子如：/projects/proname/tables/tab1?cols

=colspec&data&linenum=n&partition=partitionspec。

（4）如果用户请求在查询字符串（query string）中指定了要重写（override）返回请求的 Header，那么将这些查询字符串及其请求值按照字典序，从小到大排列，以"&"为分隔符，按参数的字典序添加到 CanonicalizedResource 中。此时的 CanonicalizedResource 例子：/projects/proname/tables/tab1?cols=colspec&data&linenum=n&partition=partitionspec&response-content-type=ContentType。

## Response 认证

Response 的消息签名包含在 HTTP Response 的 Authorization Header 中。
Authorization Head 的构造方法：

```
"Authorization:ODPS" + AccessID + ":" + base64(Signature)
```

其中，消息签名（Signature）计算方法如下：

```
Signature = HmacSha1(AccessKey, CONTENT-MD5 + "\n"
                    + CONTENT-TYPE + "\n"
                    + DATE + "\n"
                    + CanonicalizedODPSHeaders + "\n"
                    + CanonicalizedResource)
```

说明如下。

- CONTENT -MD5 表示 Response Body 的 MD5 值（MD5 值以十六进制小写字符表示，比如 f4795cee3934d21930823fbf4cabb7e6）。
- CONTENT-TYPE 表示 Response 内容的类型。
- DATE 表示 Response 发生的时间，且必须为 HTTP1.1 中支持的 GMT 格式。
- CanonicalizedODPSHeaders 表示 http 中以"x-odps-"为前缀的 HTTP 响应头。
- CanonicalizedResource 表示用户所访问的 ODPS 资源。

其中，CONTENT-MD5、CONTENT-TYPE、DATE 和 CanonicalizedResource 不能为空。CanonicalizedODPSHeaders 与 CanonicalizedResource 的值与 Request 中的值相同。

Client 端使用相同的方式计算签名，并通过比较计算出的 Signature 和 ODPS 提供的 Signature 是否一致来确定该 Response 是否有效。

# 后记

最近筷子兄弟的歌《小苹果》响遍了大街小巷："我种下一颗种子，终于长出了果实……"。每次听到这首歌，总是深切地感觉 ODPS 就是我们的"小苹果"。希望这本书可以帮助你通过 ODPS 解决自己的切实问题，也许有一天，它也会成为你的"小苹果"。

这本书历经一年，在阿里内部有多次版本修改并征求意见。本书是基于用户应用场景这一中心展开，很多应用案例是基于阿里的真实业务场景。我曾经绞尽脑汁构造场景，直到有一天发现，想找的其实一直就在那里——在阿里内部，ODPS 正逐渐成为集团的统一数据处理平台，已经有众多业务已经使用 ODPS 或者正在迁移到 ODPS，其应用场景不胜枚举。于是，我开始找很多业务团队的同事了解咨询，加上和开发这边的探讨，关于这本书的笔记，在内部沟通时就写了四五本。这一切，仅仅是因为从一开始就在心里"种下一颗种子"：期望这本书真的对读者和用户有用。

ODPS 涉及非常前沿的领域，对于新手来说可能显得有些神秘复杂。在写这本书时，我一直警醒自己，希望有了这本书，用户对于 ODPS 不再望而生畏，可以很容易去实践、总结和思考，逐渐对如何使用 ODPS 有自己的理解和经验积累。

作为一本指南，希望本书可以帮助用户快速入门 ODPS。尽管如此，我相信这本书读者作为大数据领域的探索者，绝大多数是较资深的开发人员，因此书中也分享一些 ODPS 内幕，相信"知其然并知其所以然"可以建立更好的信任。

由于 ODPS 涉及很多高深的技术领域，坦白说，于我而言，写这本书需要极大勇气。因为很多内容是基于自己的理解，所以一直挺有压力。实际上，本书出版后，依然会是一个持续改进的过程，它会随着 ODPS 的不断发展，不断修订和充实。如果你在实际应用中，有什么收获，非常欢迎分享、帮助改进本书。

在写作过程中，脑海里总是在不停地反复"播放"着书中的内容，有时发现某处考虑不周，有时发现示例不合适……在动笔前，一同事说据他观察，"写本书一般会病一场"，我深以为然。幸运的是，我并非孤军奋战，这本书在写作过程中得到了诸多同事的帮助，不仅有 ODPS 的小伙伴们，还有很多业务团队同事们的帮助，真心谢谢你们！这里列出一些（其中很多人参与审阅本书）：东晖、德军、晓克、苏艳、常亮、山水、云远、刘超、一帅、夏晨、李龙、李俊、鹏飞、少华、丙山、信材、少杰、蔡瀛、路璐、余波、王立、惠岸、无影、凤吟、杰红、少萌、吴威、鬼厉、升功、行路、冯晓、鸣天、卓荦、塔可、上尧、奋迅、树满、地雷、一婷、樱木、巴真、鹏宇、圣香、阿外、玄候、算者、楚蛮、市丸、钻风、正茂、长林、晓风、堂衡、小明、徐凯、西亭、映泉、长宜、迎辉、桂能、吉哲、贺达，还有中科院的庞亮同学和浙大的王静博士。感谢编辑陈冀康的辛苦付出，也感谢家属祝洪凯、婆婆韩学美以及总是充满正能量的卡双小朋友。

在写作过程中，我在阿里内部技术分享社区 ATA 上学到了很多东西，感谢 ATA！

最后，衷心希望本书能够带给你一点点帮助。